中国特色学徒制试点
学徒岗位教材

农作物植保员学徒岗位手册

王萍莉　杨金霞　主编

中国农业大学出版社
·北京·

内容简介

本书紧贴农作物植保员国家职业技能标准，遵循“校企融合、工学一体”的人才培养模式，以农作物植保员工作过程为导向，主要内容包括病虫害诊断、病虫害预测预报、病虫害综合防治、农药(械)使用的技能，同时介绍了植保企业的管理文化、学徒培养计划、农作物植保员的职业道德与岗位要求、相关法律法规等。

本书是学徒岗位手册式教材，学徒依据这本手册可以更加明晰工作流程。本书不仅可以作为高等职业院校农业相关专业学生从事植保工作的工作手册，也可以作为植保企业员工的工作手册，还可作为农资销售、作物栽培管理工作者的参考书。

图书在版编目(CIP)数据

农作物植保员学徒岗位手册/王萍莉，杨金霞主编. -- 北京：中国农业大学出版社，2023.9

ISBN 978-7-5655-3033-3

Ⅰ.①农… Ⅱ.①王… ②杨… Ⅲ.①作物-植物保护-岗位培训-手册 Ⅳ.①S4-62

中国国家版本馆 CIP 数据核字(2023)第 146600 号

书　　名　农作物植保员学徒岗位手册
Nongzuowu Zhibaoyuan Xuetugangwei Shouce

作　　者　王萍莉　杨金霞　主编

策划编辑　张　玉　　**责任编辑**　张　玉　王英丽
封面设计　李尘工作室
出版发行　中国农业大学出版社
社　　址　北京市海淀区圆明园西路 2 号　　**邮政编码**　100193
电　　话　发行部 010-62733489，1190　　读者服务部 010-62732336
编辑部 010-62732617，2618　　出　版　部 010-62733440
网　　址　http://www.caupress.cn　　**E-mail**　cbsszs@cau.edu.cn
经　　销　新华书店
印　　刷　运河(唐山)印务有限公司
版　　次　2023 年 9 月第 1 版　　2023 年 9 月第 1 次印刷
规　　格　185 mm×260 mm　　16 开本　　17.75 印张　　346 千字
定　　价　56.00 元

编 审 人 员

主　编　王萍莉（新疆农业职业技术学院）

　　　　　杨金霞（昌吉市农业技术推广中心）

副主编　周　黎（新疆农业职业技术学院）

　　　　　李　瑜（新疆农业职业技术学院）

参　编　陈　婧（新疆农业职业技术学院）

　　　　　李海薇（新疆农业职业技术学院）

　　　　　邱丽娜（昌吉市农业技术推广中心）

　　　　　陈　娜（昌吉市农业技术推广中心）

　　　　　冯立军（乌鲁木齐富美佳农技服务有限公司）

　　　　　麻建平（昌吉市嘉信农业科技有限公司）

　　　　　刘静雯（乌鲁木齐富美佳农技服务有限公司）

主　审　史　梅（新疆农业职业技术学院）

前　言

近年来，随着农业结构调整以及农业技术的发展，农民对生产高效益、高品质、高产出的要求及消费者对绿色农产品的需求日益增长，这对病虫草害防治提出越来越高的要求。长期以来，农作物病虫草害防治工作是农业生产中的热点、重点及难点，是农业丰收的重要保障。

农作物病虫草害种类多、发生频繁，农民缺乏科学防治技术，农药市场药剂质量参差不齐，加之农村劳动力大量转移、田间管理粗放，严重影响农作物病虫草害防治效果。植保专业化防治组织开展农作物病虫草害统防统治工作，具有明显的优势，可有效地解决病虫草害防治难、防效差的问题，达到节本增效的效果，是新形势下服务农业、服务农民的现实需要，为农业社会服务体系建设探索了新路子、新机制。

本书以农作物植保员工作过程为导向，重点介绍了农作物病虫草害的诊断、预测预报、综合防治及农药（械）使用技术，还介绍了植保企业的管理文化、学徒培养计划、农作物植保员的职业道德与岗位要求、相关法律法规等。

党的二十大报告指出，推进职普融通、产教融合、科教融汇，优化职业教育类型定位。努力培养造就更多大师、战略科学家、一流科技领军人才和创新团队、青年科技人才、卓越工程师、大国工匠、高技能人才。目前，国内农作物植保员学徒类型教材极少，各高职院校普遍采用植物保护技术或者农作物植保员职业资格证培训图书。这些参考书在体系和内容等方面不能满足高等职业教育培养高技能型人才的需要。因此，为了满足现代学徒的培养需求，我们组织编写了这本教材。根据高等职业院校的教学需要，本书在编写上具有以下几个特点：①在展示形式上更接近于工作手册，学徒依据这本学徒手册可以使工作流程更加明晰；②立足于农业发展的要求，以发展性、创造性学习能力和知识水平为培养目标，以深化改革为动力，以强化技能建设为支撑，为学徒的终身学习、终身发展、就业创业以及可持续发展打下坚实的基础；③充分立足学徒的知识构成与职业特点，突出理论与实践相结合、科学性与系统性相结合、适用性与趣味性相结合，重视将学习内容与技能训练相贯通，达到让学员易学好学、所学即所用的总体目标。

本书共分三部分，第一部分和第二部分由王萍莉编写，第三部分由杨金霞、周黎编写。附录 1 到 11 由李瑜编写，附录 12 由陈婧和李海薇编写，书中各种学徒任务实施记录表均由企业编者提供。

本书初稿完成后由王萍莉统稿，在此谨对为本教材编写提供各种支持和帮助的各位同仁表示最衷心的感谢！

由于编者水平有限，时间仓促，书中谬误在所难免，敬请各位专家、读者提出宝贵意见，以便改正。

编　者

2023 年 3 月

目　录

The first part

The first part

第一部分

步入企业

The first part

The first part

专题 1
植保企业管理文化

一、 我国植保企业的组织构架

正规且有一定规模的植保企业一般实行董事会领导下的总经理负责制，各部门按规定的职能范围，履行各自的管理服务职能而且直接对总经理负责。企业建立完善的营销、供应、生产和品质管理体系，确立各部门相应的经济责任目标，加强产品质量和定额目标管理，确保企业生产经营正常、有效、稳定、安全、持续运行，有力促进企业的高效、健康、快速发展。

植保企业的组织架构如图 1-1 所示：

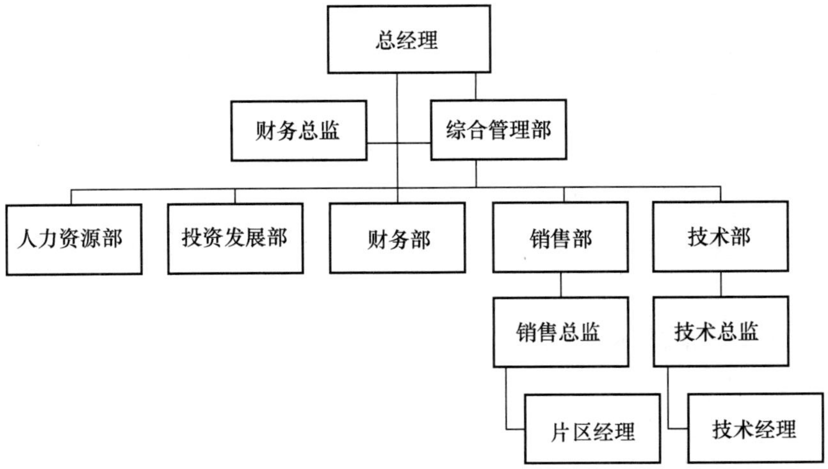

图 1-1　植保企业的组织架构

二、 部门职责及权限

（一） 总经理

（1）全面领导企业的日常工作，对企业的产品质量负责，向本公司职工传达满足顾客和法律法规要求的重要性。

（2）制定并正式批准颁布本企业的质量方针和质量目标，采取有效措施，保证各级人员理解质量方针并坚持贯彻执行。

（3）负责策划、建立本企业的质量管理体系，批准发布本企业的质量手册。

（4）明确所有与质量有关的职能部门和人员的职责权限和相互关系。

（5）确保质量管理体系运行所必要的资源配备。

（6）任命管理者代表，并为有效开展工作提供支持。

（7）定期组织并主持质量管理体系的管理评审，以确保其持续的适宜性、充分性和有效性。

（二） 人力资源部

（1）负责建立健全企业人力资源管理系统，确保人力资源工作按照企业发展目标日趋科学化、规范化。

（2）负责制定企业用工制度、人力资源管理制度、劳动工资制度、人事档案管理制度、员工手册、培训大纲等规章制度、实施细则和人力资源部工作程序，经批准后组织实施，并根据企业的实际情况、发展战略和经营计划制定企业的人力资源计划。

（3）制订和实施人力资源部年度工作目标和工作计划，按月做出预算及工作计划。每年度根据企业的经营目标及企业的人员需求计划审核公司的人员编制，对公司人员的档案进行统一的管理。

（4）定期收集企业内外人力资源资讯，建立企业人才库，保证人才储备。

（5）依据企业的人力资源需求计划，组织各种形式的招聘工作，收集招聘信息，进行人员的招聘、选拔、聘用及配置。对不合格的员工进行解聘。

（6）负责员工薪酬方案的制定、实施和修订，并对企业薪酬情况进行监控。

（7）负责建立企业的培训体系，制订企业的年度培训计划，全面负责企业管理层的培训与能力开发工作，并对企业的培训工作进行监督和考核。

（8）根据企业发展规划，对企业的各个职能部门进行职务分析，编制各岗位的岗位说明书。

（9）负责协调各部门之间人力资源管理工作有关事项。

（10）建立员工沟通渠道，定期收集信息，拟订并不断评估企业激励机制、福利保障制度和劳动安全保护措施。

（11）负责劳动合同的签订与管理工作，进行劳动关系管理，代表企业解决劳动争议和纠纷。

（12）负责办理员工的各项社会保险手续及有关证件的注册、登记、变更、年检等手续。

（13）负责员工日常劳动纪律、考勤、绩效考核工作，并办理员工晋升、奖惩等人事手续。

（14）建立、完善员工职业生涯管理系统。

（15）负责企业与外部各级组织、机构的业务联系，负责对内、对外劳资统计工作。

（16）企业的人力资源管理工作由人力资源管理部门统一负责，各驻点经理不得干涉。

（17）对企业编制内招聘有审核权。

（18）对企业员工手册有解释权。

（19）有关人事调动、招聘、劳资方面的调档权。

（20）对限额资金的使用有批准权。

（21）有对人力资源部所属员工和各项业务工作的管理权和指挥权。

（22）对所属下级的工作有指导、监督、检查权。

（23）有对直接下级岗位调配的建议权、任用的提名权和奖惩的建议权。

（24）对所属下级的管理水平和业务水平有考核权。

（25）有代表企业与政府相关部门和有关社会团体、机构联络的权力。

（三） 综合管理部

（1）协助管理者代表组织建立文件化质量体系，并使它有效运行和持续改进。

（2）协助管理者代表组织内部质量管理体系审核。

（3）负责本企业文件（包括记录）的管理和控制。

（4）负责本企业员工培训的管理，制定并实施员工培训计划。

（5）参与识别并确定为实现产品符合性所需的工作环境，并对工作环境中与产品符合性有关的条件加以管理。

（四） 财务部

（1）参与制定本企业财务制度及相应的实施细则。

（2）参与本企业的项目可行性研究和项目评估中的财务分析工作。

（3）负责总经理所需的财务数据资料的整理编报。

（4）负责对财务工作有关的外部及政府部门，如税务局、财政局、银行、会计师事务所等联络、沟通工作。

（5）负责资金管理、调度。编制月度、季度、年度财务情况分析，向企业总经理报告企业经营情况。

(6) 负责销售统计、复核工作，每月负责编制销售应收款报表，并督促销售部及时催缴货款。

(7) 负责每月转账凭证的编制，汇总所有的记账凭证。

(8) 负责企业总经理及所有明细分类账的记账、结账、核对，每月5日前完成会计报表的编制，并及时清理应收、应付款项。

(9) 协助出纳做好货款的收款工作，并配合销售部门做好销售分析工作。

(10) 负责企业全年的会计报表、账簿装订及会计资料保管工作；

(11) 负责银行财务管理，负责支票等有关结算凭证的购买、领用及保管，办理银行收付业务。

(12) 负责现金管理，审核收付原始凭证。

(13) 负责编制银行收付凭证、现金收付凭证，登记银行存款及现金日记账，月末与银行对账单，核对银行存款余额，并编制余额调节表。

(14) 负责企业员工工资的发放工作，现金收付工作。

(五) 投资发展部

(1) 调查、搜集、整理有关市场信息，并提出投资建议。

(2) 拟定企业年度投资计划及中长期投资计划。

(3) 负责投资项目的储备、筛选、可行性研究工作。

(4) 负责经总经理批准的投资项目的筹备工作。

(5) 按照国家产业政策，负责企业产业结构、投资结构的调整。

(6) 及时完成领导交办的其他事项。

(六) 销售部

(1) 协助总经理制定和分解年度销售目标和销售成本控制指标，并负责具体落实。

(2) 依据企业年度销售指标，明确营销策略，制定营销计划和拓展销售网络，并对任务进行分解，策划组织实施销售工作，确保实现预期目标。

(3) 负责收集市场信息，分析市场动向、销售动态、市场竞争发展状况等。

(4) 负责按产品销售合同规定收款和催收。

(5) 定期或不定期走访客户，整理和归纳客户资料，掌握客户情况，进行有效的客户管理。

(6) 制定并组织填写各类销售统计报表，并将相关数据及时报送投资发展部。

(7) 负责市场物资信息的收集和调查预测，建立起牢固可靠的物资供应网络，不断开辟和优化物资供应渠道。

(8) 负责收集产品供应商信息，并对供应商质量、技术和供货能力进行评估，根据企业需求计划，编制与之相配套的采购计划，并进行采购谈判和产品采购，保证产品供应及时，确保产品价格合理、质量符合要求。

(9) 建立发运流程，设计最佳运输路线、运输工具，选择合格的运输商，严格按公司下达的成本预算进行有效管理，定期分析费用开支，查找超支原因并实施控制。

(10) 负责对部门员工进行业务素质、产品知识培训和考核等工作，不断培养、挖掘、引进销售人才，建设高素质的销售队伍。

（七） 技术部

(1) 学习、传播国家和地方有关植保、植检方面的政策法规。

(2) 负责本区域农业有害生物的防控工作，坚持开展定期系统调查和普查，提出防治意见，经上级领导审核后组织实施。

(3) 组织开展植保新技术、新农药、新药械的试验示范和推广工作。

(4) 帮助上级部门做好本区域内的植物检疫工作和监督本区域内的农药经营活动，指导农民科学合理用药，降低农药残留，消减污染，实现节本增效。

(5) 负责本区域的植保技术传播及培训工作，为农民提供植保技术咨询服务。

(6) 组织开展植保防灾、减灾宣传与培训。

(7) 负责解决本公司销售的产品在使用过程中出现的问题。

(8) 完成上级分配的其他工作。

三、 我国植保企业通常的经营模式

（一） 生产型企业的经营模式

企业的经营模式就是企业赚钱的方式，即企业如何将自己所有的人力、物力、财力等资源有效组合，从而使企业价值不断增长以达到盈利的目的。

传统的以生产为中心的经营模式现在被认为是刚性企业经营模式，除了这种经营模式之外，还有以下四种经营模式：

1. 分工协作经营模式

即把为大企业配套作为企业发展、走向市场的途径。成功的中小企业非常注意避免直接与大企业竞争，而是尽可能与大企业合作，成为大企业发展中必不可少的伙伴。

2. 特许权经营模式

这是连锁经营的一种重要形式。它是指特许经营机构将自己拥有的商标、产品、专利和专有技术等，以特许经营合同的形式授予被特许者使用，被特许者按合同规定在统一的业务模式下从事经营活动并支付相应的费用。

3. 利基经营模式

作为中小企业，大多是市场补缺者。作为市场补缺者，它们应精心服务于市场的某个细小部分，不与主要竞争对手竞争，通过专门化经营来占据有利的市场位置。利基经营模式是指通过对市场的细分，企业集中力量于某个特定的目标市场，或严格针对一个细分市场，或重点经营一个产品和服务，创造出产品和服务优势。通过选择一个特殊的利基市场，企业的战略更突出表现为企业家对顾客和竞争对手的决策。与大企业相比，中小企业在满足消费者多层次需求方面最具竞争力。

4. 虚拟经营模式

20 世纪 90 年代以来，全球正在发生一场由物质型经济向知识型经济的深刻转变。知识和信息通过对传统生产要素即资本、劳动力和土地等自然资源的整合和改造，为企业的发展创造了一种新的经营模式即虚拟企业经营。在虚拟企业中，企业只掌握核心功能，即把企业知识和技术依赖性强的高增值部分掌握在自己手里，而把其他低增值部门虚拟化。通过借助外力进行整合，其目的就是在竞争中最大效率地利用企业资源。

（二） 销售型公司的经营模式

我国很多这类公司的经营模式为：农资超市＋渠道分销＋配送中心＋增值服务＋加盟连锁网点。实行“六统一”服务，即统一采购、统一配送、统一标识、统一经营、统一服务、统一价格。销售渠道为：①农资超市直接销售；②本县分销商销售；③加盟网点直接销售。农资项目的经营模式首先建立在以“农资超市和农资配送中心”为核心的采购供应、批量销售、渠道分销、配送体系基础上。在此基础上，建立完善“测土配方施肥服务中心、农资质量检测中心、农业科技服务中心、农户金融服务中心”等四大主要服务功能，之后再进一步建立“农产品购销交易服务”的辅助功能，逐步实现“农资和农产品双向流通”运营方式。通过“农资超市和农资配送中心”实现批量销售、看样订货、预约订货、电话订货，实行配送上门，开通农资下乡的“快车道”和“直通车”，提供高效快捷的供应配送服务。

1. 农资超市功能

（1）批量销售功能。仓储开放式陈列产品，明示标识，现场选购、现场批量销售。实现信息化的超市管理系统运作。主要农资产品包括肥料系列（包括氮磷钾肥系列、复合肥系列、生物肥系列）、化学农药系列、生物农药系列、种子系列、农膜系列、农机农具及农用设备设施系列、其他配套农资产品系列等 3 000 多个品种。

（2）展示和订货功能。农资超市 3 000 多个农资品种，既是销售产品，又是产品展示和订货样品。通过农资超市展示样品，实现提供看样订货、预约订货、电话订货的订货服务功能。

（3）信息服务功能。运用超市信息化系统收集、整理、分析农资产品供、销、存信息，定期印发农资产品产、供、销信息，为农户和专业户提供农资消费选购指南。

2. 农资配送中心功能

（1）采购功能。配送中心汇集农资超市、各加盟网点门店，以及分销渠道的产品需求计划，并结合库存和市场供应情况，制订采购计划，向供应商统一采购。

（2）分销功能。与各分销渠道商、种植大户、各网点门店签订供销合同，落实订货计划，组织分销供应。

（3）配送调运功能。根据农资超市、各分销渠道商、种植大户、各网点门店的要货计划，进行统一配货送货、统一调运。

（4）分装功能。根据各分销渠道商、各网点门店的销售要求，对肥料等农资产品进行分装，以满足各分销渠道商、各网点门店的销售要求。

（5）储存功能。应季农资的储存、正常销售农资的储备库存。

（6）信息采集功能。配送中心连接采购和销售的中心环节，是整个农资供应链的协调中心，因此，配送中心也是农资的信息中心，承担着农资经营的信息采集功能。

3. 服务中心功能

（1）测土配方施肥服务中心功能。采取与县农业技术部门合作方式，配套测土配方设备和技术人员，推广测土配方施肥，为农户提供测土配方施肥服务，帮助农户科学、合理、高效地用肥。

（2）农资质量检测中心功能。建立产品采购质量监控制度，建立产品抽检制度，配套检测设备和人员，并与技术监督部门和工商管理部门协作，定期检测农资产品质量情况。向用户承诺“假一赔十”的质量保证。

（3）农业科技服务中心功能。建立信息、技术服务平台，与全国主要农业科技以及农资厂商建立长期合作关系，为农民提供政策咨询、农业技术、农资产品价格信息等服务。

（4）农户金融服务中心功能。与县信用合作联社、市主要信用担保公司建立合作关系，为农户、种植专业户、分销商提供购销信用担保和资金支持的金融服务，实现“农资＋金融”的服务模式。

4. 农产品购销交易服务辅助功能

在做好农资主营业务的同时，利用农资营销网络资源以及农户资源优势，建立农产品购销交易服务平台，为农户和农产品购销商家提供农产品购销交易中介服务，逐步实现“农资和农产品双向流通”运营方式。

四、 植保公司的管理文化

诚信是很多植保公司核心价值的基石。据某植保公司总经理介绍，他们公司从创立之初，就一直坚守严格的商业和道德准则。因为诚信，公司建立了一支相互信任的高效率团队；因为诚信，公司获得了众多合作者和客户的信赖；因为诚信，公司的产品和品牌在市场上获得了很高的声誉。诚信让植保公司的发展越来越好。所以，在植保公司，对人的考察，诚信是第一位的。

我国植保公司大多是以技术创新作为核心竞争力的企业，工作态度的严谨决定了其创新效率、产品质量和服务水平。一个极小的失误都会在短时间内造成巨大的损失，所以必须要严谨认真，包括仓库管理的数据录入、生产部门的质量把关、植保药剂方案的制定，甚至小到每次推文的文字校对等，严谨认真的工作态度要体现在工作的每一处细节中。如果工作中出现错误，必须迅速反应，在第一时间解决问题，将损失降到最低。所以，公司提倡严谨、认真，提倡精益求精，提倡工作的完整和细节的完美。

在一些植保公司的服务理念中，时刻提醒员工必须知道勤奋不能保证成功，但是也要知道勤奋是成功的必由之路。为实现公司的使命和愿景，勤勉和拼搏是植保公司员工必备的基本素质。现如今，勤勉不仅仅是指行为上的勤勉，更是指思考的勤勉。植保公司不容忍对工作的任何懒惰、拖沓、低效和推诿。

专题2
农作物病虫害防治和农业生产安全

农业生产在我国经济体系中占有重要的位置，尤其是粮食安全问题直接关乎国计民生，是我国社会主义建设与和谐社会构建的决定性因素。农业生产本质上是自然再生产以及经济再生产的过程，而病虫害防治是农业生产的重要组成部分，是保证农产品稳产、增产，农业增收和增效，农业生态环境保护中的重要一环。

农业生产过程中病虫害的种类多种多样，而且对于不同的农作物有着不同的症状，而对于同种农作物大多情况是同时遭受多种害虫或者病原体的交叉侵染，因此病虫害情况复杂、症状多变、症状来源各不相同。造成上述情况的原因是病虫害的传播性广、农作物种类繁多、农作物分布广泛、直接受外界环境影响，病虫害在一个地区造成危害以后，通过农作物的接触以及害虫的流动，很有可能传播到其他作物或其他地区，造成更为严重的后果。

我国农业病虫害防治中主要存在两个方面的问题：

其一，我国病虫害的防治工作不成体系、技术到位率低、研究成果不能及时推广，缺乏能够有效开展技术推广工作的技术人员。虽然我国对全面深化农村改革、加快推进农业现代化做出了明确指示，也建立了相应的农业保护体系，但是由于资金匮乏、关注度不够等原因，包括病虫害防治在内的农业生产并未真正形成体系，农民普遍缺乏抗病抗虫的技术知识，一味地将农药作为病虫害防治的唯一手段。

其二，我国病虫害防治工作过分依赖化学农药，不重视病虫害的综合防治。采用化学农药对农业病虫害进行防治能够短时期内快速、高效地抑制病虫害的频发，而且使用较为灵活，因此深受农民的青睐。但是单纯使用化学药剂容易增强病虫的抗药性，随着化学农药用量的盲目增加，施药次数的增多，不仅增加了农业生产的成本，还会降低农药的有效性，给农业病虫害防治造成更大的阻碍。此外，使用化学农药抑制虫害很有可能会造成一个种群的消失，破坏生态系统的平衡，影响自然的自我调控能力，给生态平衡造成不可估量的损失；化学农药同时具有残留毒性，还会恶化人类的生存环境。调查显示，我国每年病虫害防治使用的化学农药高达 25 万 t，农药滥用破坏了农田的生态平衡，使害虫抗药性增强，严重阻碍了病虫害防治工作的进一步有效开展。

农业生产中的相关从业者应该对病虫害防治现状有正确的认识，对存在的问题有理性的分析，提高病虫害防治的意识，采用科学手段抗御病虫害造成的损失，使农业生产能够稳定有序地实现可持续发展。病虫害的防治工作还需要进一步进行深入调研，结合积累的丰富经验，提出病虫害防治的完整、科学的新方案，促进农业安全生产进一步发展。

专题3 农作物病虫害防治和农产品质量安全

“海南的毒豇豆”“山东的毒韭菜”事件极大地提升了广大民众对食品安全的关注度，也给农作物病虫害防控带来了新的挑战。农业从业者既要确保农业生产安全，又要确保农产品质量安全；既要把病虫害控制在经济阈值之下，又要降低农业化学品的投入，减轻农业面源污染，让城乡居民吃上放心农产品。

一、树立绿色植保、公共植保的理念

在“预防为主、综合防治”的植保方针指导下，要树立绿色植保、公共植保的理念，以控制病虫害危害为前提，以保证农产品质量安全为目标，以保护农业生态环境为出发点，大力推广农作物病虫害绿色防控技术，改变过去植保工作就是控害的观念，要树立控害、保质的意识，既要控制病虫害的危害，又要降低农业面源污染，保证农产品质量安全。

二、大力推广绿色防控技术

确立科学的植保技术路线，是保证农产品安全生产的前提。现今的植保技术路线应是以农业防治为基础，优先采用生物防治，协调应用物理防治等措施，在把农作物病虫害控制在允许的经济阈值之内的前提下，科学合理地使用化学农药，减少农药用量，保证农产品农药残留量控制在国家规定的范围内，加强绿色防控技术的研究，借鉴国内外绿色防控技术的成果和经验，结合当地的生产实际，集成为有特色的科学的绿色防控体系。

（一）健全测报队伍，提高测报水平

病虫预报不准就会造成乱打药、多打药，导致农药累积残留，因此，要建立一支

水平高、能力强的病虫测报队伍。植保工作者要加强学习、努力实践，提升业务水平，准确预报，提高病虫防治的针对性和及时性。

（二） 制定科学的防治策略

防治策略的科学与否，决定防治水平高与否、化学投入品多与否，因此要针对各种病虫的发生为害特点，制定科学的病虫防治策略，如水稻条纹叶枯病的防治采取治麦田保秧田、治秧田保大田；烟粉虱的防治采取大棚防扩散保田外；稻飞虱的防治采取治上压下的防治策略等。这些科学的防治策略既减轻了农作物后期病虫防治的压力，又减少了农药的用量。

（三） 协调应用各项措施控制病虫害

化学防治在控制病虫害方面发挥了巨大的作用，特别是在突发性、暴发性病虫控制上功不可没，但化学防治会带来许多负面影响，如环境污染、农产品质量安全问题。化学防治是应急的控制病虫害的手段，而且是不得已而为之的手段，因此，在控制病虫为害上，要充分协调其他非化学防治措施。一是大力推广农业措施，压制病虫发生基数。选用优质的抗病虫、耐病虫品种，如抗条纹叶枯病品种控制条纹叶枯病、转基因棉花在抗棉铃虫等咀嚼式口器害虫方面发挥了巨大的作用。有许多农业措施在减轻病虫发生方面也有较好的效果，如水稻、玉米适期播种预防条纹叶枯病、黑条矮缩病、粗缩病，大棚高温闷棚预防土传病害，大棚无地膜、暗灌技术减轻大棚病害的发生等，要用足农业措施，把农业措施与病虫控制有机结合起来。二是充分协调应用物理措施防治病虫。在蔬菜和水稻秧田推广防虫网，物理阻隔害虫，效果显著，而且减少了农药用量，山东省在蔬菜生产上推广的灯诱、色诱、性诱使用面积很大，用黑光灯、高压汞灯、双波灯诱杀害虫成虫，用黄板、蓝板诱杀烟粉虱、斑潜蝇、蚜虫，用昆虫性诱剂诱杀成虫效果好，要大力推广引导使用。

（四） 优先使用生物农药

在使用农药时首先要考虑选用植物源农药、微生物源农药。目前农药企业、科研院所都加大了对生物农药的研发力度，生物农药品种越来越多，有的生物农药如井冈霉素、宁南霉素、多抗霉素、春雷霉素、蛇床子素、阿维菌素、多杀菌素、苦参碱、Bt、病毒制剂等的防效并不比化学农药差，有的生物农药毒性很低，如壳聚糖、寡聚糖等。其次选用仿生及作用机理独特的农药，如昆虫生长调节剂、新烟碱类杀虫剂、鱼尼丁受体类杀虫剂、甲氧基丙烯酸酯类杀菌剂，这些品种活性高，对环境污染小，且对非靶标生物安全。

（五） 科学合理使用农药

科学合理地使用农药既能控制病虫为害，又能保证农产品的质量安全。一要加强轮换用药，延缓病虫产生抗性。二要推广使用新型高效的农药，选用对环境友好的新剂型，选用持效期长的药剂品种，减少次数，大力推广农药增效助剂，减少农药用量。

（六） 重视化学农药的安全间隔期

只注意化学农药的效果和使用技术，忽视了每种农药的安全使用间隔期，这往往是造成农产品残留超标、影响农产品质量的关键所在，因此，植保技术人员要重视农药的安全间隔期，根据不同品种、不同季节在安全间隔期内用药。

三、 创新植保推广方式

农业生产是千家万户的生产，面对服务对象多、服务人员少的实际，植保工作要创新推广方式，推广病虫害绿色防控技术，确保农产品质量安全。

（一） 大力推进植保专业化防治

近几年，国家十分重视植保专业化防治工作，在政策、资金、物资上予以扶持。要充分利用这一契机，发展多种形式的专业化防治组织，壮大防治组织的实力，扩大防治组织的服务能力。只有防治组织增多，服务范围扩大，绿色防控技术才能落实到位。

（二） 加强植保信息服务

广播、电视、电话、网络已经入村到户，要充分利用媒体网络的强大宣传能力，积极开展植保可视化服务，以农民能理解的图文、能学会的方法、能看懂的现场，宣传绿色防控技术，让农民及时收到病虫信息，接受并掌握绿色防控技术，只有让绿色防控技术被广大农民所认识、接受和掌握，才能保证农产品生产的安全。

（三） 积极开展植保专家挂钩和坐诊服务

将具有理论水平和实践经验的植保专家挂钩到农业示范区、生产基地等大范围的种植区，全程负责植保技术指导服务，开展网络专家咨询服务，及时提供技术咨询服务，解决农民生产中的实际问题。

专题4
农作物病虫害防治和生态环境安全

生态环境安全是指国家或者地区的生态环境资源现况能持续满足社会经济发展需要，社会经济发展不受或少受来自于生态环境的制约与威胁的现态。衡量生态环境是否安全，一是看生态系统是否健康，即生态系统的物质循环和能量流动处于正常状态，系统对于外界干扰具有抵抗力和恢复力，系统能够维护自身正常运转和组织结构的长期稳定。生态系统健康是人类经济社会活动以及人类自身可持续发展的基石。二是看生态系统是否遭受不可逆转的破坏，如果外界来的污染破坏超过生态系统的承载能力，则可能导致生态系统遭受不可逆转的破坏。防止生态系统遭受不可逆转的破坏，是国家生态安全中最低的安全标准。三是看生物圈与食物链是否缺失、断圈、断链。在无外力破坏的情况下，生物圈与食物链的常态是环环紧扣、前后连接的。一旦生物圈与食物链上出现节点断裂，就会犹如“多米诺骨牌效应”，对生态安全造成灾难性的后果。

我国是一个农业大国，农作物病虫草害是农业生产的重要生物灾害。根据《中国主要农作物有害生物名录》记载，我国主要农作物目前发生的有害生物种类及其检疫性有害生物种类有 3 657 种，其中害虫（包括螨和软体动物）2 083 种，病害 820 种，杂草 688 种，害鼠 66 种。而且分布广、突发性强、成灾频率高，每年都有几种重大病虫草鼠害暴发和流行，导致农作物大面积减产和失收，品质严重下降。有害生物防治主要通过化学的、物理的、机械的、生物的手段来实现，在防治过程中会对生态系统产生作用，可能会影响生态安全，从而带来许多社会问题和经济问题。

专题5 植保企业人力资源开发与个人职业生涯发展

一、 我国植保企业人力资源建设

人力资源是企业精神、思想和智慧的源泉，植保企业是我国战略性资源储备的核心产业之一，是促进我国农业稳定和粮食安全的根本保障。植保企业的人力资源及管理不仅影响着企业自身的发展，更影响着我国农业的发展。我国植保企业在人力资源及管理方面均存在认识不够，企业人才结构不科学，缺乏系统的人力资源管理体系，未能实现科学、可持续发展等问题。企业应当改变观念，结合自身存在问题进行改进，承担起自身的社会责任。目前，企业非常重视人力资源发展，生产型的植保公司一般都有人力资源部，以经营为主的小规模企业没有人力资源部，通常由企业总经理负责。

（一） 人力资源及人力资源管理的含义

1. 人力资源

组织为有效利用其人力资源而进行的活动，包括制订企业的人力资源管理战略和人力资源计划，并在其指导下，进行人员安排、业绩评定、员工激励、管理培训及决定报酬和劳资关系等。

2. 人力资源管理

企业根据自身发展的战略要求，对企业人力资源进行有计划的合理配置，通过系列的招聘面试、入职培训、轮岗实习、定岗定薪、职业规划培养等过程，充分挖掘和发挥职工潜能，调动、提高职工积极性，给企业创造价值、带来效益，确保企业战略目标的实现，是企业一系列人力资源政策以及相应管理活动的目的。

（二） 人力资源管理在企业发展中的地位和作用

1. 人力资源管理在企业发展中的地位

人力资源管理是企业管理不可或缺的一部分，因为企业需要员工进行相应的工作才可以获得效益，进而不断发展。如果人力资源管理不存在，那么企业就会失去管理工作者的职能，那么工作者就得不到规范管理，也不会获得合理的安排和调动。人力资源管理就犹如企业的身体器官，缺少了它，企业就不能生存，所以必须要正视人力资源管理的重要性，将人力资源管理摆在正确的位置上，使人力资源管理可以发挥重要的作用。企业的发展离不开人力资源管理的辅助，它在企业中占有着显著的地位，只有人力资源管理与企业的现状适应，才可以使人力资源得以充分发挥作用。

2. 人力资源管理在企业发展中的作用

目前，人力资源管理的作用已被企业界提升到企业战略的高度，人力资源管理部门逐渐由原来非主流的功能性部门，转而成为企业经营业务部的战略伙伴。实践证明，重视和加强企业人力资源管理，对于促进企业生产经营的发展、提高企业劳动生产率、保证企业获得最大的经济效益并使企业的资产保值有着重要的作用，具体体现在：

（1）有利于促进生产经营的顺利进行。通过人力资源的有效管理，不断协调劳动力之间、劳动力与劳动资料和劳动对象之间的关系，充分利用现有的生产资料和劳动力资源，形成最优的配置，从而保证生产经营活动有条不紊地进行。

（2）有利于提高劳动生产率。企业的员工有思想、有感情、有尊严，这就决定了企业人力资源管理必须设法为劳动者创造一个他们所需要的劳动环境，使他们乐于工作，并能积极主动地把个人劳动潜力和智慧发挥出来，为企业创造出更有效的生产经营成果，从而达到提高生产效率的目的。

（3）有利于提高经济效益，并使企业的资产保值。科学配置人力资源，合理组织劳动力，可以让企业以最小的劳动消耗取得最大的经济成果。在市场经济条件下，企业要争取企业利润最大化、价值最大化，就需要加强人力资源管理。

（4）有利于现代企业制度的建立。一个企业只有拥有一流的人才，才能充分而有效地掌握和应用一流现代化技术，创造出一流的产品。注重和加强对企业人力资源的开发和利用，搞好员工培训教育工作，是实现企业管理由传统管理向科学管理和现代管理转变不可缺少的一个环节。

（5）有利于建立和加强企业文化建设。优秀的企业文化可以增进企业员工的团结和友爱，减少教育和培训经费，降低管理成本和运营风险，并最终使企业获取巨额利润。因此，企业文化是企业发展的凝聚剂和催化剂，对员工具有导向、凝聚和激励作用。

二、 职业生涯发展规划

职业生涯对每个人而言，都是在一定的时间内有效，如果不进行合理有效的规划，就会浪费自己的时间和生命，如果不为自己拟定一份职业生涯规划，把自己的未来设计好，生活和工作就会没有方向，就会像大海里的一叶小舟，迷失方向，不知所归。

因此，为了高效地利用时间，实现自己的人生价值，每个人都应该做好职业生涯规划。

对企业而言，如何体现公司“以人为本”的人才理念、关注员工的人才理念，职业生涯规划是一种有效的手段。

（一）职业生涯发展规划的内容

职业生涯发展规划的内容和结果应该在规划过程中及规划后形成文字性的方案，以便理顺规划的思路，提供操作指引，随时评估与修正。结合有关专家学者的观点和建议，我们认为，一个完整有效的职业生涯发展规划文案应该包括以下八项内容：

1. 标题

包括姓名、规划年限、年龄跨度、起止时间。规划年限不分长短，可以是半年、三年、五年，甚至是二十年，视个人的具体情况而定。

2. 目标确立

确立职业方向、阶段目标和总体目标。职业方向即从业方向，是对职业的选择；阶段目标是职业规划中每个时间段的目标；总体目标即当前可预见的最长远目标，也是在特定规划中的终极目标。在确定总体目标时，如果能适当地看得远些，定得高点，则有助于最大限度地激发规划者的潜能。

3. 个人分析结果

包括对自己目前的状况分析和对将来的基本展望，同时也包括对自己职业生涯有一定影响的角色建议。

4. 社会环境分析结果

指对政治、经济、文化、法律和职业环境等社会外部环境的分析。

5. 企业分析结果

主要是对职业、行业与用人单位的分析，包括对用人单位制度、背景、文化、产品或服务、发展领域等的分析。

6. 目标分解与目标组合

目标分解是根据观念、知识、能力、心理素质等方面的差距，将职业生涯中的远大目标分解为有一定时间规定的阶段性分目标；目标组合是将若干阶段性目标按照内在的相互关系组合起来，达成更为有利的可操作目标。

7. 实施方案

首先找出自身观念、知识、能力、心理素质等方面与实现目标要求之间的差距，然后制定具体方案逐步缩小差距，以实现各阶段目标。

8. 评估标准

设定衡量此规划是否成功的标准，如果在实施过程中，无法达到制定的目标或要求应当如何修正和调整。

（二） 职业目标定位

1. 短期目标（3年）

学徒进入一家植保企业，需要经历3～6个月的试用期，岗位职责以病虫害识别、了解发生规律、提出防治方案、实施防治方案为主，由专业技术辅导老师和指定生活导师共同帮助学徒度过试用期。试用期结束后，从最基本的岗位职责做起，不断学习与岗位有关的专业经验，以此提升个人的实践能力。在公司首先要做到热爱农业。个人职业梦想与公司企业价值观高度吻合，积极参加公司组织的各类团建活动，以此发挥个人特长，在工作和生活中不断丰富自我、胜任岗位、体现价值。

2. 中期目标（5年）

找准自我职业发展规划定位。公司的晋升通道通常有技术通道和管理通道，根据员工3年的工作绩效表现，上级领导及公司领导会做出公开评价。本人实现自我职业规划，做好晋升选择，由技术员晋升为技术类经理岗位，通过努力达到岗位和薪酬的双晋升。

3. 长期目标（10年）

此阶段更多的是要参与公司的战略规划、经营模式的学习、理解和实践。以公司企业文化、核心价值观引领个人职业发展规划。只有充分做到懂公司，个人职业发展的方向才会更加准确，同时要担负起培养下级的职责，实现自我价值的同时也提升个人的生活质量。

三、 评估调整

成功没有标准，人生需要个人事务、职业生涯、家庭生活的协调发展。只要自己尽心尽力，能力也得到了发挥，每个阶段都有了切实的自我提高，即使目标没有全部实现，也不会觉得失败。同时，应在各时期不断地进行评估，调整自己的目标。

四、 缩小差距的方法

（1）充分利用学徒毕业前在校学习的时间，为自己补充所需的知识和技能。包括参与社会团体活动，广泛阅读相关书籍，选修、旁听相关课程，报考技能资格证书等。

（2）充分利用公司给员工提供的培训机会，在植保公司争取更多的学习机会。

（3）在校期间多和老师、同学讨论交流，在公司多和前辈交流。

（4）在工作中积极与直接上司沟通，加深了解，利用校友众多的优势，参加校友联谊活动，经常和他们接触、交流。

（5）锻炼自己的注意力，在嘈杂的环境里也能思考问题、正常工作。

（6）养成良好的锻炼、饮食、生活习惯。每天保证睡眠6～8 h，每周锻炼3次以上，每次30 min以上。

(7) 利用自身的工作条件扩大社交圈，重视同学交际圈，重视社会交往。

五、 结束语

做好计划很重要，但更重要的是具体实施并取得成效。任何目标，只说不做到头来都是一场空。然而，现实是未知多变的，目标计划随时都可能受到各方面因素的影响。这一点，每个人都要有充分的心理准备。因此，在遇到突发事件、不良影响时，要注意保持清醒冷静的头脑，不仅要及时面对、分析所遇到问题，更应快速果断地拿出应对方案，对所发生的事情，能挽救的尽量挽救，积极采取措施，争取最好的结果，这样，即使将来的作为和目标有所偏差，也不至于相距太远。

第二部分

The second part

认识岗位

专题1

认识学徒业务岗位

农作物植保员是使用检测仪器和设施，调查、检验农作物遭受生物灾害的情况并实施防控措施的人员。植保员的本质是一个职业工种，农作物植保员共设五个等级，分别为：五级/初级工、四级/中级工、三级/高级工、二级/技师、一级/高级技师。具有一定的学习、计算、颜色与气味辨别、语言表达和分析判断能力，动作协调。

农作物植保员除了具备相关专业知识和常见问题处理能力，还需要具备良好的职业道德。吃苦耐劳、有科学严谨的工作态度，责任心强、有一定的语言表达能力、沟通能力、学习能力、团结协作能力。诚实敬业，保守企业机密，善于观察、分析总结，确保调查数据客观、公正。

一、 农作物植保员岗位能力标准

通过对农作物植保员关键能力以及植保企业岗位需求与学生能力匹配的相关调查，分析了农作物植保员的工作内容，分析工作内容所需专业技能，进而分析专业技能所需要的相关知识，制定农作物植保员岗位能力标准，供农作物植保员使用。

表 2-1 农作物植保员岗位能力标准

职业功能	工作内容	技能要求（名称）	相关知识
病虫害识别	识别病虫害种类	能够通过田间调查及时发现田间的病虫害种类，并能对田间病虫害进行预测预报，确定防治对象。	常见病虫害的形态、为害症状
病虫害发生规律	了解病虫害发生规律	能够阐述病虫害发生的规律。	常见病虫害的发生规律
农业防治	了解农业防治措施	能够结合田间管理使用农业防治措施防治病虫害。	农业防治措施

续表 2-1

职业功能	工作内容	技能要求（名称）	相关知识
物理防治	了解物理防治措施	能够使用一些如引诱等技术进行病虫害防治。	物理防治措施
生物防治	了解生物防治的措施	能够利用各种途径采用生物防治措施防治病虫草害。	生物防治措施
化学防治	准备农药（械）	能够根据防治对象的特点选择适宜的农药种类及了解植保机械的基本特性。	农药的分类、使用方法、农药管理基本知识
	配制药液、毒土	能看懂农药说明书，会用稀释倍数、农药的药罐体积、所要施药面积等计算好所需农药量和水量。	农药稀释与配置的知识
	施用农药	能够正确选择农药的使用方法和剂型，做好劳动保护，指导田间施药。	农药使用方法及剂型基础知识
	清洗药械	能够按要求正确清洗施药灌或喷雾器，并能正确处理废弃物。	农药药械清洗常识
	保管农药（械）	能够对农药进行有效保存。	农药保管与贮存相关知识
拓展（农资代销）	门店销售技巧	掌握门店顾问式销售的精髓和技巧；学会运用销售技术提升门店的销售业绩。	门店销售相关知识
	市场调查与分析	能开展市场调研，根据产业背景、市场容量、竞争对手分析等确定公司发展目标、业务范围，确定公司发展战略，完成调研报告。	市场调研相关知识
	区域营销方案策划	能开展农产品及农资企业策划方案，能选择目标市场，进行产品市场定位，制定 4P 策略，拟定行动计划，撰写完成企业策划书。	区域营销策划知识
	客户关系管理与维护	能维护客户关系，能以客户为中心，运用相关知识对客户进行判断、选择、争取、发展和保持，在竞争中制胜，快速成长。	销售客户的管理与维护知识

二、 农作物植保员学徒岗位师傅聘任标准

为深化落实推动《加强和改进新时代中国特色企业新型学徒制工作方案》文件精神，以植保类企业用人需求与岗位资格标准为服务目标，丰富中国特色职业教育体系内涵，使植保相关专业的特色学徒制改革顺利开展并取得实效，确保企业师资水平能够满足本专业学徒制教学的需要，特制定本标准。

（一） 聘任对象

植保相关专业企业师傅的聘请对象主要是植保类企业、农资公司中有丰富的病虫害防治工作经验，具备病虫害防治实践成果的在职人员。

（二） 聘任条件

(1) 热爱植保事业，对培养植保人才充满热情，具有良好的政治思想素质和高尚的职业道德。

(2) 具备丰富的处理病虫害防治问题的能力，善于表达和沟通，掌握并灵活运用行业知识进行技能的传授和讲解。

(3) 工作（工种）成绩突出，善于“传、帮、带”。近三年在企业的生产、经营等工作中，没有违纪、违章、违规行为。

(4) 取得农艺师及以上职业资格证书；或植保专业的技师及以上技能等级证书；或具有植保领域独特专长的能工巧匠。

(5) 接受过专门的职业教育或系统的植保相关职业技能培训。

(6) 有制定、实施培训方案的能力，具备良好的语言表达能力和沟通交流能力。

(7) 身体健康，心理健康，能坚持正常工作，男性 60 周岁以下、女性 50 周岁以下。

（三） 评聘程序

(1) 由植保企业根据评选条件，结合实际情况采取笔试或技能操作方式进行评选。

(2) 获得推选的师傅需填写《植保企业学徒师傅申报认定表》，单位盖章后，由单位和合作院校共同审核。

(3) 经评审通过的师傅，发放聘书，聘期为三年。聘书加盖学院和师傅所在企业公章。

（四） 奖励办法

对于师傅带徒弟期间表现优秀的人员给予精神奖励，由单位和学院统一发文表彰，颁发获奖证书。将优秀师傅的评选获奖情况计入个人档案，作为晋职晋级的考核依据之一。

三、 农作物植保员学徒岗位学徒选拔标准和学习守则

（一） 学徒选拔的基本原则

坚持“公平、公正、公开”的原则，做到选拔条件与考核内容公开、选拔过程公开、选拔结果公开，选拔优秀学徒进入企业实践。

（二） 选拔对象、 条件及人数

1. 选拔对象

植保相关专业有意向到植保企业当学徒的全日制学生。

表 2-2　植保企业学徒师傅申报认定表

<table>
<tr><td>姓名</td><td colspan="2"></td><td colspan="2">性别</td><td colspan="2"></td><td colspan="2">年龄</td><td colspan="2"></td><td colspan="2" rowspan="3">照片</td></tr>
<tr><td colspan="2">工作单位</td><td colspan="5"></td><td colspan="2">职称或职务</td><td colspan="2"></td></tr>
<tr><td colspan="2">通信地址</td><td colspan="5"></td><td colspan="2">联系方式</td><td colspan="2"></td></tr>
<tr><td colspan="2">邮箱</td><td colspan="3"></td><td colspan="4">最高学历、学位</td><td colspan="4"></td></tr>
<tr><td colspan="2">专业技术职称</td><td colspan="3"></td><td colspan="4">毕业学校及时间</td><td colspan="4"></td></tr>
<tr><td colspan="2">技术、专业特长</td><td colspan="3"></td><td colspan="4">现从事技术岗位</td><td colspan="4"></td></tr>
<tr><td colspan="2">拟担任师傅岗位</td><td colspan="2">岗位一</td><td colspan="2"></td><td colspan="2">岗位二</td><td colspan="2"></td><td colspan="2">岗位三</td><td></td></tr>
<tr><td colspan="2">岗位工作经历</td><td colspan="11"></td></tr>
<tr><td colspan="2">传授技能及工作业绩</td><td colspan="11"></td></tr>
<tr><td colspan="2">学习情况</td><td colspan="11"></td></tr>
<tr><td colspan="2">所在单位
推荐意见</td><td colspan="11">

盖　章　　　　　　　　　　年　月　日</td></tr>
<tr><td colspan="2">合作院系意见</td><td colspan="11">

签字（单位盖章）：</td></tr>
</table>

2. 选拔条件

（1）思想端正，有良好的道德品质和文明的行为习惯。

（2）身体健康，对农作物花粉无过敏反应。

（3）专业课程成绩优秀，其他文化课程成绩较好。

（4）热爱农资生产或销售事业，具有合作意识和团队精神。

（5）有较强的责任感，吃苦耐劳的精神，良好的沟通能力。

(6) 自愿参加，入选后同意参加学校和企业开展的现代学徒制培训。

(7) 毕业后（学成后），自愿在植保相关企业从事农作物植保员岗位或者销售工作。

3. 选拔人数

根据植保相关企业选拔学徒的人数确定。

（三） 选拔程序

个人提出书面申请—根据学生的学习成绩及平时表现情况进行推荐—植保企业综合考核，确定人选—由企业、学院、学生（未成年人由家长代理）等三方共同签订学徒协议。

（四） 学徒选拔考核技术标准

1. 考核命题标准

学徒选拔考核以农作物植保员国家职业技能标准的工作要求为基础，适当增加新知识、新技术、新技能等相关内容，以生产实践应用较多的案例等形式进行考核。试题由选拔学徒的相关企业组织有关专家统一命制。

2. 考核场地环境设计

采取有效措施确保工位与工位之间互不干扰，设置有考评专家进入现场巡视的专门通道，以不影响考核选手考试为标准。

3. 场地配置要求

农作物植保员考核需配置：相应的实验室、农资店、实验田（地）及仪器、设施、设备、植保机械等。

4. 考核内容及要点

(1) 考核方法。农作物植保员考核采用现场答题的方法，要求选手按照农作物植保员国家职业技能标准中所规定的工作要求，在规定时间内完成答题。分为理论知识考试和技能操作考核。理论知识考试采用闭卷笔试方式，技能操作考核采用现场实际操作方式。理论知识考试和技能操作考核均实行百分制，成绩皆达60分（含）以上者为合格。

(2) 考核内容。病虫害诊断、病虫害预测预报、病虫害综合防治、农药（械）使用。

(3) 考核时间。要求2小时内完成。

(4) 技术要求

①考试方式为笔试＋技能；

②考题根据考核命题自选。

(5) 评分要求。理论成绩严格按照卷面成绩给出，实践由企业考核专家给出，平时表现成绩由学校考核小组给出。

（6）考核工具、用具提供。

①实践考核场地由合作企业提供；

②其他工具、用具由学徒自备（如笔、稿纸）。

5. 成绩评定

合作企业将组成专家组对学徒进行评分。总分可以根据40％理论＋40％实践＋20％平时表现给出。

专题2 农作物植保员职业道德与岗位要求

一、 农作物植保员职业道德基本知识

（1）要有为国家的农业生产保驾护航的高尚追求。

（2）要有不怕辛苦、长期深入田间地头的工作心态。

（3）要有兢兢业业、实事求是的工作态度。

（4）要心怀农民的利益，竭尽全力减少农民的损失。

二、 农作物植保员职业守则

遵纪守法，敬业爱岗。

规范操作，注意安全。

认真负责，实事求是。

忠于职守，热情服务。

勤奋好学，精益求精。

团结协作，勇于创新。

三、 农作物植保员岗位要求

（1）研究本辖区内为害农作物的有害生物种群结构及其变化，并根据特征进行种的分类，调查分布情况。

（2）研究本辖区内有害生物的发生、发展及灾害变化规律，提出预测预报的方法。

（3）研究有害生物与寄生植物及环境间相互作用的关系，探讨寄生植物的抗病虫机制及抗性鉴定技术，并提出减轻病虫危害的栽培措施。

（4）研究有害生物危害损失及经济阈值，确定防治指标，并探讨致害机制。

专题3 农作物植保员岗位相关的法律法规

我国制定的法律法规有很多，并且在不断修订和完善，我们只要了解植保工作密切相关的法律法规即可。下面介绍与植保工作有关的法律法规的名称及重点内容（详细内容请参考附录）。

1.《中华人民共和国农业法》（详见附录2）

2012年12月28日第十一届全国人民代表大会常务委员会第三十次会议修正，自2013年1月1日起施行。该法规定“禁止生产和销售国家明令淘汰的农药、兽药、饲料添加剂、农业机械等农业生产资料”“各级农业行政主管部门应当引导农民和农业生产经营组织采取生物措施或者使用高效低毒低残留农药、兽药，防治动植物病、虫、杂草、鼠害”。

2.《中华人民共和国农业技术推广法》（详见附录3）

已由中华人民共和国第十一届全国人民代表大会常务委员会第二十八次会议于2012年8月31日通过，自2013年1月1日起施行。该法明确了植物病虫害、动物疫病和其他有害生物防治技术及农业投入品安全使用技术。

3.《中华人民共和国劳动合同法》（详见附录4）

2012年12月28日，第十一届全国人民代表大会常务委员会第三十次会议对该法案进行修正，定于2013年7月1日起施行。为了完善劳动合同制度，明确劳动合同双方当事人的权利和义务，保护劳动者的合法权益，构建和发展和谐稳定的劳动关系，制定本法。

4.《中华人民共和国劳动法》（详见附录5）

2018年12月29日第十三届全国人民代表大会常务委员会第七次会议修正。为了保护劳动者的合法权益，调整劳动关系，建立和维护适应社会主义市场经济的劳动制度，促进经济发展和社会进步，根据宪法，制定本法。

5.《中华人民共和国种子法》(详见附录6)

2021年12月24日，中华人民共和国第十三届全国人民代表大会常务委员会第三十二次会议通过《关于修改〈中华人民共和国种子法〉的决定》，自2022年3月1日起施行。该法规定："种子生产应当执行种子生产技术规程和种子检验、检疫规程""从事品种选育和种子生产经营以及管理的单位和个人应当遵守有关植物检疫法律、行政法规的规定，防止植物危险性病、虫、杂草及其他有害生物的传播和蔓延。禁止任何单位和个人在种子生产基地从事检疫性有害生物接种试验"。

6.《植物检疫条例》(详见附录7)

1983年1月3日发布，自发布之日起实施，1992年第一次修改，2017年第二次修改。该条例规定："凡是种子、苗木和其他繁殖材料，不论是否列入应施检疫的植物、植物产品名单和运往何地，在调运之前，都必须经过检疫"。

7.《植物检疫条例实施细则（农业部分）》(详见附录8)

1995年由农业部发布，2007年11月进行了第三次修正。该实施细则明确规定各级植物检疫机构的职责范围，植物检疫证书的签发，植物检疫对象的划区、控制和消灭及调运，产地检疫，国外引种检疫等，并规定了具体的奖励和处罚事项。在规定的实施植物检疫名单中包括蔬菜作物的种子、种苗和运出发生疫情的县级行政区域的蔬菜产品。

8.《中华人民共和国农产品质量安全法》(详见附录9)

2006年11月1日施行。2018年进行了第一次修正，2022年进行了第二次修正。这是一部非常重要的有关农产品生产的法规，其中第四章农产品生产第二十四条规定，农产品生产企业和农民专业合作经济组织应建立农产品生产记录，如实记载下列事项：

(1) 使用农业投入品的名称、来源、用法、用量和使用、停用的日期；

(2) 动物疫病、植物病虫草害的发生和防治情况；

(3) 收获、屠宰或者捕捞的日期。农产品生产记录应当保存二年。禁止伪造农产品生产记录。

9.《农药管理条例》(详见附录10)

1997年由国务院发布，2001年第一次修订，2017年第二次修订，2022年第三次修订，内容包括农药登记、农药生产、农药经营、农药使用、监督管理和法律责任等八章六十六条。是为了加强农药管理，保证农药质量，保障农产品质量安全和人畜安全，保护农业、林业生产和生态环境而制定的法律法规。

10.《农作物病虫害防治条例》(详见附录11)

《农作物病虫害防治条例》经2020年3月17日国务院第86次常务会议通过，于2020年3月26日公布，自2020年5月1日起施行。是为了防治农作物病虫害，保障国家粮食安全和农产品质量安全，保护生态环境，促进农业可持续发展制定的行政法规。

除上述法规和条例外，凡是相关的法律都应了解，同时要经常注意由于生产形势的发展，国务院、农业部和相关部门会不断完善原来的法规或条例并颁布新的法规或条例；上述法律法规不仅是农作物植保员规范工作的依据，同时也是解决纠纷和矛盾的依据，同样是维护自身权利的武器。另外，各省或地、县根据本地区的具体情况，还应制定本省或本地区的《植保条例》，这些条例更符合本地区的实际情况，应认真学习和遵照执行。

专题4 岗位业务能力要求和培养目标

一、 岗位知识要求

（1）植物保护基础知识。

（2）作物病、虫、草、鼠害调查与测报基础知识。

（3）有害生物综合防治知识。

（4）农药及药械使用基础知识。

（5）植物检疫基础知识。

（6）农业技术推广知识。

（7）农业标准化基础知识。

（8）信息技术应用知识。

二、 岗位能力要求

能够识别本区域内常见病虫害和天敌，熟悉其危害情况及发生规律，并能结合本地的气候、田间情况制定安全合理的防治方案，且能够有效实施。

三、 岗位技能要求

（1）能识别当地主要病、虫、草、鼠害和天敌35种以上。

（2）能对5种以上主要病、虫发生情况进行调查。

（3）能使用计算工具做简单的统计分析。

（4）能编制统计图表。

（5）能对病、虫发生进行预测分析。

（6）能确定防治适期和防治区域。

(7) 能结合实际对 3 种及以上主要病、虫害提出综防计划。

(8) 能根据实际情况对主要病、虫防治计划进行优化。

(9) 能落实综防技术措施。

(10) 能对综防效果进行简单评价。

(11) 能读懂农药标签全部内容。

(12) 能进行多种剂型农药的配制。

(13) 能使用自走式大型植保机械施用农药。

(14) 能使用小型航空植保机械施用农药。

(15) 能保养主要类型的机动药械。

(16) 能排除主要类型机动药械简单故障。

四、 岗位职责要求

(1) 负责对植保药品管理、记录、存档。

(2) 负责病虫害的监控与防治，拟定防治措施。

(3) 负责制作各种作物病虫害防治图谱，防患于未然。

(4) 负责有毒有害物质的调查、取样并送检。

(5) 负责监督小组长对有机农药使用进行跟踪，并做用药记录。

(6) 负责维护、回收、清理植保用具，如诱虫灯、喷雾器、诱捕器等。

(7) 负责搜集在有机农业生产中对病虫害的防治新技术。

专题5
制定学徒培养计划

一、 学徒工作计划

农作物植保员学徒岗位主要包括病虫害诊断、病虫害田间调查、病虫害综合防治三个工作岗位，按照农作物植保员学徒标准、学徒期间，在企业师傅的指导下，学习掌握本区域常见病虫害的诊断、病虫害田间调查、病虫害综合防治三个岗位的技术与技能。

（一） 病虫害诊断工作程序

1. 确定是否是虫害

到田间以后首先要看看这些植株上有无害虫及为害的表现。

(1) 天气相对干旱且温暖时，叶片上有由黄白色失绿斑点组成的黄斑，整个叶片僵硬或扭曲，植株生长缓慢，最好先看看叶片背面有无红蜘蛛、白粉虱、蓟马等刺吸式口器的小型害虫。

(2) 气温高且闷热的环境下，作物顶端嫩叶小、黑、僵、卷，看看叶片背面有无油点，幼果上有无皱状斑块，或许是茶黄螨为害所致。

(3) 植株矮小、叶色偏黄，叶片背面和正面既无害虫，也无霉、粉、点状物等，从植株顶端往下查看茎秆、根部有无异常，比如韭菜、大蒜和大葱根部的蛆（种蝇或蕈蚊）。

(4) 被蝼蛄为害的作物根系呈乱麻状，金针虫往往在作物地下器官上“穿、钻”成多个孔洞，蛴螬则在作物的根或地下茎等器官上“挖”成“坑”，低龄地老虎幼虫在作物幼苗嫩叶上咬成针孔状花叶，大龄地老虎幼虫往往是从作物接近地面的茎基部“下口”，切断茎秆并脱离到虫穴处。

2. 判断是否是机械损伤

当基本排除是虫害以后，对于机械损伤造成的异常表现，就比较容易区分了。冰雹过后的作物植株往往枝叶破损，播种机碾压过的车辙上长出的幼苗根系发育不好而导致苗子幼小。

3. 判断是否是生理性病害和侵染性病害

所谓病害，是指作物在生长发育过程中遭受到生物性或非生物性因素的侵扰，导致作物从体内的新陈代谢上和体外形态外观上出现从轻到重的异常表现，它有一个病变过程。

引起作物病害的非生物因素，包括温度的大幅升高或降低、土壤湿度持续过低的干旱或长期过高的沤根、光照过强的日灼或太少的阴霾、肥害、药害或缺素等，这类原因造成的病害又叫生理性病害。

侵染作物的生物因素一般都是形态微小的病菌，包括真菌、细菌、病毒、类立克次氏体等。线虫虽然属于低等动物，但作物被线虫侵染以后也有明显的病理变化过程，所以生产中把线虫也归属于侵染性生物。菟丝子、列当、槲寄生等寄生在作物根或茎上的种子植物，也归属于作物侵染性病害的病原。

4. 掌握看、问、闻、培几个要领

（1）看。远看田间分布规律，近看病株具体表现。

一看表现异常的植株在田间的分布特点。对于生理性病害和侵染性病害的判断，首先要看异常植株在田间的分布。因为生理原因导致生长异常的植株，或整块地或几行或某一侧，在田间的分布往往比较均匀一致。比如，久阴乍晴时作物幼果上出现的日灼，多在向阳面；玉米种肥同播导致的缺苗断垄往往成行出现。侵染性病害具有传染性，生长异常的植株往往有一个从零星几株到成片显现的发展过程。比如，作物缺氮叶片变黄时往往是成行显现，根部被病菌侵染以后的枝叶发黄则是从少到多成片蔓延。

二看植株异常表现顺序。缺氮表现的黄叶先从下部叶片开始逐渐向上蔓延；缺铁则是先从顶端嫩叶开始显现。番茄黄萎病在地上部的表现有半边黄之说，感病植株要么一边黄叶一边绿叶，要么叶片一半黄一半绿。

三看具体病状表现。作物感病以后表现出来的异常特征，叫病状。缺氮黄叶、缺磷紫叶、病毒病造成的叶片皱缩花叶、真菌侵染以后呈现的叶斑等。

四看病部表面有无附着物（病征）。湿度大的时候，真菌性病害在已经有异常表现的作物器官正面或背面，有时候会生出粉状物（白粉、黑粉）、霉状物（黑霉、灰霉、青霉、霜霉）、毛状物（绵霉）、粒状物（黑色小粒点）等；细菌性病害往往在病部有蜡质物菌膜或胶粒、溢脓等。

（2）问。作物品种、耕种时间、施肥浇水、用药细节、天气变化等。

①不同品种的抗逆性不一样，同样天气或土壤条件下的适应能力相差较大。比如巨峰葡萄更容易感染白腐病，霜霉病相对容易控制；叶片宽大好看的黄瓜叶片更容易感染霜霉病；膨果速度快的番茄、辣椒品种在果实膨大期一旦遇到干旱很容易出现脐腐病。

②不同生育期的作物对某种病害的抵抗力也不一样。玉米3～5片叶时抗病力较差，很容易感染粗缩病、瘤黑粉和褐斑病等病害；早春发芽开花期和秋季果实采摘以后，果树腐烂病的症状表现最明显。

③大量施用氮肥或频繁浇大水，虽然作物生长茂盛，但更容易发生多种病虫害。比如沤根、根腐病、叶霉病、霜霉病、中微量元素缺素症等。

④温湿光环境是作物能否健康生长的基础，也是大多数病虫害发生的关键性因素。比如，高温高湿利于炭疽病和褐斑病的发生，阴雨乍晴易于疫病和绵疫病的出现，低温寡照高湿则利于灰霉病和菌核病的肆虐。

(3) 闻。欧文杆菌细菌性病害在作物发病腐烂的部位上往往有臭味。比如白菜软腐病、芹菜软腐病等。

(4) 培。保湿培养和镜检。在作物感病部位表面上没有病征出现的时候，或一个新的病害刚开始显现的时候，往往很难直接诊断出其真正病因。需要在实验室内利用专业设备对感病植株的器官进行一些处理和保湿保温培养，待霉、粒、脓等病征性物体出现以后，再用显微镜观察确定菌原性质。随着作物种植结构和栽培措施的多样化，农日生态环境也在不断发生变化，病虫的为害日趋复杂化，准确诊治病虫害，不能仅凭经验或直接感觉去判断，需要认真系统地综合观察和分析。只有准确诊断出作物生长异常的原因，才能做到“对症下药”，经济安全简便有效地控制病虫的为害。

（二） 病虫害田间调查工作程序

植物病虫害的分布和危害、发生时期和症状、栽培和环境条件对植物病虫害发生的影响，不同品种在生产中的表现，不同防治措施的效果，为害造成的损失等，都需要通过病虫调查才能掌握。

由于农田生态系统的复杂性，不同病虫害的生物学特性、发生密度和田间各种环境因子的分布差异，使病虫害在农田的时空分布也非常复杂。要获得准确的病虫资料，就必须了解病虫的田间分布型，根据分布型选用适宜的取样方法，按照正确的方法系统地记载有关的调查项目，并通过计算以合理的指标来准确描述病虫发生和为害情况。只有用科学的方法获得了准确的病虫害资料数据，才能对具体情况作出正确的分析判断。

1. 病虫害调查准备

(1) 调查前要做好充分的准备。首先要选择好调查地点和方法，使调查结果能反映当地的真实情况，具有代表性。

（2）事先确定所要具体收集的资料，应用病虫害调查统计器收集调查资料，以保证数据的完整性。

（3）采用适当的调查方法和记载标准，以保证不同调查资料的可比性。调查后对掌握的材料要分析研究，防止因没有充分依据，或因主观片面而出现估计错误。有时调查需要经过多次重复才能得出准确的结论。

2. 病虫害调查记录

调查记录是病虫害田间调查中一项必不可少的工作，无论是哪种内容的调查都必须有记录。为了方便调查材料的整理和分析，调查记录内容要求准确、简要、具体，特殊情况要加以注明。记录内容一般包括调查日期、调查地点、作物品种、病虫害名称、被害率、水肥管理情况和生态环境等。

田间调查记录一般多采用表格方式。记载表格的内容、项目可根据调查目的和对象自行设计。不过，对于重点调查和病虫测报等调查记录，最好按照统一规定格式，以便积累资料和分析比较。

3. 调查结果计算

调查记录的数据和资料，要进行整理、计算和分析，才能更好地反映出实际结果。常用于反映病虫发生和为害程度的统计方法，是求出各样点调查数据的平均数和百分数。

4. 调查结果分析

针对计算结果，分析病虫害发生的程度，预测病虫害的发生趋势，提出病虫害的防治方案。

（三） 病虫害综合防治岗位工作程序

（1）深入田间，开展对当地主要农作物病虫草害及天敌发生动态的调查，系统掌握病虫草害发生、发展、蔓延情况；为防止农业因病虫草为害造成损失而站好岗，放好哨。根据农作物病虫草害发生情况，制定相应的防治技术措施，指导农民及时开展防治。

（2）根据农作物病虫草害出现的新情况及时引进新农药、新技术，进行试验、示范和推广，并将结果总结上报。

（3）负责农作物病虫草害防治新技术培训、推广、宣传，指导农民对农作物主要病虫害开展综合防治。

（4）熟悉农作物病虫害预防员的相关流程，掌握本行业的操作规程，并具备相应的实践操作能力。

（5）要积极开展市场调查，做好市场信息的收集、整理、分析和预测。以市场及消费者为对象，运用科学的方法收集、记录、整理和分析有关市场营销的信息，分析农作物病虫害预防现状及存在的问题，对未来市场供求状况和发展趋势做出判断。

二、学徒学习计划

学徒具有双重身份，既是学校的学生，又是企业的员工。在工作场所，学徒要将在学校学习的理论知识与工作实践有机结合。学校和企业在提高学徒专业技能的同时还要培养其终身学习能力，提高其基础知识的储备量。

1. 学习目标

分析基础知识、技能操作与农作物植保员岗位要求的差距与不足，明确学习提升的专业知识和技能。

2. 学习内容

总结病虫害识别、调查记录防治过程中遇到的问题，根据自身基础知识及技能水平制定学习内容。

3. 学习方式

通过互联网进行自主学习，培养良好的自主学习能力，为自身的可持续发展、职业生涯的发展打下坚实的基础。可通过智慧职教作物生产技术教学资源库平台、MOOC、学银在线等线上资源学习，以及文献查阅、实验研究、研讨等途径进行学习。

学徒学习计划提纲如下：

（1）承担公司农作物植保员岗位工作的任务、目标。

（2）分析自我知识、技能水平与农作物植保员岗位工作要求的差距与不足，明确要学习的专业知识和技能。

（3）自我学习计划，包括专业理论知识和技能学习计划及学习时间安排计划。合理安排不同阶段阅读的书籍、资料，参观技术场所，练习掌握的新技术，撰写学习笔记等。

（4）学习的阶段目标和总目标。

（5）其他学习内容与方法。

三、学徒研修计划

根据学徒岗位工作内容，在企业师傅的指导下，选取农作物植保员工作过程中某种病虫害的综合防治，或某一防治措施在不同作物上病虫害的防治效果研究等，确定研修题目，具体内容包括：

（1）研修课题的意义。明确研修内容的相关背景、研究的价值和需要解决的问题。

（2）研修课题方案。研究方法应具体、详细、可实施性强。

（3）撰写研修报告。

第三部分

学徒工作学习任务

The third part

The third part
The third part
The third part

专题1 农作物病虫害诊断

农作物病虫害是我国的主要农业灾害之一，具有种类多、繁殖快、分布广、数量大、影响大并时常暴发成灾的特点，其发生范围和严重程度给我国国民经济，特别是农业生产常造成重大损失，病害和虫害的识别和防治是保障我国农业安全发展的重要环节。

【专业知识准备】

一、 农作物害虫基础知识

自古以来，虫害就被列为三大自然灾害（水灾、虫灾、旱灾）之一。为害农作物的动物绝大多数是有害昆虫，其次是螨类，分别属于动物界节肢动物门的昆虫纲及蛛形纲。昆虫纲是动物中种类最多的一类，全世界已有学名的动物约150多万种，昆虫就占100多万种。昆虫不仅种类多，而且分布广、适应性强。许多昆虫为害作物或传播病害，对人类不利，如蝗虫、黏虫、蚜虫等；有的以害虫为食料，能帮助人类消灭害虫，如瓢虫、寄生蜂等；有的能帮助植物传粉，为人类创造财富，如蜜蜂能酿蜜、蚕能吐丝等。

农业害虫种类很多，据记载我国水稻害虫有250多种，小麦害虫有100多种，玉米害虫有80多种，棉花害虫有300多种，为害其他农作物的害虫也不少。

新疆主要农作物常见害虫有玉米螟、棉铃虫、甜菜夜蛾、小菜蛾、双斑萤叶甲、叶蝉、蚜虫、红蜘蛛、蓟马、盲蝽、美洲斑潜蝇、甜菜象甲、跳甲、白星花金龟、稻飞虱、马铃薯甲虫、地老虎、蝗虫等。

（一） 昆虫的形态特征

昆虫属于动物界节肢动物门昆虫纲。昆虫的成虫具有以下共同特征：

（1）体躯明显地分为头、胸、腹三大体段。

（2）头部有 1 个口器、1 对触角、1 对复眼及若干单眼或无单眼。

（3）胸部有 3 对足，绝大部分种类有 2 对翅，少数种类有 1 对翅，或者翅完全退化。

（4）腹部末端具有外生殖器。

（5）呼吸器官的外部开口称为气门，着生于胸部及腹部两侧。

（二） 昆虫的形态结构与功能

1. 昆虫的头部

头部是昆虫身体最前面的一个体段，分节已不明显。它的外壁结构紧密而坚硬，称为头壳。头壳内部包含着脑和消化道的前端以及头部附肢的肌肉；外部有各种感觉器官，如口器、触角、复眼和单眼。因此，头部是昆虫感觉和取食中心。

（1）触角。一般位于头部的前方，它的基部着生在膜质的触角窝内，可以自由转动。

触角的基本构造分为 3 部分：柄节、梗节、鞭节。各种昆虫触角的鞭节形状变化较大，常用作区别昆虫种类或成虫性别的主要依据。

触角的主要功能是嗅觉和触觉作用，有的还具有听觉作用。昆虫主要用它来寻找食物和配偶。一些昆虫表现出明显的趋化性，也与其特殊的嗅觉器官有关。如甘蓝夜蛾和地老虎对糖醋液的趋性，菜粉蝶对芥子油苷的趋性。所以，利用昆虫的触角对某些化学物质的敏感嗅觉功能，可以进行诱集或趋避，以掌握虫情和开展害虫防治。

此外，昆虫的触角还具有其他一些功能。如雄蚊的触角具有听觉作用，雄性芫菁的触角在交配时可以抱握雌体，一种幽蚊幼虫的触角能够捕捉食物，水龟虫成虫的触角能够吸取空气，仰泳蝽的触角则可以平衡身体。

（2）眼。眼是昆虫的视觉器官，在栖息、取食、繁殖、避敌、决定行为方向等各种活动中起着重要的作用。昆虫的眼有两种，即单眼和复眼。单眼一般 3 个，成倒三角形着生于额区的上方。有的昆虫只有 2 个单眼或完全退化无单眼。单眼只能辨别光线的方向，而不能形成物象。复眼由许多六角形的小眼组成。昆虫的种类不同，构成复眼的小眼数量也不同，可以有 1～28 000 个不等。复眼不仅能感受光的强弱、一定的颜色和不同的光波，还有一定的辨别物象的能力，但只能辨别近处的物体。

（3）口器。口器是昆虫的取食器官。农业害虫的口器类型如下。

①咀嚼式口器。其作用相当于哺乳动物的嘴，是取食固体食物的口器。如蝗虫、甲虫、鳞翅目的幼虫等。

②刺吸式口器。主要是刺入植物组织内部吸食植物汁液的口器。如蚜虫、蝽象等。

③锉吸式口器。这种口器为蓟马类昆虫所特有。取食时先以左上腭锉破植物表皮，

然后以头部向下突出的短喙吸吮汁液。

④虹吸式口器。这种口器为鳞翅目成虫所特有。其形状如钟表的发条，不用时卷曲在头部的下面，取食时可伸到花中吸食花蜜或吸取外露的果汁及其他液体。具有这类口器的昆虫除一部分夜蛾能为害果实外，一般不能造成危害。

⑤舐吸式口器。这类口器为双翅目蝇类所特有。

昆虫口器类型不同，其为害特点也不同，防治方法也就各异。咀嚼式口器的害虫，为害的共同特点是受害部位被取食后，形成缺刻、孔洞，因为它们是将动植物组织嚼碎后吞入消化道的。因此，可用胃毒剂喷布在植物上或制成毒饵，使害虫吞食后中毒死亡。而刺吸式口器的害虫是以植物的汁液为食的，它不吞食植物组织，使用胃毒剂没有效果，而应该选用内吸剂或触杀剂进行防治。

2. 昆虫的胸部

胸部由 3 个体节组成，即前胸、中胸和后胸。每个胸节有 1 对胸足，依次称为前足、中足和后足。多数昆虫在中胸和后胸还各有 1 对翅，分别称为前翅和后翅。足和翅是昆虫的主要运动器官，所以胸部是昆虫的运动中心。

3. 昆虫的腹部

腹部是昆虫的第 3 个体段，前面与胸部紧密相连，末端有尾须及外生殖器，两侧有气门，内脏器官大部分位于腹腔内，因此，腹部是新陈代谢和生殖中心。昆虫的腹部一般有 9～11 节，最多 12 节，最少只有 3～5 节。腹部 1～8 节两侧各有 1 对气门，用于呼吸。腹部第 8 节（雌性）或第 9 节（雄性）因为着生有产卵器或交配器，构造有些不同，称为生殖节。生殖节以后的各节，统称为生殖后节。有的种类腹部末节着生 1 对尾须。

4. 昆虫的体壁

体壁是昆虫体躯的最外层组织，具有支架身体、保护内脏、感触外界等作用，与高等动物的骨骼和皮肤的功能相当，因而有“外骨骼”之称。体壁内的各种皮细胞还起着特殊的分泌作用。有些昆虫的体壁上还有着不同形状的毛刺、角、脊以及各种形状的鳞片，这些统称为体壁的衍生物。

由于体壁的特殊结构和理化性质，它对虫体具有良好的保护作用，这直接影响到化学防治的效果，尤其是体壁上的刚毛、鳞片、蜡粉等覆盖物和上表皮的蜡层及护蜡层，对杀虫剂的侵入起着一定的阻碍作用。因此，在应用药剂防治害虫时，应考虑到体壁这个因素。

（三） 昆虫的内部器官结构与功能

昆虫的内部器官按其功能主要分为消化、排泄、呼吸、循环、生殖、神经和激素调控系统。

1. 昆虫的消化系统及与防治的关系

昆虫的消化系统由消化管和消化腺组成，其功能是消化食物和吸收营养。

昆虫消化食物主要依赖消化液中各种消化酶的作用，糖、脂肪、蛋白质等被水解为适当的分子后，才能被肠壁吸收。肠道中的肠液 pH 影响胃毒剂在肠内的溶解和吸收，直接关系到这些胃毒剂对不同昆虫的杀虫效果。中肠液呈碱性的昆虫，酸性胃毒剂易溶解，杀虫效果好。中肠液呈酸性的昆虫，碱性胃毒剂易溶解，杀虫效果好。

2. 昆虫的呼吸系统及与防治的关系

昆虫的呼吸系统由许多富有弹性和以一定方式排列的气管组成。气管在体壁上的开口称为气门。气门开口于身体两侧。昆虫的呼吸作用主要靠气门完成。当温度高或空气中的二氧化碳含量较高时，昆虫的气门开放时间长，施用熏蒸剂的杀虫效果也好。

3. 昆虫的神经系统及与防治的关系

昆虫靠许多感觉器来接收各种刺激，如在体表附肢上的感觉器，分布在口器上的味觉器，触角上的嗅觉器，在腹侧、胫节或触角等位置的鼓膜听器和单眼、复眼等视觉器。了解神经系统有助于对害虫进行防治。如目前使用的有机磷杀虫剂属于神经毒剂，它的杀虫机理就是破坏乙酰胆碱酯酶的分解作用，使神经传导一直处于过度兴奋和紊乱的状态，最终导致昆虫麻痹衰竭而死。此外，还可利用害虫神经系统引起的习性反应，如假死性、迁移性、趋光性、趋化性等进行害虫防治。

4. 昆虫的生殖系统及与防治的关系

昆虫性成熟后，雌雄经过交配，受精卵一般能孵化出幼虫，未受精卵则不能孵化。利用激素的作用可以开发杀虫剂防治害虫，如性诱剂等。

（四） 昆虫的主要生物学特性

1. 昆虫的生殖

昆虫在复杂的环境条件下，经过长期的适应，生殖方式各有不同，归纳起来主要有以下几种。

（1）两性生殖。昆虫的大多数种类进行两性生殖。即通过雌雄交配、受精，产生受精卵，再发育成新个体，又称卵生。如蛾、蝶、甲虫、蝗虫、蟓象的生殖方式。

（2）孤雌生殖。雌虫不经过交配，或卵未受精而产生新的个体。这种生殖方式称孤雌生殖，又称单性生殖。孤雌生殖对昆虫的广泛分布和适应恶劣环境起着重要的作用。

（3）多胚生殖。由一个卵产生两个或更多个胚胎的生殖方式。如小蜂、小茧蜂、姬蜂等寄生蜂，多以这种方式繁殖。

（4）卵胎生殖。卵在母体内孵化后直接生出小幼体的生殖方式。最常见的如蚜虫。

2. 昆虫的变态

昆虫在生长发育过程中，经过不断的新陈代谢，不仅体积增大，而且外部形态和内部构造也发生一系列的变化，这种变化称为变态。昆虫在长期演化过程中，对生活环境产生了特殊的适应，发生了不少变态类型，主要有：

（1）完全变态。一生经过卵、幼虫、蛹和成虫四个虫期，其幼虫和成虫在体型上和生活上完全不同，幼虫必须经过不活动的蛹期，才能转变为成虫。如蛾、蝶、蝇、蜂和甲虫等。

（2）不完全变态。一生只经过卵、幼虫、成虫三个虫期。幼虫与成虫的外部形态和生活习性很相似，仅体小、翅与附肢短、性器官不成熟，这种变态的幼虫称为若虫。如蝗虫、蚜虫、蝉、蟢象等。

3. 昆虫各虫期的特点与防治的关系

（1）卵期。从母体产下卵时开始到卵变为幼虫为止，这段时间称卵期。昆虫卵外面包被着较坚硬的卵壳，卵壳表面有各种刻纹，具有较高的不透性，外界物质很难进入卵内。所以，大部分杀虫剂对卵的防效不高。昆虫卵的形状、大小、颜色及卵壳上的斑纹等，均因种类不同而有明显的差异。常见的形态有肾形、瓶形、球形、桶形、卵形、长椭圆形、半球形、有柄形等。

昆虫产卵的方式和场所常因昆虫种类而不同。有的单粒散产，如小菜粉蝶；有的聚集成块，如菜蟢；有的产在植物表面，如棉铃虫；有的产在植物组织内，如叶蝉；有的产在其他昆虫体内，如寄生蜂。

了解昆虫卵的形态、大小、产卵形式和场所，对于识别害虫种类和防治害虫都有重要的意义。例如，摘除卵块、剪除有卵枝条等都是有效控制害虫的措施。

（2）幼虫期。幼虫和若虫破卵壳而出的现象称孵化。从孵化到幼虫化蛹或若虫羽化为止称幼虫期。幼虫期是昆虫取食和生长的时期，大多数害虫以幼虫为害。刚孵化的幼虫虫体小、体壁柔软，取食后虫体不断增大，当幼虫取食生长到一定的程度，由于受体壁的限制，必须脱去旧表皮，重新形成新表皮，才能继续生长，这种现象称蜕皮。从卵孵化出来的幼虫为第一龄，以后每蜕一次皮增加一次龄。两次蜕皮之间的时间为龄期。幼虫蜕皮次数常因昆虫种类及生活条件而变化。一般蜕皮4～5次，即5～6龄。各龄期的长短随昆虫种类而不同，同时又受气温、食料的影响。

昆虫种类不同，其龄数和龄期长短各不相同。同种昆虫的幼虫，各龄的形体、颜色等常有区别。初孵幼体体小壁薄，有些还群集栖居。利用化学药剂和微生物农药，实行治早、治小的防治措施，可收到理想的防治效果。完全变态昆虫的幼虫根据胸足和腹足的数目可分成多足型、寡足型、无足型。

（3）蛹期。完全变态类幼虫过渡到成虫的过渡时期，称为蛹期。蛹期是昆虫生命活动中的一个薄弱环节，也易遭受敌害，因此老熟幼虫化蛹前常要寻找适当的隐蔽场所，如在树皮裂缝中、卷叶内、土壤中、植物组织中等处。此外，有些昆虫的蛹还有特殊的蔽护物，如丝茧、土茧等。了解昆虫蛹期的生物学特性，人为地破坏其化蛹的生态环境是防治害虫的一个重要途径。如施行翻耕晒土，破坏蛹室，使蛹暴晒致死或增加天敌捕食的机会；掌握蛹期，实施灌水淹杀或人工挖蛹，修剪有蛹枝条等都可以收到一定的防治效果。

（4）成虫期。成虫期是昆虫交配产卵繁殖后代的阶段。不完全变态的若虫和完全变态的蛹，蜕去最后一次皮变为成虫的过程，称为羽化。多数昆虫羽化后性器官已经成熟，即可交尾产卵，完成生殖后死去。有的昆虫羽化后生殖腺尚未成熟，还需进行取食，以补充其卵发育所需的营养，这种取食称为补充营养。有补充营养习性的成虫，有的对农作物仍有危害，有的仅以花蜜、露水为食，对植物无直接危害。在防治上，可以利用成虫补充营养的习性，设置糖浆液来毒杀成虫或作为预测预报的根据。

成虫的雌雄两性，除直接产生性细胞的性腺和实行交配、产卵等活动的外生殖器的构造截然不同外，雌雄的区别也常表现在个体的大小、体型的差异、颜色的变化等方面。这种现象称为雌雄二型。例如，尺蠖雌蛾无翅，雄蛾有翅。

有的成虫不仅雌雄二型现象显著，而且在同一性别的个体中出现不同类型，这种现象称为多型现象。例如，蚜虫在同一季节可出现有翅胎生雌蚜和无翅胎生雌蚜；稻飞虱的雌虫有长翅型和短翅型；蜜蜂群中，蜂王和工蜂都属雌性，两者体型有差异。

4. 昆虫的世代和生活史

（1）昆虫的世代。昆虫自卵或幼体产下（离开母体）发育到成虫性成熟产生后代为止的个体发育周期，称为世代。各种昆虫完成 1 个世代所需要的时间不同，在 1 年内完成的世代数也不同。在 1 年内只完成 1 个世代的，称一代性或一化性昆虫，如天幕毛虫、春尺蠖、显纹地老虎等。一年中能完成 2 个或 2 个以上世代的，称为多代性或多化性昆虫，如梨小食心虫、苹果蠹蛾、蚜虫等。另外一些昆虫，完成一个世代需要一年以上的时间，称为多年生昆虫。如华北蝼蛄、十七年蝉等。昆虫完成一个世代所需时间的长短和一年内发生世代的多少，因昆虫的种类而不同，但也与环境因子，主要是气候因子，有密切的关系。一般温暖地区比寒冷地区世代历期短，年发生代数多。如棉铃虫在南方一年发生 5～6 代，而在新疆一年 3 代。由于昆虫发生期长和产卵先后不一，以致前后世代常混合发生，造成上下世代界限不清的现象，称为世代重叠，它给害虫防治造成一定的困难。

（2）昆虫的生活年史。昆虫在 1 年内发生的世代数及其生长发育过程，或从当年越冬虫期开始活动到第二年越冬结束为止的发育史，称为生活年史（或年生活史）。1 代性昆虫世代和生活年史的意义是一样的，多代性昆虫生活年史包括了几个世代，多年生昆虫的 1 个世代可以长达几年。了解害虫的生活史，是掌握虫情和进行测报及防治的基础。

5. 昆虫的主要习性与防治的关系

（1）趋性。趋性是指昆虫对外界刺激产生的一种强迫性的定向运动。向着刺激方向移动的称为正趋性。趋性刺激源包括温、湿、光、化学物质等。在昆虫的综合防治中，趋光性和趋化性应用较广。例如，灯光诱杀、食饵诱杀、性诱杀等。潜所诱杀、色板诱杀等也是广泛应用的技术。

（2）假死性。昆虫受到外界刺激产生的一种抑制反应。例如，铜绿丽金龟、菜蝽、甜菜象鼻虫等，受到振动时，立即麻醉坠落或蜷缩四肢。人们利用其特性振落捕杀，达到控制害虫的目的。

（3）群集性。即同种昆虫的个体高密度集中的特性。例如，豆蚜常集中在豆类作物的嫩芽上，粉虱则喜集居于菜叶背面。群集有利于昆虫度过不良环境，同时也为集中防治提供了良机。

（4）迁飞与扩散。某些昆虫在成虫期，有成群地从一个发生地长距离地迁飞到另一个发生地的特性，称为迁飞性，如蝗虫等。大多数昆虫在条件不适或营养恶化时，可在发生地向周围空间扩散。例如，菜蚜在环境不适时常以有翅蚜向邻近菜地扩散；棉蚜在秋季产生有翅蚜，扩散飞移到花椒、石榴、黄金树、榆树等植物上产卵越冬，次年又迁回田间。了解昆虫的迁飞与扩散规律，对进一步分析虫源性质，设计综合防治方案具有指导意义。

（五）农作物常见害虫种类

1. 按照食性及口器分类

（1）咀嚼式口器害虫。以取食植物固体为食物。如甲虫、蝗虫及蛾蝶类幼虫等。为害根、茎、叶、花、果实、种子，造成机械性损伤（缺刻、孔洞、折断、钻蛀茎秆、切断根部等）。

（2）刺吸式口器害虫。以取食植物液体为食物。如蚜虫、蝽象、叶蝉和螨类，使植物呈现萎缩、皱叶、卷叶、枯死斑、生长点脱落、虫瘿等。

2. 按照对植物为害部位和方式分类

（1）咀食为害。取食叶组织，减少植物光合作用面积，有的取食茎秆或咬断穗轴等。如蝗虫、稻纵卷叶螟、小菜蛾、潜叶蝇类、食叶甲虫类等。

（2）蛀食为害。害虫潜入茎秆、根茎或果实，蛀食为害，影响生长发育，或导致秆断裂、倒伏、果实腐烂、品质下降等。如果树食心虫类、玉米螟虫类等。

（3）刺吸为害。刺吸植物的汁液为害植物的各个部位，造成营养流失外，导致局部组织死亡、畸形、整株死亡。如蚜类、飞虱类、叶蝉类、介壳类、蝽类、粉虱类等刺吸式害虫。

（4）食根为害。专门取食植物的根部，造成植物的死亡或生长抑制。如地下害虫类、稻象甲类幼虫等。

（5）传播植物的病害。害虫造成的伤口，易被病原侵入感染，排泄物易形成黑色的霉烟病，影响光合作用，或通过刺吸为害传播植物的病毒病、细菌病。如蚜虫、叶蝉、飞虱类，后者如叶甲类等。

二、 农作物病害基础知识

植物在生长发育和贮藏运输过程中，常因病原生物的侵染或不良环境条件的影响，生理、形态等受到损坏和扰乱，引起生长不良、产量降低和品质下降，甚至死亡，这种现象叫植物病害。当植物受到病原为害后，生理上、组织上、形态上发生一系列病理程序的变化。病原和植物是病害发生的一对基本矛盾体，而环境是促使事物运动转化的条件，直接影响病原物的生长发生，同时也影响植物的生活状态，增加或减少植物对病原物的抵抗力。只有当环境不利于植物，有利于病原的活动和发展时，病原处于支配状态，矛盾向着发病的方面转化，病害才能发生。反之，植物抗病力增强，病原就被控制。因此，植物能否发病，不仅取决于病原与植物之间相互斗争的结果，而且在一定程度上还取决于环境条件和人类生产活动的作用。因此，在生产中，要首先认识植物、病原、环境之间相互制约、相互影响的规律，把握关键环节，创造不利于发病的条件，以保证作物正常生长。

（一） 植物病害的症状

是指植物发病后出现的反常现象。分为病状和病征。

1. 病状

是指发病植物本身所表现出来的反常现象。

（1）变色。植物患病后局部或全株失去正常的绿色或发生颜色变化，称为变色。植物绿色部分均匀变色，即叶绿素的合成受抑制使植株褪绿，或叶绿素被破坏而呈黄化。有的植物叶片发生不均匀褪色，呈黄绿相间，称为花叶。有的叶绿素合成受抑制，而花青素生成过盛，使得叶色变红或紫红，称为红叶。

（2）坏死。植物的细胞和组织受到破坏而死亡，称为坏死。植物患病后最常见的坏死是病斑。病斑可以发生在植物的根、茎、叶、果等各个部分，形状、大小和颜色不同，但轮廓一般都比较清楚。有的病斑受叶脉限制，形成角斑；有的病斑上具有轮纹，称为轮斑或环斑；有的病斑呈长条状坏死，称为条纹或条斑；有的病斑上的坏死组织脱落后，形成穿孔。病斑可以不断扩大或多个联合，造成叶枯、枝枯、茎枯、穗枯等。

（3）腐烂。植物细胞和组织发生较大面积的消解和破坏，称为腐烂。腐烂和坏死有时是很难区别的。一般来说，腐烂是组织受到破坏和消解，而坏死则多少还保持原有组织和细胞的轮廓。腐烂可以分为干腐、湿腐和软腐。若细胞消解较慢，腐烂组织中的水分能及时蒸发而消失，则称为干腐；若细胞消解较快，腐烂组织不能及时失水，则称为湿腐；若胞壁中间层先受到破坏，出现细胞离析，然后再发生细胞的消解，则称为软腐。根据腐烂的部位，可分为根腐、基腐、茎腐、花腐、果腐等。幼苗的根或茎腐烂，导致地上部迅速倒伏，称为猝倒；如果地上部分枯死但不倒伏，称为立枯。

（4）萎蔫。植物由于失水而导致枝叶萎垂的现象称为萎蔫，萎蔫有生理性和病理性之分。生理性萎蔫是由于土壤中含水量过少，或高温时过强的蒸腾作用而使植物暂时缺水，若及时供水，则植物可以恢复正常。病理性萎蔫是指植物根或茎的维管束组织受到破坏而发生供水不足所出现的凋萎现象，如黄萎、枯萎、青枯等。这种凋萎大多不能恢复，导致植株死亡。

（5）畸形。由于病组织或细胞生长受阻或过度增生而造成的形态异常称为畸形。植物发生抑制性病变，生长发育不良，植株可出现矮缩、矮化，或叶片皱缩、卷叶、蕨叶等病状。病组织或细胞也可以发生增生性病变。生长发育过度，病部膨大，形成肿瘤，枝或根过度分枝，产生丛枝或发根。有的病株比健株高而细弱，形成徒长。

2. 病征

是指病原微生物在发病部位长出的特征性结构。

（1）霉状物。病部形成各种毛绒状的霉层，其颜色、质地和结构变化较大，如绵霉、霜霉、青霉、绿霉、黑霉、灰霉、赤霉等。

（2）粉状物。病部形成的白色或黑色粉层，分别是白粉病和黑粉病的病征。

（3）锈状物。病部表面形成小疱状突起，破裂后散出白色或铁锈色的粉状物，分别是白锈病和各种锈病的病征。

（4）粒状物。病部产生大小、形状及着生情况差异很大的颗粒状物。有的是针尖大的黑色或褐色小粒点，不易与寄主组织分离，如真菌的子囊果或分生孢子果；有的是较大的颗粒，如真菌的菌核、线虫的胞囊等。

（5）索状物。患病植物的根部表面产生紫色或深色的菌丝索，即真菌的根状菌索。

（6）脓状物。潮湿条件下在病部产生黄褐色、胶黏状似露珠的脓状物，即菌脓，干燥后形成黄褐色的薄膜或胶粒。这是细菌病害特有的病征。

（二） 植物病害的类型

根据致病因素的性质，植物病害可分为两大类，即非侵染性病害和侵染性病害，这是一种非常实用的分类方法，其优点是既可知道发病的原因，又可知道病害的发生特点，从而采取相应的防治对策。

1. 非侵染性病害

由非生物因素，即由于不适宜的环境条件而引起的植物病害，称为非侵染性病害。这类病害没有病原物的侵染，不能在植物个体间互相传染，所以也称非传染性病害或生理性病害。

引起非侵染性病害发生的环境因素很多，包括温度、湿度、水分、光照、土壤、大气和栽培管理措施等。例如，氮、磷、钾等营养元素缺乏形成缺素症；土壤水分不足或过量形成旱害或渍害；低温或高温形成冻害或灼伤；光照过弱或过强形成黄化或叶烧；肥料或农药使用不当形成肥害或药害；氟化氢、二氧化硫、二氧化氯等大气污染也会对植物造成毒害。

2. 侵染性病害

由生物因素引起的植物病害，称为侵染性病害。这类病害可以在植物个体间互相传染，所以也称传染性病害。

引起植物病害的生物因素称为病原物，主要有真菌、细菌、病毒、线虫和寄生性种子植物等。侵染性病害的种类、数量和重要性在植物病害中均居首位，是植物病理学研究的重点。

侵染性病害和非侵染性病害之间时常可以相互影响、相互促进。例如，长江中下游地区早春的低温冻害，可以加重由绵霉引起的水稻烂秧；由真菌引起的叶斑病，造成果树早期落叶，削弱了树势，降低了寄主在越冬期间对低温的抵抗力，因而患病果树容易发生冻害。

（三） 植物病害诊断

1. 田间观察和病情调查

各种病害在田间的发生发展都表现一定的规律性，到发病现场进行田间观察和发病环境调查是诊断的第一步，也是首要的工作。在观察中，应详细查看病害的分布情况（有无发病中心、分布是否均匀等）、症状类型（病征、病状），并认真调查、记载。

（1）病害病情：包括病害发生的普遍率、病情指数等。

（2）发病时期、寄主品种、受害部位、症状，及田间栽培管理、地势、土壤、昆虫活动等环境条件。

（3）发病田与健康田间在栽培管理方面的差异（水肥、前茬作物、农药使用情况等）。

（4）发病田周围的环境（大气环境，工厂和企业废水、废气的排放污染情况等），一般根据田间分布状况可区别非侵染性病害和侵染性病害。

2. 症状鉴别

外部症状和内部症状（如病毒病害的内含体）：症状鉴别对病害的诊断意义重大，各种植物病害都有特异的症状。对于多发病、常见病，一般具有较丰富“临床”经验（实践经验）的人员通过症状都可做出较正确的诊断。症状鉴别可用肉眼，也可借助放大镜或显微镜检查。

观察症状发生的部位、形态、大小、气味、颜色、质地（软、干），有无病征及病征类型等外部症状特点；有的还可借助显微镜解剖观察内部症状，如病毒病，观察在寄主表皮细胞内有无内含体存在。线虫病可看到线虫虫体。有些病害，在田间症状不明显，采集新鲜病害标本，带回室内保湿，待出现病征后再鉴定。

标本采集要求：

（1）症状典型，采集不同部位、不同发生阶段的标本。

（2）真菌病害应有子实体。

（3）每种病害标本力求单纯。

（4）做好田间记录（记载内容：寄主名称、发病情况、环境条件，以及采集地点、日期、采集人等）。

标本采集注意事项：

（1）对病菌孢子容易分散的，一般用光滑的纸包好，带回。

（2）水分多的、肉质的，放在塑料袋中，不能挤压。

（3）适宜干制的，随时压制。

（4）对于不认识寄主的，应采花、叶、果实，以便鉴定。

（5）各种标本应有一定份数。

3. 病原鉴定

自然界中有许多病害，其病原不同，但症状相似。所以仅以症状为依据，往往有误诊的可能，必须进一步作病原鉴定。

（1）非侵染性病害的病原鉴定。通常采用化学诊断法、人工诱发法、化学治疗法和指示植物鉴定法。

①化学诊断法。尤其对营养元素的缺乏或过量、盐碱、有害气体、有毒气体，通过取样化验结果与正常值比较，而确定病原。

②人工诱发法。对可疑病因，提供发病条件，如低温、药害、高温、人工强光照等，诱发相同症状的病害。

③化学治疗法。对可疑病因给以满足，如怀疑缺素，给以该元素，观察是否恢复或减轻。

④指示植物鉴定法。对木本植物可采用反映快的草本植物当指示植物确定病原。

（2）侵染性病害的病原。在排除次生物后，从病部表面或病组织挑片、切片（超薄切片）镜检，鉴定病原物种类，对常见的病害可鉴定出病原，对少见或新病害必须进行柯赫氏法则验证后，才能确认病原物。

（3）柯赫氏法则。德国医生、细菌学家 Koch 在研究人体和动物病害病原的基础上，于 1882 年提出证明某种微生物致病性的必要步骤，即柯赫氏法则。该法则不仅对人医、兽医起到巨大作用，对植物病害的研究也起到积极推动作用，现在仍在发挥着作用，但也并非完美无缺。

柯赫氏法则证明某种微生物致病性的必要步骤如下：

①这种微生物常常与某种病害有联系，发生这种病害往往就有这种微生物的存在。

②这种微生物可以从病组织上分离而得到纯培养，并且可以在各种培养基上研究

它的性状。

③将纯培养微生物接种到相同品种的健株上，使它有发病的可能性，接种后出现的症状和原来病株症状相同。

④从接种发病的植物上又能再分离到和原来性状相同的微生物。

通过上述四步，得到确实证据，即可确认该微生物即为某种病害的病原物。

柯赫氏法则的局限性：

①对有些专性寄生物，如病毒、类病毒、菌原体、霜霉菌、白粉菌和一些锈菌等不能直接应用，须改进后应用。对非侵染性病害的诊断，也须改进后应用。

②排斥了其他微生物的拮抗作用。

③发病条件与实际有差别，受人为影响。

④只能证明一菌一病，不能证明两种及两种以上微生物的复合侵染。

（四）植物病害流行

1. 病原物的侵染过程

是指从病原物与寄主接触开始，经侵入后在寄主体内扩展蔓延，引起一系列病变直到寄主表现症状、病原物开始释放传播体为止的这个连续的动态变化过程，称侵染过程，或“侵染程序”，简称“病程”。病程是一个连续的动态过程，人为地将它分成如下几个阶段：

（1）接触期。指从病原物到达寄主感病部位，到形成某种侵入结构的这段时期。

（2）侵入期。从病原物侵入寄主开始，到与寄主建立寄生关系为止的一段时期。

（3）潜育期。是指病原物与寄主建立寄生关系起到表现明显症状为止的一段时期。

（4）发病期。经过潜育期后，寄主植物开始出现症状而发病后的时期。

2. 病害循环

病害循环是指侵染性病害从寄主植物的前一个生长季节开始发病到下一个生长季节再度发病的过程。它主要涉及病原物的越冬或越夏、传播、初侵染与再侵染三个环节。

（1）病原物的越冬或越夏。病原物越冬或越夏有寄生、腐生、休眠三种方式。病原物类别不同，其越冬或越夏方式也各异。病原物的越冬和越夏场所一般也是下一个生长季节的初侵染来源。主要有以下几个来源：种子、苗木和无性繁殖材料、田间病株、病株残体、土壤、粪肥、昆虫或其他介体、温室或贮藏窖内。

（2）病原物的传播。分为主动传播和被动传播。主动传播为病原物依靠自身的活动传播，如线虫的蠕动、真菌孢子的弹射、鞭毛菌的游动、细菌的鞭毛、寄生性种子植物（菟丝子）的攀缘等。被动传播为借助外界因素，如风、雨、昆虫、人、农机具等传播。

传播方式有：①气流传播；②雨水和流水传播；③昆虫和其他生物（螨类、线虫、蜜蜂、鸟等）传播；④人为传播。

（3）初侵染和再侵染

①初侵染。病原物越冬、越夏后第一次侵染寄主称初侵染。引起初侵染的病原物称初侵染来源。

②再侵染。由初侵染引致发病的病株上产生的病原传播体，不经休止，立即传播到其他健康植株上引起的侵染，称再侵染。

在同一生长季节中，有的病害可以发生多次再侵染，例如，小麦条锈病可有3～4次再侵染。根据再侵染次数的多少，把病害分为多循环病害和单循环病害。

3. 植物病害的流行

指侵染性病害在短时间内，大范围地在植物群体中侵染发病，造成很大产量损失和品质下降，这种病害的发生，称病害流行。

（1）病害流行的主导因素

①寄主。感病性强，大面积集中种植。

②病原物。大量的致病性强的病原物存在或传播。

③环境条件。有利于病原物，而不利于寄主植物的生长。

④人为因素。大面积单一种植感病作物，导致病原物的定向选择。

（2）病害流行的类型

①单年流行病害（多循环病害）。在一个生长季节中再侵染次数频繁的病害，其特点是：再侵染频繁，潜育期短，产孢量大；病原传播体对环境极敏感，不利条件下迅速死亡；病原物越冬率不高，越冬后存活的初始菌量低，年度间波动大，多为气传、风雨传病害，也有虫传的；多为地上部、局部病害。例如，小麦锈病、白粉病等。

②积年流行病害（单循环病害）。没有再侵染或再侵染作用小，在流行中作用不大的病害。其特点是：潜育期长，无再侵染或再侵染作用小；病原物抗逆能力强，寿命较长；病原物越冬率高且稳定；多为土传或种传病害；多为系统性病害或根病。例如，小麦腥黑穗病，棉花枯、黄萎病，桃缩叶病，柿子圆斑病等。

任务1　害虫识别与鉴定

在师傅指导和带领下，掌握害虫识别与鉴定要点，制定害虫识别与鉴定的流程。

【任务目标与质量要求】

根据不同类型害虫的识别要点，制定害虫识别和鉴定的工作程序。

【学习产出目标】

1. 熟知不同口器类型、不同生活场所等害虫的为害特点及形态特征。
2. 能够识别35种以上害虫。

【工作程序与方法要求】

工作程序	工作内容	要求
● 确定害虫时期	根据卵、幼虫、蛹、成虫的外部形态判断害虫处于卵期、幼虫期、蛹期还是成虫期。	认真观察，对比判断。
● 确定幼虫种类	根据幼虫头部、口器、腹足、臀足、背线、刚毛等外部形态及生活场所判断是何种幼虫。对于较小的昆虫形态，如果看不清楚，需要用放大镜或者显微镜观察，如果无法判断是何种害虫，需要提取DNA进行分子鉴定。	幼虫识别难度大，要多对比，如果鉴别不出，需要分子鉴定。
● 确定卵的种类	根据卵的形态、产卵场所，产卵方式等判断是何种害虫的卵。卵比较小，田间如果看不清，需要带回室内在生物显微镜下观察。	卵壳薄，要小心其破裂，鉴定不出，需要饲养至孵化。
● 确定成虫种类	根据成虫的口器、触角、翅、足等外部形态特征判断目，再结合具体的特征以及为害特征、发生规律等判断害虫种类，如果鉴定不出，还需要分子鉴定。	成虫口器、触角、翅、足的类型较多，要综合判断。

【工作任务实施记录与评价】

1. 害虫识别与鉴定任务实施记录表

年份：　　　　地点：　　　　寄主：　　　　记录人：

<table>
<tr><td rowspan="4">确定害虫时期</td><td rowspan="2">完全变态</td><td>卵</td><td>幼虫</td><td>蛹</td><td>成虫</td><td>备注</td></tr>
<tr><td></td><td></td><td></td><td></td><td></td></tr>
<tr><td rowspan="2">不完全变态</td><td>卵</td><td colspan="2">若虫</td><td>成虫</td><td></td></tr>
<tr><td></td><td colspan="2"></td><td></td><td></td></tr>
</table>

续表

确定幼虫种类	头部	口器	腹足	背线	刚毛	危害特征
确定卵的种类	颜色	是否有柄	产卵方式和场所	卵的大小	是否卵块	卵的形状
确定成虫种类	口器类型	翅的类型	足的类型	触角类型	危害症状	其他（生活习性、场所等）
		前翅： 后翅：	前足： 中足： 后足：			
分子鉴定						

2. 害虫识别与鉴定任务实施总体评价

师傅指导记录	任务实施总体评价	评价成绩
		年　月　日

3. 学徒关键职业能力及职业品质、工匠精神评价

项目	A	B	C	D
工作态度				
吃苦耐劳				
团队协作				
沟通交流				
学习钻研				
认真负责				
诚实守信				

任务2　病害诊断

在师傅指导和带领下，掌握病害诊断要点，制定病害诊断流程。

【任务目标与质量要求】

根据不同类型病害的识别要点，制定病害诊断的工作程序。

【学习产出目标】

1. 熟知不同类型病害的发病症状及流行特征。
2. 能够识别20种以上病害。

【工作程序与方法要求】

工作程序	工作内容	要求
●田间观察和病情调查	各种病害在田间的发生发展都表现出一定的规律性，到发病现场进行田间观察和发病环境调查是诊断的第一步，也是首要的工作。在观察中，应详细查看病害的分布情况（有无发病中心、分布是否均匀等）、症状类型（病征、病状），并认真调查、记载发病时期、寄主品种、受害部位。	认真观察，做好标记，并对病害的病征、病状拍照，记录数据。
●症状鉴别	外部症状和内部症状（如病毒病害的内含体）：症状鉴别对病害的诊断意义重大。各种植物病害都有特异的症状。对于多发病、常见病，一般具有较丰富“临床”经验（实践经验）的人员通过症状都可做出较正确的诊断。症状鉴别可用肉眼，也可借助放大镜或显微镜检查。	有些病害需要采集新鲜病害标本，带回室内保湿，待出现病征后再鉴定。
●病原鉴定	从病部表面或病组织挑片、切片（超薄切片）镜检，鉴定病原物种类，对常见的病害可鉴定出病原，对少见或新病害必须进行柯赫氏法则验证后，才能确认病原物。	认真观察病原物的形态特征，根据病原微生物的分类确定病害种类。

【工作任务实施记录与评价】

1. 病害诊断任务实施记录表

年份：　　　　地点：　　　　　　　　记录人：

<table>
<tr><td rowspan="7">田间观察和病情调查</td><td>发病时期</td><td colspan="2"></td><td colspan="2">寄主品种</td><td></td><td>受害部位</td><td></td></tr>
<tr><td>症状</td><td colspan="7"></td></tr>
<tr><td>田间栽培管理</td><td colspan="7"></td></tr>
<tr><td>土壤</td><td colspan="7"></td></tr>
<tr><td>地势</td><td colspan="7"></td></tr>
<tr><td>发病田与健康田在栽培管理方面的差异</td><td colspan="7"></td></tr>
<tr><td>发病田周围的环境</td><td colspan="7"></td></tr>
<tr><td rowspan="4">症状鉴别</td><td rowspan="2">病状</td><td>病状部位</td><td>病状形态</td><td>病状大小</td><td>病状气味</td><td>病状颜色</td><td>病状质地</td><td>病状分布</td></tr>
<tr><td></td><td></td><td></td><td></td><td></td><td></td><td></td></tr>
<tr><td rowspan="2">病征</td><td>霉状物</td><td>脓状物</td><td>粉状物</td><td>粒状物</td><td>锈状物</td><td colspan="2">索状物</td></tr>
<tr><td></td><td></td><td></td><td></td><td></td><td colspan="2"></td></tr>
<tr><td rowspan="3">病原鉴定</td><td>真菌</td><td colspan="7"></td></tr>
<tr><td>细菌</td><td colspan="7"></td></tr>
<tr><td>病毒</td><td colspan="7"></td></tr>
<tr><td>分子鉴定</td><td colspan="8"></td></tr>
</table>

2. 病害诊断任务实施总体评价

师傅指导记录	任务实施总体评价	评价成绩
		年　月　日

3. 学徒关键职业能力及职业品质、工匠精神评价

项目	A	B	C	D
工作态度				
吃苦耐劳				
团队协作				
沟通交流				
学习钻研				
认真负责				
诚实守信				

专题2
农作物病虫害预测预报

为了做好病虫害的防治工作，必须深入田间实际调查，了解病虫害的发生规律，并加以统计分析，掌握真实可靠的数据，做到心中有数，才能做好预测预报工作和制定正确的防治措施，保证防治效果。

【专业知识准备】

一、 病虫害调查统计

（一） 病虫害调查统计的调查内容

在防治病虫害的生产实践中，最常进行田间调查的内容有：

1. 病虫发生及危害情况的调查

目的是了解一个地区在一定时间内病虫种类、发生时间、发生数量及危害程度等。对于当地常发性或暴发性的重点病虫害，可以详细调查记载害虫各虫态的始发期、盛发期、盛末期和数量消长情况或病害由发病中心向全田扩展的时间、严重程度及增长趋势等，为确定防治对象和防治适宜时期提供依据。

2. 病、虫、天敌发生规律的调查

如调查某一病虫或天敌的寄主范围、发生世代、主要习性以及在不同农业生态条件下数量变化的情况等，为制定防治措施和保护利用天敌提供依据。

3. 病虫越冬情况调查

调查病、虫的越冬场所、越冬基数、越冬虫态和越冬方式等，为制定防治计划和开展病、虫预报预测等积累资料。

4. 病虫防治效果调查

包括防治前后病虫害发生程度的对比调查、处理田与对照田的对比调查、不同防治措施的对比调查等，为选择有效的防治措施提供依据。

（二） 田间调查方法

1. 病虫的田间分布型

病虫在田间分布形式，常因病虫种类、虫态、发生阶段的不同而不同，也随地形、土壤、被害植物的种类、栽培方式等不同而有所变化。调查病虫在田间发生情况时，先要摸清该病虫在田间的分布型，以便采取相应的调查方法，使调查结果能符合客观实际。常见的病、虫田间分布型（图 3-1）：

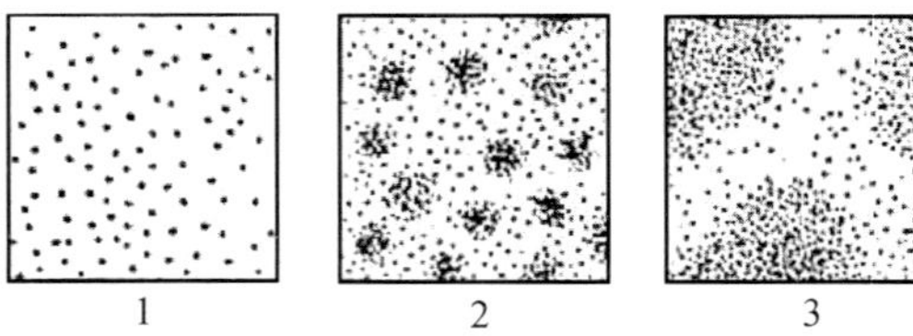

图 3-1　病虫的田间分布型

1. 随机分布型　2. 核心分布型　3. 嵌纹分布型

（1）随机分布型。通常是稀疏的分布，每个个体之间的距离不等，但是较均匀，调查取样时每个个体之间出现的概率相等。例如，玉米螟卵块在玉米田间的分布，稻瘟病、小麦白粉病等在流行期多属于这一类型。

（2）核心分布型。是不均匀的分布，即病、虫在田间分布呈多数小集团，形成核心，并自核心呈放射状蔓延。核心之间是随机的，核心内常是较浓密的分布。例如，马铃薯晚疫病、小麦锈病等由中心病株向外蔓延的初期都属于核心分布型。

（3）嵌纹分布型。也是不均匀分布，病虫在田间的分布呈不规则的疏密相间状态。例如，棉红蜘蛛、叶蝉等害虫在早期点片发生时多属此种类型。

2. 取样方法

农田田块很大，植株数量很多。进行田间调查时不可能对所有的植株进行调查，只能选取一些样点进行调查，再以这些样点调查的结果推算全田的情况。为了缩小调查结果的误差，并尽可能地反映实际情况，田间调查取样时必须注意取样的代表性。取样方法有以下 5 种（图 3-2）：

（1）五点式取样法。按面积、长度或以植株为单位选取样点，每块田取 5 个样点。这种取样法样点数较少，样点应稍大一些。五点取样法适用于地块小、近方形、病虫分布较均匀的情况。

（2）对角线式取样法。又分为单对角线式和双对角线式两种，与五点式取样法相似。也适用于病虫在田间分布比较均匀的随机分布型。由于取样较少，每个样点亦应稍大一点儿。

（3）棋盘式取样法。取样的样点数较多，适用于田块较大或较长方形田块，也适用于随机分布型或核心分布型的病、虫调查。

（4）平行线或抽行式取样法。适宜于成行的作物田或害虫在田间呈核心分布的调查取样。由于样点数较多，每个样点应比较小一点儿。

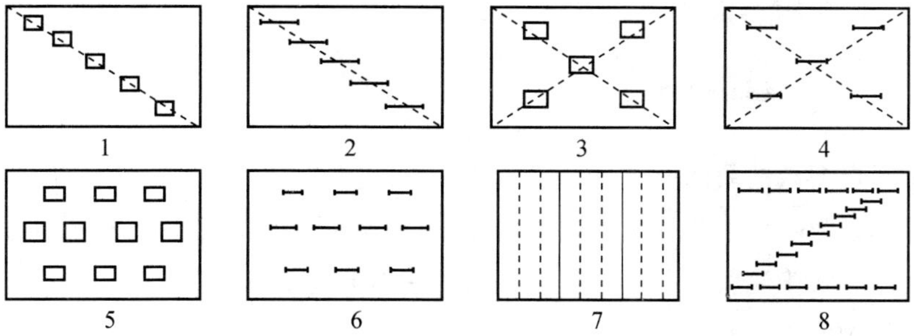

图 3-2　病虫田间调查取样图

1、2. 单对角线式（面积或长度）　3、4. 双对角线式或五点式（面积或长度）

5、6. 棋盘式（面积或长度）　7. 平行线或抽行式　8. “Z” 字形

（5）“Z” 字形取样法。适用于病虫在田间分布不均匀的嵌纹分布型取样。如蚜虫、红蜘蛛、叶蝉前期在田边点片发生时可选用这种方法。

3. 取样单位及数量

样点的单位，应根据病虫害种类、害虫发育阶段以及作物种类或栽植方式的不同而不同。而取样的数量决定于病、虫分布均匀程度、密度及人力和时间容许的情况。常用的单位和数量有：

（1）长度单位。常用于生长密集的条播作物。如小麦田、垄播作物田等，可调查一定长度内植株或苗木上的病斑或害虫数，然后根据播幅和行距折合成每亩病、虫数。根据作物种类、调查病虫种类的不同一般可取每样点 0.6 m 行长、1 m 行长或 2 m 行长等。

（2）面积单位。常用于调查地下害虫、苗期或密植、撒播作物上的病、虫害，通常以平方米为单位。每个样点可取 0.5 m^2、1 m^2 等。

（3）植株或植株的某一部分为单位。全株性的病害、地下害虫为害幼苗、虫体小或密度大的害虫的调查，常以植株为单位，每样点取样数量为 10 株、20 株等；叶斑病以叶片为单位，每样点取样数量为 10 片叶或 20 片叶；虫蛀果、果腐病以果实为单位，每样点取样数量为 10 个、20 个果实，或全田 100 个果实，或自定数量。

（4）诱集物为单位。如灯光诱蛾，计数一定光度下、一定时间内诱集到的害虫数。其他如糖浆诱蛾、性诱剂诱虫等，都可以作为计数单位。

（5）容积或重量为单位。调查储粮害虫时，以容积或重量为单位。计数单位重量或容积储粮中的害虫数。

（6）其他单位。调查活动性大的害虫，可以计数单位时间内收集到或目测到的害虫数。调查有飞翔活动习性的小型昆虫，如粉虱，以一定大小口径捕虫网的扫捕次数为单位。通常进行田间调查时，不宜采用这些方法。

（三）病虫害调查的记载方法

调查记载是病、虫害田间调查中一项重要的必不可少的工作，无论是哪种内容的调查都必须有记载。

对田间调查记载的要求是：准确、简要、具体。

田间调查记载一般多采用表格方式。记载表格的内容、项目可根据调查的目的和对象自行设计。对于测报工作的调查，要按统一规定进行记载。

（四）调查资料的计算

调查记载的数据和资料，要进行整理、计算和分析，才能更好地反映出实际结果。

1. 调查资料的计算

常用于反映病、虫发生和危害程度的统计方法，是求出各样点调查数据的平均数和百分数，计算公式如下：

（1）被害率。主要反映病、虫危害的普遍程度。根据不同的调查对象，采取不同的取样单位。在病害方面，有病株率、病果率、病叶率等；虫害方面则称为被害率或有虫株率、白穗率、卷叶率等。

$$发病率(或被害率)=\frac{发病(有虫)单位数}{调查单位总数}\times 100\%$$

（2）虫口密度。表示在一个单位内的虫口数量，通常换算为每亩虫数。

$$每亩虫口密度=\frac{查得总虫数\times 每亩单位数}{调查总单位数}$$

虫口密度也可以用百株虫数表示：

$$百株虫数=\frac{调查总虫数}{调查总株数}\times 100$$

（3）病情指数。在植株局部被害的情况下，各受害单位的受害程度是不同的。可按照被害的严重程度分级，再求病情指数。

$$病情指数=\frac{\sum(各级叶数\times 各级严重度等级)}{调查总叶数\times 最严重的等级数}\times 100$$

（4）损失情况估计。除少数病、虫如小麦散黑穗病的危害率与损失率接近外，一般病、虫的为害与造成的损失不一致。损失是指产量或经济效益的减少。所以，病、虫所造成的损失应该以生产水平相同的受害田与未受害田的产量或经济总产值对比来计算，也可用防治区与不防治的对照区产量或经济总产值来计算。

$$损失率=\frac{未受害田平均产量或产值-受害田平均产量或产值}{未受害田平均产量或产值}\times 100\%$$

（5）越冬存活量。如对玉米螟在春季化蛹前，调查越冬幼虫存活虫量。可随机取样，每点剥查 100～200 株，调查其中活、死及被寄生的幼虫数。计算出越冬后存活率。

$$越冬存活率=\frac{越冬后平均百秆后平均}{越冬前平均百秆前平均}\times 100\%$$

$$越冬后总虫量=越冬后平均每秆活虫数\times 秸秆存留量(秆数)$$

（6）查害虫发育进度。调查越冬或田间发生的幼虫、蛹或卵等各虫态的发育进度，并预测或推断出最佳防治的时期。化蛹盛期系指化蛹达50%的时间；羽化盛期系指羽化50%的时间。

$$化蛹率=\frac{活蛹数+蛹壳数}{总活虫数(幼虫+蛹+蛹壳)}\times 100\%$$

$$羽化率=\frac{蛹壳数}{总活虫数(幼虫+蛹+蛹壳)}\times 100\%$$

（7）孵化率。

$$当天孵化率=\frac{至当天卵孵化累计数}{当天累计卵数}\times 100\%$$

$$全代孵化率=\frac{全代卵孵化累计数}{全代卵总数}\times 100\%$$

2. 加权计算

一般统计调查数据时，多用常算法计算平均数，如果所调查的资料变数较多，则可以改用加权法计算比较简便。加权计算是将变数值相同出现的次数作为权数，用各变数与权数乘积的总和来计算平均数。

$$加权平均数=\frac{\sum(各变数\times 次数)}{各次数的总和}$$

例如，调查地下害虫共取样20点，各点查出的蛴螬的数量为1、3、3、2、6、5、2、3、3、0、4、2、0、2、2、4、2、5、1、2。用加权法计算时，先将资料整理如下：

变数（X）	0	1	2	3	4	5	6
次数	2	2	7	4	2	2	1

代入平均加权法公式：

$$平均数=\frac{(2\times 0)+(2\times 1)+(7\times 2)+(4\times 3)+(2\times 4)+(2\times 5)+(1\times 6)}{2+2+7+4+2+2+1}$$

$$=\frac{52}{20}=2.6(头/点)$$

有些调查资料，各个变数所占的比重不同时，更应该采用加权法计算其平均数，此时的权数便是各变数的比重，这样才能较准确地反映实际情况。例如，在甲乙两个村调查地下害虫为害情况时，调查结果如表（3-1）所示。

对于这样的调查资料，如果只简单地将各类虫害相加，如下式求出平均数：

$$虫害率=\frac{5+15+30}{3}\times 100\%=16.66\%$$

表 3-1 甲、乙两村虫情调查表

虫害程度	虫害率/%（权数）	面积（变数）	
		甲	乙
轻	5	1 500	30
中	15	300	300
重	30	30	1 500
	50	1 830	1 830

这一计算方法是不妥的，没有考虑到各种虫害类型的面积，就看不出两个村虫害程度的差别。加以各类受害的作物面积为权数，用加权法分别计算两个村的平均虫害率，则其计算结果是：

$$\text{甲村平均虫害率}=\frac{(1\,500\times 5)+(300\times 15)+(30\times 30)}{1\,500+300+30}\times 100\%=7.05\%$$

$$\text{乙村平均虫害率}=\frac{(30\times 5)+(300\times 15)+(1\,500\times 30)}{30+300+1\,500}\times 100\%=27.13\%$$

这样就可以看出，两个村的受害情况差异悬殊。由此可见，选用正确的计算方法，对于如实反映情况十分重要。

二、 病虫害预测预报

（一） 预测内容

根据防治工作的需要，预测的内容大致有以下几个方面。

1. 发生期预测

发生期预测就是预测农作物有害生物的某种虫态或虫龄的出现期或为害期；某种病害的侵染过程时期或流行阶段；对具有迁飞、扩散习性的害虫，预测迁出或迁入本地的时期。从害虫生活史、病菌的侵染或流行过程、物候学的角度，研究预测其发生期，以此作为确定防治适期的依据。

2. 发生量预测

发生量预测就是预测有害生物的发生数量或田间虫口密度、病害发生程度的普遍率或严重度等，主要是估测病虫未来的虫口数量或病害流行程度是否有大发生趋势，是否会达到防治指标。从有害生物猖獗理论及农业技术经济学观点出发，运用多年积累的系统资料，以此作为中、长期预测的依据。

3. 发生趋势的预测

主要是预测病虫分布和扩展蔓延的动向。许多主要病虫，如小麦锈病、棉蚜等都有它的发生基地，并由发生基地逐渐扩展蔓延。了解病虫发生的动向，有利于做好防治准备工作，及时把病虫消灭于蔓延之前。

4. 迁飞害虫预测

迁飞预测是根据害虫发生虫源或发生基地内的迁飞害虫发生动态量，及其生物、生态和生理学特性，以及各迁出迁入地区的作物生育期与季节相互衔接规律性变化，结合气象预测资料，来预测迁飞的时期、迁飞数量及作物虫害发生区等。

5. 危害程度及产量损失预测

在发生期、发生量预测的基础上，根据病菌的致病力、害虫的危害能力和作物产量的损失率，从而推断病虫灾害程度的轻重、所造成损失大小；配合发生量预测进一步划分防治对象，确定防治次数，并选择合适的防治方法，控制或减少危害损失。

（二） 预测类型

病虫预测的种类，依时间的长短，一般分为短期、中期和长期三类。

1. 短期预测

预测的期限：对病害一般为1周以内，对害虫则大约在20 d以内。一般做法是：根据过去发生的病情或一两个虫态的虫情，推算以后的发生时期和数量，以确定未来的防治适期、次数和防治方法，其准确性高，使用范围广。

2. 中期预测

中期预测的期限，一般为20 d到一个季度，常在一个月以上，但视病虫种类不同，期限的长短可有很大的差别。如一年1代、一年数代、一年十多代的害虫，采用同一方法预测的期限就不同。通常是预测下一个世代的发生情况，以确定防治对策和进行防治工作的部署。

3. 长期预测

长期预测的期限常在一个季度或一年以上。预测时期的长短根据有害生物种类不同和生殖周期长短而定。生殖周期短、繁殖速度快，预测期限就短。否则就长，甚至可以跨年度。超过一年以上的预测，也可称为超长期预测。

（三） 预报类型

农作物病虫害预报分为长期预报、中期预报、短期预报和警报。长期预报应当在距防治适期30 d以上发布；中期预报应当在距防治适期10～30 d发布；短期预报应当在距防治适期5～10 d发布。农作物病虫害一旦出现突发、暴发势头，应立即发布警报。

农业农村部所属的植保机构重点发布全国一类农作物病虫害长期、中期预报和警报。省级植保机构重点发布本行政区域一类、二类农作物病虫害长期、中期预报和警报。县级和地市级植保机构发布本行政区域主要农作物病虫害长期、中期、短期预报和警报。

（四） 预测预报方法

1. 期距法

昆虫从上一世代发育到下一世代，或从前一虫态发育到后一虫态所经历的天数，称“期距”。测报中常用的期距一般指前一高峰期至后一高峰期的天数，可根据历史积累的资料，找出害虫自然种群各虫态或各世代之间的“期距”，再根据某一虫态的发生期，加上期距天数，就能测定后一世代或后一虫态的发生期，这就是期距法。期距可以通过饲养法、诱集法、田间调查等方法或积累多年的资料而得到。期距法是一种带有经验性的方法，地域性强，不能机械搬用。

2. 物候法

物候是指自然界各种生物出现的季节规律性。如“榆钱落，幼虫多”“迎春花开，蛾子飞来”等，这些现象反映了大自然气候已达到一定的温湿度条件。由于病虫的发生也受到大自然气候的影响，所以它们的某一发育阶段也只有在一定节令才会出现。由于长期适应的结果，害虫的发生常与寄主的发育阶段相一致。例如：棉铃虫总是在棉花现蕾时，才到棉花上产卵；在某些地方，当榆钱叶落时，正是地老虎成虫羽化盛期。这些都可以作为预测调查和指导防治的重要参考。

在物候观察时，不但应注意物候表象与害虫虫期同时出现的时间，更重要的是要找出害虫发生期以前的物候现象，这对于害虫的预测预报更具实用意义。

3. 有效积温预测法

各种害虫的不同虫态都要求一定的发育起点温度才开始生长发育，完成某一阶段或整个世代时需要一定的有效积温。对于某种害虫来说，其发育起点温度和有效积温均为常数。因此，在适宜害虫生长发育的环境里，温度的高低是影响害虫生长发育快慢、出现时间迟早以及种群数量消长等的重要因素。当测得害虫某一虫态或龄期的发育起点温度和有效积温后，便可根据当地常年同期的平均气温，结合本年的气象预报，通过有效积温法预测出下一虫态或龄期的发生期，以及这种害虫一年中的发生世代数。

4. 数理统计预测

病虫害的发生期、发生量和为害程度的变动与周围的物理环境条件（温度、雨量、土壤等）和生物环境（天敌、食物等）的变动密切相关。对病虫害、天敌昆虫发生的一定数量特征与一定环境特征之间的相互关系，可用数理统计法进行定性或定量分析，据此发出数理统计预报。常用的方法有函数分析法、相似相关法等。

5. 异地预测法

一些远距离迁飞性害虫和大区流行性病害，其虫源或菌源可随气流迁往异地。如，褐稻虱、稻纵卷叶螟等害虫是逐代呈季节性往返迁移，其迁移的方向和降落区域的变动，又受随季风进退的气流和作物生长物候的季节变换制约。因此可根据发生区的残留虫量和发育进度，结合不同层次的天气形势以及迁入区的作物长势和分布，来预测害虫迁入的时间、数量、主要降落区域和可能的发生程度。对植物病害，也可根据发生区的菌源量、气流方向以及作物抗病品种的布局和长势，来预先估计可能的发生区域、发生时间和流行程度，并可应用综合分析、预测模型和电算模似等手段进行。

6. 电子计算机预测法

应用电子计算机技术和装置，将经研究得出的有害和有益生物发育模型、种群数量波动模型、作物生长模型、防治的经济阈值和防治决策等储存入电脑中心，通过各终端系统输入各有关预报因子的监测值后，即可迅速预报有关病虫发生、危害和防治等的预测结果。

任务1　害虫调查统计

在师傅指导和带领下，掌握害虫调查统计的方法，制定害虫调查统计的流程。

【任务目标与质量要求】

根据不同类型害虫的生活场所、发生规律及调查目的，制定调查统计步骤。

【学习产出目标】

1. 熟知不同类型、不同生活场所等害虫的取样方法、统计方法；
2. 能整理田间调查数据；
3. 能计算田间数据并进行分析。

【工作程序与方法要求】

工作程序	工作内容	要求
●确定调查内容	根据调查目的，确定调查内容，进而细化调查内容。	明确调查内容和调查目的的关系
●确定调查方法	根据调查内容，选择恰当的调查方法，准备必需的调查工具、记录工具等。	根据调查内容选择最恰当的调查方法，做好充分的准备
●调查数据记录	根据调查内容，设计合适的表格，记录需要的数据。	表格设计简单明了，容易理解
●调查数据计算	根据调查目的、调查内容计算需要的数据。	要认真核对数据，确保单位准确

【工作任务实施记录与评价】

1. 玉米螟为害情况调查记录表

地点：____________日期：____________调查株数：____________调查人：____________

作物名称	生育阶段	调查株数	害虫名称	有卵株数		被害情况					备注
				株数	卵块数	花叶株数	折雄株数	蛀茎株数	枯心株数	雌穗被害株数	

2. 棉蚜虫口消长调查统计表

地点：____________日期：____________调查株数：____________调查人：____________

上、中、下三片叶平均虫数			繁殖系数	有翅成、若蚜率/%	有蚜株数	有蚜株率/%	卷叶株数	卷叶株率/%	棉苗生长情况	天敌				备注
有翅成、若蚜	无翅成、若蚜	合计								瓢虫	食蚜蝇	草蛉	寄生蜂	

3. 棉铃虫为害情况调查记录表

地点：____________日期：____________调查株数：____________调查人：____________

花被害情况						棉花生长情况	
开花总数	调查花数	被害花数	被害花率/%	总虫数	平均每亩虫数	棉花品种	棉花生育期
青铃被害情况							
总青铃数	检查青铃数	被害青铃数	青铃受害率/%	总虫数	平均每亩虫数		

4. 棉盲蝽象田间调查记录表

地点：____________日期：____________调查株数：____________调查人：____________

每株苜蓿盲蝽象数量	每株绿盲蝽象数量	每株三点盲蝽象	总虫数	每亩虫数	新被害株数	新被害株率/%	备注

5. 玉米螟产卵及孵化情况调查记录表

地点：____________日期：____________调查株数：____________调查人：____________

田块类型	作物生育期	卵块数	百株平均卵块数	已孵和将孵卵块数			已孵和将孵卵块率/%	备注
				已孵卵块	有黑点卵块	合计		

6. 不同类型棉田棉铃虫卵量及有虫株率调查记录表

地点：____________日期：____________调查株数：____________调查人：____________

棉田类型	调查地块	每株平均蕾花数	有卵株率/%	有虫株率/%
一类田				
二类田				
三类田				

7. 地下害虫调查记录表

地点：____________日期：____________调查株数：____________调查人：____________

土壤植被概况	样坑号	样坑深度	害虫名称	虫期	害虫数量	备注

8. 害虫调查统计任务实施总体评价

师傅指导记录	任务实施总体评价	评价成绩
		年 月 日

9. 学徒关键职业能力及职业品质、工匠精神评价

项目	A	B	C	D
工作态度				
吃苦耐劳				
团队协作				
沟通交流				
学习钻研				
认真负责				
诚实守信				

任务 2　病害调查统计

在师傅指导和带领下，掌握病害的调查统计内容和方法，制定病害调查统计的流程。

【任务目标与质量要求】

根据不同类型病害的发生规律和发生部位，制定病害调查统计步骤。

【学习产出目标】

1. 熟知不同类型、不同田块等病害的取样方法、统计方法；
2. 能整理田间调查数据；
3. 能计算田间数据并进行分析。

【工作程序与方法要求】

工作程序	工作内容	要求
●确定调查内容	根据调查目的，确定调查内容，进而细化调查内容。	明确调查内容和调查目的的关系
●确定调查方法	根据调查内容，选择恰当的调查方法，准备必需的调查工具、记录工具等。	根据调查内容选择最恰当的调查方法，做好充分的准备

● 调查数据记录

根据调查内容，设计合适的表格，记录需要的数据。

表格设计简单明了，容易理解

● 调查数据计算

根据调查目的、调查内容计算发病率、病情指数等。

要认真核对数据，确保单位准确

【工作任务实施记录与评价】

1. 小麦锈病发生情况调查记录表

地点：＿＿＿＿＿＿日期：＿＿＿＿＿＿调查叶数：＿＿＿＿＿＿调查人：＿＿＿＿＿＿

锈病种类	品种	播种日期	生育期	面积	调查点数	每点面积（m^2）	发病点数	病叶（秆）数	总叶（秆）数	发病率/%	严重度	发病中心数	病情指数	备注

2. 叶稻瘟病发生情况调查记录表

地点：＿＿＿＿＿＿日期：＿＿＿＿＿＿调查叶数：＿＿＿＿＿＿调查人：＿＿＿＿＿＿

稻田类型	作物品种	生育期	发病叶数	严重度					病叶率/%	病情指数	病斑大小	备注
				0	1	2	3	4				

3. 小麦白粉病发生情况调查记录表

地点：＿＿＿＿＿＿日期：＿＿＿＿＿＿调查叶数：＿＿＿＿＿＿调查人：＿＿＿＿＿＿

麦田类型	品种	生育期	发病叶数	严重度					病叶率/%	病情指数	备注
				0	1	2	3	4			

4. 病害调查统计任务实施总体评价

<table>
<tr><th>师傅指导记录</th><th>任务实施总体评价</th><th>评价成绩</th></tr>
<tr><td rowspan="2"></td><td rowspan="2"></td><td></td></tr>
<tr><td>年　月　日</td></tr>
</table>

5. 学徒关键职业能力及职业品质、工匠精神评价

项目	A	B	C	D
工作态度				
吃苦耐劳				
团队协作				
沟通交流				
学习钻研				
认真负责				
诚实守信				

任务3　病虫害预测预报

在师傅指导和带领下，掌握农作物重要病虫害的调查监测方法，根据监测数据预测发生高峰期。

【任务目标与质量要求】

根据不同类型病虫害的监测数据，预测病虫害发生程度、发生时期和发生量。

【学习产出目标】

1. 掌握农作物主要病虫害的调查方法，能够对监测数据进行统计、整理和分析；
2. 能够将调查数据结合当地气象因素，完成病虫害的预测预报。

【工作程序与方法要求】

工作程序	工作内容	要求
确定病虫害监测种类	根据农作物的种类，对病虫害的发生程度进行普查，并查阅相关文献，了解主要病害和虫害的种类，确定主要监测种类。	客观、综合分析，最终确定监测种类。
确定监测方法	各作物选取有代表性的田块 3～5 个，根据农作物主要病虫害的发生种类，每种病虫害选择 1 种监测方法，每块田设置 5 个重复（灯光诱集不设重复），每 5 d 收集 1 次，高峰期每 3 d 1 次。	监测时间要科学合理，切勿预估数据。
数据统计、分析	将各监测点病虫带回进行分类计数，同时统计天敌数量。将数据进行整理和分析，根据监测数据，结合病虫害的发生规律，对发生高峰期和危害程度进行预测预报。	数据统计要认真，细心，不能出错。
完成预测预报	根据监测点的数据，结合当地气象因素，选择 1 种病害或虫害，完成病虫害的预测预报。	取样点要科学合理，数据记录要准确翔实。

【工作任务实施记录与评价】

1. 害虫监测工作记录表

时间：__________ 地点：__________ 记录人：__________

监测方式	病虫害种类	性别及虫态	重复点				
			点 1	点 2	点 3	点 4	点 5
灯光诱集		雌虫					
		雄虫					
信息素诱集							
色板诱集		成虫					
		幼/若虫					

2. 害虫发生情况预测记录表

单位：__________ ____年____月____日 星期________

害虫名称	发生时间	发生地点	危害程度	虫口密度	寄主	防治措施	备注

说明：1. 报告表上报时限：4—10月的每月25—30日；
2. 传真：.......（××办公室），电子信箱（　　）；
3. 送达地址：××××

3. 病害发生情况预测记录表

单位：__________ ____年____月____日 星期________

病害名称	发生时间	发生地点	危害程度	发生部位	寄主	防治措施	备注

说明：1. 报告表上报时限：4—10月的每月25—30日；
2. 传真：.......（××办公室），电子信箱（　　）；
3. 送达地址：××××

4. 农作物病虫害预测任务实施总体评价

师傅指导记录	任务实施总体评价	评价成绩
		年　月　日

5. 学徒关键职业能力及职业品质、工匠精神评价

项目	A	B	C	D
工作态度				
吃苦耐劳				
团队协作				
沟通交流				
学习钻研				
认真负责				
诚实守信				

专题3

农作物病虫害综合防治

农作物病虫害综合防治是指为了促进农业可持续发展，促进农业生产安全，减少化学农药投入量，积极采取生态控制、生物防治、物理防治、科学用药等措施来控制有害生物对农业生产的危害。农作物病虫害综合防治有助于保护生物多样性，降低病虫害暴发概率，实现病虫害的可持续控制，减轻病虫害损失，保障农业增产增收，保障粮食丰收和主要农产品质量安全的有效供给，保护农业生态环境安全。

【专业知识准备】

一、 农作物病虫害综合防治的基本原则

农作物病虫害防治实行“预防为主、综合防治”的方针，做到经济、有效、简便。“安全”指的是对人、畜、作物、天敌及环境不损害和污染。“有效”指的是能大量杀伤病、虫或明显地压低病、虫的密度，起到保护农作物不受侵害或少受侵害的作用。“经济”是指花费成本低，防治效果好。“简便”是指能因地因时制宜，方法简便易行，便于群众接受。

二、 农作物病虫害的综合防治方法

（一） 植物检疫

植物检疫简称植检，也叫法规防治。它是根据国家颁布的法令，设立专门机构，对国外输入和国内输出以及国内地区之间调运的种子、苗木以及农副产品等进行检疫；禁止或限制危险性病、虫、草的传入和传出，或者在传入以后限制其传播，防止向其他地区传播蔓延扩展的一项植物保护工作。

1. 植物检疫的意义

植物检疫是国家为了防止农作物的危险性病、虫、杂草随农产品传播蔓延，保障

农业安全生产和顺利开展对外贸易所采取的整套措施之一，也是病、虫、草害的防治方法之一，是植物保护工作的一个重要组成部分。

2. 植物检疫的基本内容

植物检疫一般分为对外和对内检疫两个方面。对外检疫是对内检疫的保障，对内检疫是对外检疫的基础。

（1）对外检疫。是由国家在港口、国际机场以及国际交通要道设立植物检疫机构，对进口、出口和过境的应施检的农产品、植物进行检验和处理。防止国外新的或在国内还是局部发生的危险性病、虫、杂草的输入，同时也防止国内某些危险性的病、虫、杂草的输出。

（2）对内检疫。对内检疫由各省、市、自治区检疫机构会同邮局、机场、车站，根据政府公布的对内检疫条例和检疫对象执行检疫，并采取措施，防止局部地区危险性病、虫、杂草的传播。

3. 植物检疫对象的确定

《植物检疫条例》规定：凡局部地区发生的危险性大、能随植物及其产品传播的病、虫、杂草，应定为植物检疫对象。农业、林业植物检疫对象和应施检疫的植物、植物产品名单，由国务院农业主管部门、林业主管部门制定。各省、自治区、直辖市农业主管部门、林业主管部门可以根据本地区的需要，制定本省、自治区、直辖市的补充名单，并报国务院农业主管部门、林业主管部门备案。

4. 植物对内检疫和对外检疫

（1）对内检疫

①报检。调运和邮寄种苗及其他的植物产品时，应向调出地有关检疫机构报验。

②检验。检疫机构人员对所报验的植物及其产品要进行严格的检验。到达现场后凭肉眼和放大镜对产品进行外部检查，并抽取一定数量的产品进行详细检查，必要时可进行显微镜检查及诱发试验等。

③检疫处理。经检验如发现检疫对象，应按规定在检疫机构监督下进行处理。一般方法有：禁止调运、消毒处理、就地销毁、限制使用地点等。

④签发证书。经检验后，如不带检疫对象，则检疫机构发给国内植物检疫证书放行；如发现检疫对象，经处理合格后，仍发证放行；无法进行消毒处理的，应停止调运。

（2）对外检疫。我国进出检疫包括以下几个方面：进口检疫、出口检疫、旅客携带物检疫、过境检疫等。

（二）农业防治

农业防治法是综合防治的基础，在病虫害防治中占有重要地位。农业防治法具有经济、安全、有效、无污染，一般不伤害天敌的优点。同时，农业防治法不需要额外投资，易与其他措施配套。不足的是，农业防治法收效慢，有一定的局限性、地域性和季节性；多为预防性措施，当病虫害已经大发生时，防治效果不大。农业防治法有以下具体措施：

1. 选用抗病虫品种

同种作物的不同品种往往受同一种病虫危害的程度不同，有的不被害，有的受害较轻，有的则受害重。这是因为作物的不同品种具有不同的抗病虫的能力。利用作物抗病虫的特性，选用抗病虫的优良品种，是一种防治病虫害最经济、最有效的方法。

2. 使用无害种苗

有些病虫是以种苗等繁殖材料携带为主要传播途径的，带有病虫害的种苗就成为这些病虫的侵染来源，播种这样的种子会导致病虫害的人为传播。如棉花枯萎病、黄萎病就是这样在国内传播蔓延的。此外，品种混杂、籽粒饱满度和成熟度不一，或者一些种苗被侵染后因生长势降低，播种后往往造成出苗和生育期参差不齐，给田间管理和收获造成不利影响，同时增加一些对作物生育期要求较严的病虫的侵染机会，从而加重病虫的危害。

3. 合理耕作

耕作制度、农田环境及病虫的发生三者之间有着十分密切的关系。合理的耕作制度可以提高土壤肥力，使作物生长良好，增强抗病虫能力；栽种不同的作物以及耕作栽培技术的变化，可以改变农田环境，能够造成不利于病虫发生的环境条件。采用合理的轮作和间作，切断病虫的寄主供应，恶化病虫发生环境，减少田间病虫的积累。秋耕深翻可以改善土壤中的水、气、温、肥和生态环境，有利于培养健壮的作物，提高作物对病虫的抵抗和耐受能力。同时，可以把土壤表层的病虫深埋，使土壤深处的病虫暴露，破坏其适宜的生存、生活条件。此外，秋耕深翻还会因机械作用，直接杀伤害虫，或破坏害虫的巢室而使它死亡。

4. 调整播种方式

调整播种方式主要是调整播种期和播种密度。在特定地区病虫的发生期往往有与其寄主植物的生长发育期相吻合的状况，如果在不影响作物增产要求的情况下，适当提前或推迟播种期，将病虫发生期与作物的易受害期或危险期错开，就可以避免或减轻病虫的危害。这对于那些播种期伸缩范围大、易受害期或危险期短的作物，以及食性专一、发生一致、危害期集中的害虫具有明显的防治效果。如春麦适当早播，可以减轻小麦皮蓟马的为害。冬麦适当晚播，可减轻麦蚜的为害。种植密度过大，影响透光，田间荫蔽，湿度大，植物木质化速度慢，有利于大多数病害和喜阴好湿性害虫的发生为害。而种植过稀，植物分蘖、分枝多，生育期不一致，也会增加病虫的发生为害，尤其是杂草的发生为害会明显加重。因此合理密植，不仅能充分利用土壤、阳光等自然资源，提高单产，同时也有利于抑制病虫害的发生。

5. 加强田间管理

田间管理涉及一系列的农业技术措施，可以有效地改善农田小气候和生态环境，使之有利于作物的生长发育，而不利于病虫害的发生。田间管理对病虫害发生影响较大的主要是灌溉、施肥和田园卫生。

合理灌溉、科学用水是防治某些病虫害的有效措施。合理施肥可以改善作物的营养条件，提高作物抗病虫的能力和减少因病虫为害而造成的损失。清除农田内的病虫及其滋生场所，改善农田生态环境，减少病虫害的发生为害。

（三） 物理机械防治

物理机械防治法通常比较费工，效率较低，一般作为一种辅助防治措施。但对于一些用其他方法难以防治的病虫害，尤其是当害虫大发生时，往往是一种有效的应急防治手段。

1. 汰选法

汰选法就是利用健康种苗与被害种苗在形体、大小和比重上的差异，进行分离，剔除带有病虫苗的方法。汰选种子可用手选、器械（风车、筛子）选或水选。手选适用于较大的种子。风车和筛子可以把夹杂在种子中的病虫和杂质剔除。水选是利用病、虫种子比健全种子轻，用水加以汰除。它可分为清水选、泥水选、盐水选、硫铵水选等。

水中加入食盐、黄泥、硫铵的多少，要按各种种子的比重大小而定，不能千篇一律。如汰选小麦、水稻种子，一般是每 50 kg 清水加食盐或硫铵 10 kg 或黄泥 15～20 kg，充分搅拌成均匀的悬浮液，然后用比重计测量达 1.08～1.10，或用鲜鸡蛋放入溶液，能使鸡蛋浮出水面的部分稍大于五分硬币的面积即可。选种后，必须用清水洗净种子，以免影响发芽率。

2. 捕杀法

捕杀法是利用人工或各种器械，捕捉或直接消灭害虫的方法。徒手或使用简单工具捕杀害虫，称为人工捕杀。往往根据害虫习性设计捕杀方法。如利用害虫的假死性或群集性捕捉金龟甲类；人工捕捉地老虎幼虫；除蛹消灭地老虎；挖蝼蛄卵以及在玉米螟的产卵高峰期进行采卵捏杀等。根据害虫的生活习性，设计各种器械捕杀害虫，称为器械捕杀。如用黏胶黏捕跳甲成虫等。

3. 诱杀法

利用害虫的趋性，设计诱杀害虫的方法称为诱杀法。它不仅能消灭害虫，而且也可以预测害虫发生的动态。如灯光诱杀、潜所诱杀、食饵诱杀及性激素诱杀等。

（1）灯光诱杀。利用害虫的趋光性，以各种光源，可诱杀多种害虫，特别是黑光灯是多种害虫喜欢趋向的光源，能诱集三百多种害虫，是当前用作预测害虫和诱杀害虫的主要工具。

（2）潜所诱杀。利用害虫的潜伏习性，人为地制造各种害虫的适宜潜所，引诱害虫潜伏或越冬，然后将它消灭的方法，称为潜所诱杀。如用杨树枝把诱集棉铃虫；果树主干上束物引诱果树害虫化蛹或潜藏越冬等，都可以诱集到大量害虫。

（3）食饵诱杀。利用害虫的趋化性，在害虫喜食的饵料中加入杀虫剂，即可诱杀许多害虫。如采用糖醋液诱杀地老虎、甘蓝夜蛾；坑粪或毒谷诱杀蝼蛄；田间堆草诱杀地老虎等。

（4）黄板诱蚜。有翅蚜对黄色有较强的趋性，用黄板诱杀蚜虫效果较好。

（5）银膜避蚜。银灰色对有翅蚜有驱避作用。用银灰色塑料薄膜在蔬菜育苗时覆盖，驱蚜效果良好，可有效地减少蚜虫在苗期传播植物病毒病的作用，增产效果显著。

4. 热处理法

在不伤种子的前提下，利用一定的热力杀死种子内外病虫的方法，称为热处理法。常用的有日光晒种、温水浸种、低温冷冻和冷浸热晒等方法。

（1）日光晒种和低温冷冻。害虫和病菌在适宜的温度下，生长良好。而温度过高或过低，则会影响其发育，甚至引起死亡。

（2）温汤浸种。即温水浸种法，是根据种子耐热力高于病菌的致死高温的特点，控制一定的水温，在一定的时间内处理种子的方法。可以达到既不伤害种子，又可杀死潜伏在种子内外的病菌的目的。

常用“三开一凉”的方法，将水温控制在 55～60 ℃，根据种子的大小不同，浸种 10～30 min。温汤浸种，必须严格控制水温和浸种时间。

（3）冷浸热晒。此法常用来防治小麦散黑穗病。具体做法是：选晴天清晨，将种子用常温水浸 5 h，取出滤干，在阳光下摊成薄层，利用夏季高温（可达 50～52 ℃）晒种。其间每隔半小时翻动 1 次。晒足 6 h，就可杀死潜伏在种子内部的病菌。

5. 隔阻法

隔阻法是根据病虫的侵染和扩散行为，设置各种物理性障碍，阻止病虫的为害或扩散的措施。

（1）树干涂白。用涂白剂刷白树干，不仅可以保护树干不受病菌的侵染，避免日灼，防止冻害。而且也能有效地阻止害虫产卵为害。

涂白剂配方①：生石灰 10 份，硫黄 1 份，食盐 2 份，食用油（植物性）0.1 份，水 40 份。配方②：生石灰 10 份，食盐 1 份或 2 份，石硫合剂 3 份或 4 份，水 40 份。

（2）设置障碍物。树干涂胶或束裙，可以防止许多果树林木害虫为害或下树越冬。如春尺蠖的雌成虫无翅，必须从地面爬上树才能交配产卵，所以可以通过在树干上涂胶、绑塑料薄膜等设置障碍，阻止它上树。

除了上述在生产中普遍采用、行之有效的各种物理机械防治方法外，目前利用电波、射线、红外线、紫外线、激光、超声波等电磁辐射进行病虫防治的物理防治技术，包括直接杀灭和辐射使害虫不育等在室内研究中具有广泛的杀灭病虫的效果，但能进行大面积应用的方法较少。

（四） 生物防治

生物防治是利用有益生物及其代谢产物控制或消灭病虫的方法。生物防治对人畜安全，不伤害作物，不污染环境，有一定的持久性。但生物防治受环境因子影响大，某些选择性天敌防治范围窄，杀虫作用缓慢。

1. 以虫治虫

利用天敌昆虫防治害虫的方法称为以虫治虫。以虫治虫是一种安全、经济、效果好、无残毒、较理想、有发展前途的方法。一般分为捕食性和寄生性天敌昆虫。

(1) 常见的捕食性天敌昆虫。如蜻蜓、螳螂、猎蝽、草蛉、虎甲、步甲、瓢虫、胡蜂、食虫虻、食蚜蝇等。这类昆虫在其生长发育过程中捕食量很大。如1头草蛉1 d可捕食几十甚至上百头蚜虫。生产上利用瓢虫可以有效地控制蚜虫、介壳虫；利用草蛉防治蚜虫、蓟马、棉铃虫卵、玉米螟卵、白粉虱等都取得了明显效果。

(2) 常见的寄生性天敌昆虫。如寄生蜂和寄生蝇。昆虫寄生于害虫各虫态的体内或体表，以害虫的体液或内部器官为食，导致害虫死亡。在自然界，每种害虫都可能被数种甚至上百种天敌昆虫所寄生，如玉米螟的寄生蜂可达80种以上。

2. 以菌治虫

利用有益微生物防治害虫的方法称为以菌治虫。有益微生物是指能引起害虫生病致死的病原微生物。工厂把病原微生物进行人工繁殖，并制成一定剂型，就成为“微生物杀虫剂”。常见的微生物杀虫剂有以下三类：

(1) 真菌杀虫剂。真菌杀虫剂是一类寄生谱较广的昆虫病原真菌，是一种触杀性微生物杀虫剂。目前，研究利用的主要种类有白僵菌、绿僵菌、拟青霉、座壳孢菌和轮枝菌。

①白僵菌。白僵菌是我国研究时间最长和应用面积最大的真菌杀虫剂。目前我国已开发出粉剂、可湿粉剂、油剂、乳剂和微胶囊剂。目前，白僵菌的研究开发重点在工业化生产技术、质量标准体系、剂型和产业化技术等方面。我国白僵菌生产厂仅10家左右，企业规模小，采用的生产工艺多为固相浅盘、窗纱开放式培养，生产的产品质量不稳定，大多未能达到规模化生产，产品自产、自销、自用。白僵菌的寄主很多，可防治对象有玉米螟、松毛虫、多种金龟子、水稻叶蝉、飞虱、桑天牛、茶小叶蝉、茶毛虫、大豆食心虫和蚜虫等，特别是对玉米螟和松毛虫，已作为常规手段连年使用。

②绿僵菌。绿僵菌是一种广谱的昆虫病原菌，在国外应用它防治害虫的面积超过了白僵菌，防治效果可与白僵菌媲美。我国研究开发绿僵菌起步晚，经过多年的研究开发，在菌株选育、生产工艺、剂型和防治对象上已有长足进步。目前应用比较广泛的金龟子绿僵菌主要用于防治地下害虫。

③其他真菌。除白僵菌、绿僵菌外，其他真菌也表现出了很好的杀虫潜力。淡紫拟青霉能有效地防治柑橘、柠檬和马铃薯等多种作物根结线虫，对大豆胞囊线虫也有较好的防治效果。粉拟青霉、玫烟色拟青霉防治松毛虫和温室白粉虱均取得了明显的效果。双座壳孢菌可防治刺棉蚜，蜡蚧轮枝孢可防治蚜虫、蓟马和白粉虱。

(2) 细菌杀虫剂。已知的昆虫病原细菌约有 90 种，研究较多、应用较广的是苏云金杆菌类。害虫感染后，活动减少，食欲减退，虫体颜色变深，虫体软化，组织崩溃、腐烂，失去原形，有臭味。目前我国研究的主要为苏云金芽孢杆菌、球形芽孢杆菌和金龟子芽孢杆菌等。

①苏云金芽孢杆菌。苏云金芽孢杆菌是目前唯一大规模工业化生产的微生物杀虫剂，也是世界上用途最广、产量最大的微生物杀虫剂。它对近 600 种昆虫和有害生物有活性，对 100 多种农林害虫及蚊蝇有很好的杀灭效果。苏云金芽孢杆菌是一种好氧产芽孢的杆状细菌。它在形成芽孢的同时，在另一端形成伴孢晶体。伴孢晶体是一种蛋白质，在碱性条件下分解成有毒物质，和芽孢共同作用，产生很强的杀虫效果。它还能分泌 β-外毒素、δ-内毒素、卵磷脂酶、壳多糖酶，对昆虫都有毒性。苏云金芽孢杆菌杀虫剂可用液体深层或固体发酵获得不同规格的产品。

②球形芽孢杆菌。球形芽孢杆菌杀虫剂在灭蚊幼虫中发挥作用。它的主要活性成分是伴孢晶体中的毒素蛋白。毒素蛋白由两种蛋白组成，它们共同参与才能起作用，因此为二元毒素。

③金龟子芽孢杆菌（即日本甲虫芽孢杆菌）。金龟子芽孢杆菌是一种金龟子幼虫（蛴螬）专性病原菌。金龟子芽孢杆菌感染蛴螬后，在中肠内萌发成营养体，穿过肠壁进入体腔，迅速繁殖，破坏各种组织，导致幼虫大量死亡。

(3) 病毒杀虫剂。据不完全统计，全世界登记注册的昆虫病毒杀虫剂有 40 多个品种。目前发现的昆虫病毒，以核型多角体病毒（NPV）应用最多，其次为颗粒体病毒（GV）及质型多角体病毒（CPV）等。病虫死亡前体躯变软，体内组织液化，皮肤易破裂，而流出白色或褐色体液，但无臭味。幼虫病死后，往往以腹足倒吊在枝叶上，呈倒“V”字形。

3. 以菌治病

利用有益微生物的代谢产物来防治病害的方法称为以菌治病。不同微生物之间存在着相互斗争或排斥现象，称为抗生现象。这种相互斗争的相斥作用，叫作拮抗作用。凡是对植物病原有拮抗作用的菌类，都叫作抗生菌。抗生菌所分泌的某种特殊物质，可以抑制、杀伤甚至溶化其他有害微生物，这种物质叫作抗生素。目前我国生产使用的农用抗生素品种有井冈霉素、春雷霉素、多抗霉素、内疗素、放线酮、庆丰霉素、灭瘟素等。

4. 以螨治虫

很多捕食性螨类是植食性螨类的重要天敌。如四川用畸螯螨防治柑橘叶螨，广东利用植绥螨防治二斑红叶螨。国内研究较多的是植绥螨，其种类多，分布广，可捕食果树、棉花、豆类、茶叶、蔬菜等作物上的多种害螨。

5. 以蜘蛛治虫

蜘蛛是肉食性动物，主要捕食昆虫。农田常见的有草间小黑蛛、八斑球腹蛛、拟水狼蛛、三突花蟹蛛等。主要捕食各种飞虱、叶蝉、螨类、蚜虫、蝗蝻、蝶蛾类卵和幼虫等。

6. 以鸟类治虫

有资料统计，我国是世界上鸟类最多的国家，鸟类绝大多数捕食害虫。啄木鸟能防治多种树上的吉丁虫及天牛。家燕能捕食蚊、蝇、蝶、蛾等害虫。

7. 利用昆虫激素防治害虫

昆虫激素分为外激素和内激素两种。

（1）外激素。昆虫的外激素具有很强的引诱能力，空气中只要有微量的外激素存在，就能引诱异性昆虫。在害虫的防治和测报上有很大的应用价值，目前已有20余种昆虫外激素可以人工合成。我国已合成利用的有梨小食心虫、苹果小卷叶蛾、棉铃虫、玉米螟等性外激素。使用的方法有诱杀法、迷向法、绝育法。

（2）内激素。用保幼激素处理害虫的卵、蛹或成虫，能阻止胚胎发育，导致其不能羽化和不孕。蜕皮激素则可干扰昆虫体内激素平衡，使其产生生理障碍或发育不全而死亡。例如，使幼虫提前蜕皮而死亡或提前化蛹并羽化出畸形成虫而死亡。内激素防治害虫用量极微，针对性强，但生产成本高，稳定性差，特别是只能在害虫发育的某些敏感阶段使用。内激素对人、畜的影响尚不明确。

8. 以线虫治虫

昆虫线虫是一类寄生于昆虫体内的微小动物，属线形动物门。有些线虫可寄生于地下害虫和钻蛀性害虫，导致害虫死亡。被线虫寄生的害虫，常表现为褪色或膨胀、生长发育迟缓、繁殖力降低，有的出现畸形。不同种类的线虫影响被寄生害虫的方式不同。

任务1　色板诱杀害虫

在师傅指导和带领下，掌握色板诱杀害虫的技术要点，制定色板诱杀害虫的流程。

【任务目标与质量要求】

根据常见害虫对色彩的趋性，选择不同的颜色作为色板进行诱杀，制定诱杀的工作程序和要求。

【学习产出目标】

1. 熟知黄板诱集蚜虫的方法和步骤；
2. 能够开展黄板诱集蚜虫。

【工作程序与方法要求】

工作程序	工作内容	要求
了解色板诱杀范围、作物高度和布局	全面了解色板诱杀的范围，如黄板可诱杀蚜虫、白粉虱、烟粉虱、飞虱、叶蝉、斑潜蝇等，蓝板可诱杀种蝇、蓟马等，查看周围是否有黄色和蓝色花，记录作物的高度，从而确定色板的大小和高度。	认真对照诱杀范围，思考如何选择色板。
准备色板	根据田间蚜虫、白粉虱、烟粉虱、飞虱、叶蝉、斑潜蝇、种蝇、蓟马的发生情况，制作色板或者购买色板。	剪裁不要太大，20 cm×18 cm 即可。
田间挂置色板	根据田间作物面积及作物高度，将色板用一个支架插到田间，如果田间有黄花或者蓝花，只适合挂置在田块四周。	色板高度比作物稍高 10 cm 即可。
定期更换色板	根据色板上的粘蚜量，及时更换色板。	定期更换，尤其是害虫数量大时要更换勤一点。

【业务经验】

色板诱杀在使用过程中的技术要点：

1. 悬挂时间要适宜

防治害虫时在害虫发生初期悬挂，监测虫情则整个生长季节均可悬挂。

2. 悬挂高度要正确

色板的悬挂高度与昆虫的交配行为、飞行行为，寻找寄主植物的习性，植物的发育特性，气象等因素有关系。大多数研究表明，色板的设置高度应与植株顶端平齐或略高于植株高度（10～20 cm）。在植株生长过程中，要随植株的生长不断调节粘虫板的高度。

3. 悬挂方向

板状垂直放置粘虫板的方向一般分为与植株行向平行和与植株行向垂直两种。建议以东西方向为宜，板间间距 6～8 m（根据实际情况稍作调整），当然实际过程中也要考虑农事操作的方便。

4. 悬挂数量要充足

刚开始时可悬挂少量粘虫板，以监测虫口密度，当粘虫板上虫量增加时，适当增加粘虫板数量。

5. 注意维护

色板使用一段时间后会粘满害虫和尘土，使粘虫效果变差，甚至失去粘虫能力，应及时更换或补胶，使用完的粘虫板应回收后集中处理。

6. 使用

粘虫板可以有效减少用药次数，但要想提高整体防治效果，还需要有效结合其他防治措施。

大量实践证明，色板诱杀具有操作方法简便、防效明显、安全环保、减少伤害天敌等优点，是发展生态农业防治害虫的首要措施之一。

【工作任务实施记录与评价】

1. 色板诱杀害虫任务实施记录表

年份：__________地点：__________寄主：__________记录人：__________

作物高度		作物生育时期		作物周围作物	
色板规格		色板放置时间			
色板量		单位面积色板数量		害虫种类	
单位色板害虫数量估计		平均每天色板诱杀量		色板防治效果	

2. 色板诱蚜任务实施总体评价

师傅指导记录	任务实施总体评价	评价成绩
		年　月　日

3. 学徒关键职业能力及职业品质、工匠精神评价

项目	A	B	C	D
工作态度				
吃苦耐劳				
团队协作				
沟通交流				
学习钻研				
认真负责				
诚实守信				

任务 2　灯光诱杀害虫

在师傅指导和带领下，掌握灯光诱杀害虫的技术要点，制定灯光诱杀害虫的流程。

【任务目标与质量要求】

根据害虫的生活习性、危害特征制定灯光诱杀害虫的工作程序。

【学习产出目标】

1. 熟知灯光诱杀害虫的方法和步骤；
2. 能够开展灯光诱杀害虫。

【工作程序与方法要求】

工作程序	工作内容	要求
● 了解具有趋光性的害虫	全面了解田间具有趋光性的害虫种类，了解其生活习性和为害高峰时期。	认真调查和查阅资料，确定趋光性的害虫。
● 明确防治对象	根据田间趋光性害虫的危害情况，确定主要的防治对象。	防治重点害虫，不伤天敌。

- **准备灯光**：根据田间害虫发生量确定需要的灯光种类和灯光数量，建议购置，不建议自己在田间拉电悬挂普通灯泡。
  选择高压汞灯的一定要标注安全警戒。

- **定期更换诱集袋**：要及时地清除灯光诱杀的害虫，尤其是收集袋的虫尸会驱避害虫，影响诱杀效果。
  定期更换，尤其是虫量大时要更换勤一点。

【业务经验】

诱杀害虫的要点：

1. 诱捕点选择

诱虫灯的放置地点应尽量选择在远离公路和灯源、人为干扰少，且行走方便的林地（有电源为最好）。诱虫灯设置密度以灯光相互之间不影响为好（一般间隔 1 km 以上），用于防治上可加大密度。

2. 设置时间

一般根据目标成虫羽化期而定，宜在羽化前 5～10 d 内布置。

3. 设置方法

在选定的诱捕点处清理出平整的地面（3 m×3 m）～（30 m×30 m），按照不同诱虫灯的使用说明组装诱虫灯。固定式应将诱虫灯固定在地面；支架式应将支架埋入土中 1 m 左右，保持支架稳定，诱虫灯挂置在支架距地面（1.7±0.3）m 处。可根据目标昆虫的大小，调整电网的间隙距离。集虫袋安放在设定位置，定期取回。

4. 使用灯具

不同波长诱集的昆虫种类有差异。应根据监测昆虫种类，选择一定波长的灯管。

5. 开灯时间

每天太阳落山后 30 min（傍晚）开灯，太阳升起前 30 min（拂晓）关灯。具体可根据当地诱捕目标昆虫确定开关灯时间，如 20：00—24：00。

6. 诱捕时段

可按当地历年目标昆虫的羽化期和当年的气候条件，或者冬季和春季的调查结果推断其羽化始末期，调整诱捕时段。针对单一虫种的诱捕可在每一世代成虫始见前 3～5 d 开始、终末后 3～5 d 结束。

【工作任务实施记录与评价】

1. 灯光诱杀害虫任务实施记录表

年份：____________地点：____________记录人：____________

诱虫灯规格		品牌		目标害虫	
诱虫灯高度		诱虫灯诱杀方式			
诱杀灯的数量		单位面积诱虫灯数量		诱虫灯的光源	
诱虫灯诱集害虫种类及数量					

2. 灯光诱杀害虫任务实施总体评价

师傅指导记录	任务实施总体评价	评价成绩
		年　月　日

3. 学徒关键职业能力及职业品质、工匠精神评价

项目	A	B	C	D
工作态度				
吃苦耐劳				
团队协作				
沟通交流				
学习钻研				
认真负责				
诚实守信				

任务3　潜所诱杀害虫

在师傅指导和带领下，掌握潜所诱杀害虫的技术要点，制定潜所诱杀害虫的流程。

【任务目标与质量要求】

根据害虫的潜伏习性制定潜所诱杀害虫的工作程序。

【学习产出目标】

1. 熟知潜所诱杀害虫的方法和步骤；
2. 能够开展灯光潜所诱杀害虫。

【工作程序与方法要求】

工作程序	工作内容	要求
●了解具有潜伏习性的害虫	全面了解害虫的潜伏习性，明确害虫喜欢的场所，思考如何营造害虫喜欢的场所，为诱杀做好准备。	认真调查和查阅资料，确定具有潜伏习性的害虫。
●明确目标害虫	根据田间害虫的危害情况，调查具有潜伏习性的害虫种类，明确潜所的特点。	防治重点害虫，不伤天敌。
●建造潜所	根据目标害虫喜欢的场所，建造潜所，如在树干基部束扎稻草或麦秆诱引美国白蛾和松毛虫等蛾类幼虫，在害虫越冬或化蛹时集中杀灭。还可以利用树叶、菜叶设置潜所诱引地老虎等幼虫。	选择潜所不能以经济价值来衡量。
●定期更换潜所物质	要及时地清除潜所诱杀的害虫，同时更换潜所物质。	定期更换，尤其是虫量大时要更换勤一点。

【业务经验】

建造潜所的要点：

1. 场所选择

潜所设置地点应尽量选择在害虫活动频繁、人为干扰少，且行走方便的田间。场所设置密度根据害虫发生量及害虫活动范围适宜为好。

2. 场所设置时间

一般根据目标害虫的潜伏习性而定。

3. 设置形式

选择害虫喜欢的场所，人为地制造类似于真实环境的场所，可以是箱子、草把、麻袋片，也可以在田间挖坑，具体形式根据害虫喜欢的场所而定。

4. 诱捕时段

根据目标害虫特定的时间段对某种物质或者场所的喜好程度，确定诱捕时段。

【工作任务实施记录与评价】

1. 潜所诱杀害虫任务实施记录表

年份：__________地点：__________记录人：__________

潜所类型			潜所示意图		目标害虫	
潜所密度			潜所建造过程			
潜所诱杀害虫的数量			潜所诱杀优点		潜所诱杀缺点	

2. 潜所诱杀害虫任务实施总体评价

师傅指导记录	任务实施总体评价	评价成绩
		年　月　日

3. 学徒关键职业能力及职业品质、工匠精神评价

项目	A	B	C	D
工作态度				
吃苦耐劳				
团队协作				
沟通交流				
学习钻研				
认真负责				
诚实守信				

任务4　食饵诱杀害虫

在师傅指导和带领下，掌握食饵诱杀害虫的技术要点，制定食饵诱杀害虫的流程。

【任务目标与质量要求】

根据害虫的趋化性制定食饵诱杀害虫的工作程序。

【学习产出目标】

1. 熟知食饵诱杀害虫的方法和步骤；
2. 能够开展食饵诱杀害虫。

【工作程序与方法要求】

工作程序	工作内容	要求
了解具有趋化性的害虫	全面了解害虫的趋化性，明确害虫喜欢的食物，思考如何利用害虫的趋化性开展防治，为诱杀做好准备。	认真调查和查阅资料，确定具有趋化性的害虫。
明确目标害虫	根据田间害虫的为害情况，调查具有趋化性的害虫种类，细化害虫最喜欢的食饵及其特点。	防治目标害虫，不伤天敌。
准备食饵	根据目标害虫的喜好，准备食饵，如用糖醋酒水液诱杀夜蛾科害虫，也可以将食饵制成胃毒剂进行诱杀。	选择食饵不能以经济价值来衡量。
定期更换食饵	要及时地清除食饵诱杀的害虫，同时更换食饵。	定期更换，尤其是虫量大时要更换勤一点儿。

【业务经验】

食饵诱杀的关键技术：

(1) 食饵诱杀剂的制备一定要选择害虫最喜食的部位，若是新鲜的食物，一定要现采现用，不能选择放置很久的不新鲜的食物；

(2) 食饵诱杀剂的制备不能因价格太贵而随意更换成便宜的食物；

(3) 食饵防治点位不能太密，也不能太稀疏，要以田间害虫的发生数量来确定；

(4) 食饵一般和诱捕器结合使用，与胃毒剂结合使用，效果更佳。

【工作任务实施记录与评价】

1. 食饵诱杀害虫任务与实施记录表

年份：____________ 地点：____________ 记录人：____________

食饵类型		食饵释放方式		目标害虫	
食饵配方		食饵制作过程			
食饵诱杀害虫的数量		食饵诱杀优点		食饵诱杀缺点	

2. 食饵诱杀害虫任务实施总体评价

师傅指导记录	任务实施总体评价	评价成绩
		年　月　日

3. 学徒关键职业能力及职业品质、工匠精神评价

项目	A	B	C	D
工作态度				
吃苦耐劳				
团队协作				
沟通交流				
学习钻研				
认真负责				
诚实守信				

任务 5　以虫治虫

在师傅指导和带领下，掌握以虫治虫的技术要点，制定以虫治虫的流程。

【任务目标与质量要求】

根据害虫的天敌种类，制定以虫治虫的工作程序。

【学习产出目标】

1. 熟知以虫治虫的方法和步骤；
2. 能够开展以虫治虫。

【工作程序与方法要求】

工作程序	工作内容	要求
了解应用成熟的以虫治虫的案例	查阅资料，全面了解田间害虫的种类，了解该害虫以虫治虫的成功案例，思考分析当地是否可以采用以虫治虫。	认真调查和查阅资料，充分了解以虫治虫的成功案例。
选择天敌昆虫防治害虫	根据田间害虫的种类和发生情况，选择合适且应用成熟的天敌昆虫开展害虫防治。	防治目标害虫，不伤天敌。
准备天敌昆虫	根据目标害虫的危害盛期、天敌昆虫的时期，确定释放时间、释放方式等，购买或者人工饲养天敌昆虫。	天敌也是昆虫，不能使用杀虫剂。
人工释放天敌昆虫	根据田间害虫的种类、发生数量释放天敌昆虫，如赤眼蜂、金小蜂、绒茧蜂、捕食螨等。	定期观察，营造适宜天敌的环境。

【案例分析】

商河首次投放赤眼蜂卡，以虫防虫、绿色防治

当前正值玉米籽粒成熟的关键期，也是玉米螟为害的高峰期，为有效提升玉米中后期病虫害防控成效，近日，商河县首次开展赤眼蜂防治玉米螟工作，实现了以虫治虫、绿色防控。在商河县贾庄镇万亩良田示范中心，工作人员手持牙签和赤眼蜂卡，熟练地将防治玉米螟的“法宝”固定在嫩绿的玉米叶片上。一两天后，蜂群就会出“巢”，为玉米籽粒成熟保驾护航。据当地工作人员介绍，一个赤眼蜂卡在两三天之后会有 5 000 个虫卵孵出，一亩地一般投放两个赤眼蜂卡，赤眼蜂通过借壳产子，把卵产在玉米螟的卵中，从而消灭玉米螟的幼虫。赤眼蜂为卵寄生蜂，是玉米螟的天敌，成

虫长不到 1 mm，幼虫在蛾类的卵中寄生，能通过寄生作用来有效控制玉米等作物上的害虫。区别于传统的化学农药防治，赤眼蜂防治玉米螟技术是一项使用方法简单、省工、防治成本低，且安全、无毒，不污染环境的生物防治技术。

【业务经验】

以虫治虫的关键技术：

1. 利用天敌防治害虫要注意释放天敌时最好能够统防统治；
2. 天敌昆虫防治害虫效果较慢，若害虫大爆发还需要其他防治手段；
3. 天敌昆虫对化学农药也很敏感，不能在释放天敌的同时又使用农药。

【工作任务实施记录与评价】

1. 以虫治虫任务实施记录表

年份：__________地点：__________记录人：__________

天敌昆虫类型	寄生： 捕食：	天敌昆虫释放方式		目标害虫	
天敌昆虫来源		天敌昆虫释放时期			
天敌昆虫释放的形态		害虫的时期			
天敌昆虫控制害虫比例		天敌昆虫防治害虫的优点		天敌昆虫防治害虫缺点	

2. 以虫治虫任务实施总体评价

师傅指导记录	任务实施总体评价	评价成绩
		  年　月　日

3. 学徒关键职业能力及职业品质、工匠精神评价

项目	A	B	C	D
工作态度				
吃苦耐劳				
团队协作				
沟通交流				
学习钻研				
认真负责				
诚实守信				

任务6　以菌治虫

在师傅指导和带领下，掌握以菌治虫的技术要点，制定以菌治虫的流程。

【任务目标与质量要求】

根据现有致病微生物的防治对象、害虫的种类，制定以菌治虫的步骤。

【学习产出目标】

1. 熟知以菌治虫的方法和步骤；
2. 能够开展以菌治虫。

【工作程序与方法要求】

工作程序	工作内容	要求
● 了解应用成熟的以菌治虫的案例	查阅资料，全面了解田间害虫的种类，了解目标害虫以菌治虫的成功案例，思考分析当地是否可以采用以菌治虫。	认真调查和查阅资料，充分了解以菌治虫的成功案例。
● 选择致病菌	根据田间目标害虫的种类和发生情况，选择致病菌，熟悉该菌释放的条件。	防治目标害虫，不伤天敌。

准备致病菌	根据目标害虫的危害盛期、天敌昆虫的时期，确定释放形式，购买或者人工培育致病菌。	天敌也是昆虫，不能打杀虫剂。
开展致病菌防虫	根据田间害虫的种类、发生数量，结合田间栽培管理模式，开展以菌治虫。	定期观察，及时调查以菌治虫效果。

【案例分析】

长沙县林业局“以菌治虫”，生物防治森林病虫害

长沙县目前共有松林 90 万亩，占总林木面积的 70%，其中专门吸食松叶的松毛虫是全县发生量最大、危害面最广的森林害虫，主要品种有马尾松毛虫和思茅松毛虫。白僵菌是松毛虫幼虫的“天敌”之一。近日，长沙县林业局“杀虫特工队”全面出击，前期已在病虫害易发的安沙、高桥、金井等 10 个北部乡镇人工喷粉施放真菌类杀虫剂白僵菌 3 t，同时投放安置杀虫灯，对其成虫进行灯光诱杀。由于防治措施得力，目前全县暂未出现虫灾，下阶段将继续积极监测虫情。

【业务经验】

以菌治虫的关键技术：

（1）致病菌不能长期放置于阳光底下直射，以免紫外线照射失去活性；

（2）致病菌在田间作用效果较慢，如果是爆发性害虫请选择其他防治手段；

（3）使用致病菌防治害虫受湿度影响较大，田间相对湿度需要 90%以上，如果田间湿度不够会影响使用效果；

（4）使用致病菌不能和杀菌剂混合使用，以免造成浪费。

【工作任务实施记录与评价】

1. 以菌治虫任务实施记录表

年份：____________地点：____________记录人：____________

致病菌种类		致病菌释放方式		目标害虫	
致病菌来源		致病菌释放时期			
致病菌释放量		害虫的时期			
以菌治虫防效		以菌治虫优点		以菌治虫缺点	

2. 以菌治虫任务实施总体评价

师傅指导记录	任务实施总体评价	评价成绩
		年　月　日

3. 学徒关键职业能力及职业品质、工匠精神评价

项目	A	B	C	D
工作态度				
吃苦耐劳				
团队协作				
沟通交流				
学习钻研				
认真负责				
诚实守信				

专题4

农药（械）使用

农药（械）使用是病虫害防治的重要手段，农作物植保员作为技术人员必须掌握农药种类，会计算农药的用量，会配制农药，会开展农药的运输与保管工作，会根据田间病虫害的种类选择合适的方法进行防治。

【专业知识准备】

一、农药分类

根据农药定义及含义可知，农药种类繁多。为了便于认识、研究和使用农药，可根据农药的原料来源、用途、成分、防治对象、作用方式和作用机理等进行分类。

（一）根据原料来源分类

1. 无机农药

天然矿物原料加工制成的农药。如硫制剂的硫黄、石硫合剂；铜制剂的硫酸铜、波尔多液；磷化物的磷化铝等。

2. 生物源农药

生物源农药包括三类：第一类是植物源农药，是用天然植物加工制成的，所含有效成分是天然有机化合物，如除虫菊素、烟碱等；第二类是微生物源农药，是用微生物及其代谢产物制成的，如 Bt 乳剂、白僵菌、绿僵菌、颗粒体病毒、核型多角体病毒等；第三类是动物源农药，如捕食螨、赤眼蜂、澳洲瓢虫等。生物源农药具有对人畜安全、不污染环境、对天敌杀伤力小和有害生物不会产生抗药性等优点，是生产绿色农产品大力推广的农药品种。

3. 有机合成农药

即人工合成的有机化合物农药。这类农药的特点是药效高、见效快、用量少、用途广，可适应各种不同的需要，但是污染环境，易使有害生物产生抗药性，对人畜不安全。

（二） 按防治对象及作用方式分类

1. 杀虫（螨）剂

杀虫（螨）剂是用于防治害虫（螨）的农药。某些杀虫剂可用于防治卫生害虫、畜禽体内外寄生虫以及危害工业原料及其他产品的害虫。

（1）杀虫剂按作用方式分为：

①胃毒剂。杀虫（螨）剂随食物通过害虫口器摄食后，在肠液中溶解或者被肠壁细胞吸收到致毒部位，致使害虫中毒死亡。如敌百虫、除虫脲等。

②触杀剂。害虫接触到药剂时，药剂通过虫体表皮渗入虫体内，害虫正常生理代谢受到干扰或某些组织遭到破坏使害虫致死。如辛硫磷、氰戊菊酯、氯氰菊酯等。

③熏蒸剂。某些药剂在一般气温下即升华，挥发成有毒气体或经过化学作用而产生有毒气体，然后经由害虫的呼吸系统，如气孔（气门）进入虫体内，使害虫中毒死亡。如氯化苦、磷化铝、溴甲烷（只能用于检疫熏蒸处理）等。

④内吸剂。是指不论将药剂施到作物的哪一部分（根、茎、叶、种子）都能被作物吸收到体内，并随着植株体液传导到全株各部位。传导到植株各部位的药量足以使危害此部位的害虫中毒死亡，同时，药剂可在植物体内储存一定时间又不妨碍作物的生长发育。如吡虫啉、噻虫嗪等。

⑤驱避剂。药剂本身无毒害作用，但由于具有某种特殊气味或颜色，施药后可使害虫不愿接近或远避。当前，最为成功的驱避剂为预防蚊虫的避蚊胺。

⑥拒食剂。害虫在接触或摄食此类药剂后，会消除食欲，拒绝取食导致饥饿死亡。从天然存在于植物中人工分离出作为拒食剂的物质至今已有300多种。糖苷类、萜烯类、香豆素等都有较强的广谱拒食作用。

⑦引诱剂。能引诱昆虫的药剂即为引诱剂。有引诱作用的化学物质，在自然界多为能产生气味而弥散空间的有机物。如诱杀地老虎成虫的糖醋液、诱集棉铃虫产卵的嫩玉米丝提取液等。

⑧性信息素。性信息素是进行两性生殖的昆虫为互相识别而释放出的物质，通过此种物质可使雌雄昆虫接近，并导致交尾。一般多是雌性昆虫分泌并散发性信息素，引诱雄性昆虫产生性兴奋，但也有由雄性分泌的种类。有性引诱作用的性信息素普遍存在于昆虫中，仅鳞翅目昆虫已知有170多种。人们通过活体提取或人工合成这种物质，以引诱雄虫进行灭杀或由此预测害虫的发生期、发生量及危害情况，以便作出防治决策。当前生产上较广泛应用的有棉铃虫性信息素、棉红铃虫性信息素、玉米螟性信息素、家蝇性信息素等多种。

⑨绝育剂。此种药剂被昆虫摄食后，能破坏其生殖功能，使害虫失去繁殖能力。

雌性害虫虽经交配也不会产卵或虽能产卵也不能孵化。其优点是只对那些造成危害的目标害虫起防治作用，而对同一生态环境中的无害或有益昆虫无不良影响。

⑩昆虫生长调节剂。此类药剂通过对目标害虫施用后扰乱害虫正常生长发育而使害虫死亡或减弱害虫的生活能力。这类药剂有保幼激素、蜕皮激素、几丁质酶抑制剂等。

⑪杀卵剂。药剂与虫卵接触后，进入卵内降低卵的孵化率或直接进入卵壳使幼虫或虫胚中毒死亡。如石硫合剂可使卵壳变干、胚胎干死；一些油剂可阻碍蚊卵、叶面卵、苹果小卷蛾卵的呼吸，累积有毒代谢物使它们中毒死亡。

（2）杀虫剂按化学成分分为：

①无机杀虫剂。如砷酸钙、亚砷酸、氟化钠等。

②有机杀虫剂。包括天然的有机杀虫剂、人工合成有机杀虫剂。包括植物性杀虫剂，如鱼藤酮、除虫菊素、烟碱等；矿物性杀虫剂，如机油、柴油等；人工合成杀虫剂，包括有机氯类杀虫剂、有机磷类杀虫剂、氨基甲酸酯类杀虫剂、拟除虫菊酯类杀虫剂。如六六六（已禁用）、辛硫磷、异丙威、溴氰菊酯。

③生物杀虫剂。包括三大类：第一类是植物源杀虫剂，是用天然植物加工制成的，所含有效成分是天然有机化合物，如除虫菊素、鱼藤酮、烟碱、印楝素、苦楝素、川楝素等。第二类是微生物杀虫剂，是用微生物及其代谢产物制成的，如苏云金杆菌（Bt）、白僵菌、绿僵菌、颗粒体病毒、核型多角体病毒等。第三类是动物源杀虫剂，比如捕食螨、赤眼蜂、丽蚜小蜂等。生物源杀虫剂具有对人畜安全，不污染环境，对天敌杀伤力小和有害生物不会产生抗药性等优点。是生产无公害农产品大力推广的杀虫剂品种。

（3）按照毒理作用方式的不同可将杀虫剂分为：

①物理性毒剂。如矿物油等。

②原生质毒剂。如重金属、砷素剂、氟素剂等。

③呼吸毒剂。如磷化氢、硫化氢、鱼藤酮等。

④神经毒剂。如氯化烃类、芳香族类及烯族烃类、植物性杀虫剂（如烟碱、除虫菊素等）、有机磷酸酯类、氨基甲酸酯类等。

2. 杀菌剂

杀菌剂是指在一定剂量或浓度下，可以杀死植物病原菌或抑制其生长发育的农药。杀菌剂可根据作用方式、原料来源及化学组成进行分类。

（1）按杀菌剂的原料来源分为：

①无机杀菌剂。如硫黄粉、石硫合剂、硫酸铜、石灰波尔多液、氢氧化铜、乙酸铜等。

②有机硫杀菌剂。如代森铵、福美锌、代森锌、代森锰锌、福美双等。

③有机磷杀菌剂。如稻瘟净、克瘟散、乙磷铝、甲基立枯磷等。

④取代苯类杀菌剂。如甲基托布津、百菌清、敌克松等。

⑤唑类杀菌剂。如粉锈宁、多菌灵、恶霉灵、苯醚甲环唑、丙环唑等。

⑥抗生素类杀菌剂。如井冈霉素、多抗霉素、春雷霉素、农用链霉素、农抗120等。

⑦复配杀菌剂。如苯甲・嘧菌酯、恶霜・锰锌、霜脲锰锌、甲霜灵・锰锌、甲基硫菌灵・锰锌、甲霜灵・福美双可湿性粉剂等。

⑧其他杀菌剂。如甲霜灵、菌核利、腐霉利、扑海因、灭菌丹、克菌丹等。

（2）按杀菌剂的使用方式分为：

①保护剂。在病原微生物没有接触植物或没侵入植物体之前，用药剂处理植物或周围环境，达到抑制病原孢子萌发或杀死萌发的病原孢子，以保护植物免受其害，这种作用称为保护作用，具有此种作用的药剂为保护剂。如波尔多液、代森锌、硫酸铜、代森锰锌、百菌清等。

②治疗剂。病原微生物已经侵入植物体内，但植物表现症状处于潜伏期，药物从植物表皮渗入植物组织内部，经输导、扩散，或产生代谢物来杀死或抑制病原，使病株不再受害，具有这种治疗作用的药剂称为治疗剂或化学治疗剂。如甲基托布津、多菌灵、春雷霉素等。

③铲除剂。指植物感病后已经表现出明显的症状，施药能直接杀死已侵入植物的病原物，具有这种铲除作用的药剂为铲除剂。如石硫合剂等。

（3）按杀菌剂在植物体内的传导特性分为：

①内吸性杀菌剂。能被植物叶、茎、根、种子吸收进入植物体内，经植物体液输导、扩散、存留或产生代谢物，可防治一些深入到植物体内或种子胚乳内的病害，以保护作物不受病原物的侵染或对已感病的植物进行治疗，具有治疗和保护作用。如多菌灵、多霉清、霜疫清、甲霜灵、乙磷铝、甲基托布津、敌磺钠、三唑酮、恶霜・锰锌、拌种双等。

②非内吸性杀菌剂。指药剂不能被植物内吸并传导、存留。目前，大多数氨基酸水溶品种都是非内吸性的杀菌剂，此类药剂不易使病原物产生抗药性，比较经济，但大多数只具有保护作用，不能防治深入植物体内的病害。如硫酸锌、硫酸铜、百菌清、绿乳铜、石硫合剂、草木灰、波尔多液、代森锰锌、福美双等。

（4）按杀菌剂的施用对象分为：种子处理剂、土壤消毒剂、茎叶处理剂等。

3. 除草剂

除草剂是指用以消灭或控制杂草生长的农药，使用范围包括农田、苗圃、林地、花卉园林及一些非耕地。

（1）除草剂按作用性质分为：

①灭生性除草剂。某些除草剂，不加选择地杀死各种杂草和作物，这种除草剂称为灭生性除草剂，如草甘膦、草胺膦等。

②选择性除草剂。有些除草剂能杀死某些杂草，而对另一些杂草无效，对一些作物安全，对另一些作物有伤害，此谓选择性，具有这种特性的除草剂称为选择性除草剂。例如，二甲四氯只能杀死鸭舌草、水苋菜、异型莎草、水莎草等杂草，而对稗草、双穗雀稗等禾本科杂草无效，对水稻安全，适于稻田、麦田、玉米田内使用，但对棉花、大豆、蔬菜等阔叶作物则有严重药害。又如，敌稗能杀死稗草，对水稻安全；西马津能杀死马唐、藜等多种一年生杂草而对玉米安全；还有禾草灵、野燕枯能杀死野燕麦而对小麦安全等。

除草剂的选择性不是绝对的，而是相对的，即除草剂的选择性不是指对作物一点伤害也没有，而是在一定对象、剂量、时间、方法和条件下的选择性，选择性好坏由选择性系数所决定。

（2）除草剂按照作用方式分为：

①内吸性除草剂。一些除草剂能被杂草根、茎、叶分别或同时吸收，通过输导组织运输到植物体的各部位，破坏它的内部结构和生理平衡，从而造成植株死亡，这种方式称为内吸性，具有这种特性的除草剂叫内吸性除草剂。如二甲四氯、草甘膦可被植物的茎、叶吸收，然后运转到植物体内各个部位，包括地下根茎，所以草甘膦能防除一年生杂草外，还能有效防除多年生杂草。

②触杀性除草剂。某些除草剂喷到植物上，只能杀死直接接触到药剂的那部分植物组织，但不能内吸传导，具有这种特性的除草剂叫触杀性除草剂。这类除草剂只能杀死杂草的地上部分，对杂草地下部分或有地下繁殖器官的多年生杂草防治效果较差，如草铵磷、灭草松等。

（3）除草剂按施用对象分为：

①土壤处理剂。即把除草剂喷撒于土壤表层或通过混土操作把除草剂拌入土壤中到一定深度，建立起一个除草剂封闭层，以杀死萌发的杂草。除草剂的土壤处理除了利用生理生化选择性来消灭杂草之外，在很多情况下是利用时差或位差来选择性灭草的。如氟乐灵、二甲戊灵等。

②茎叶处理剂。即把除草剂稀释在一定量的水或其他惰性填料中，对杂草幼苗进行喷洒处理，利用杂草茎叶吸收和传导来消灭杂草。茎叶处理主要是利用除草剂的生理生化选择性来达到灭草保苗的目的，如精喹禾灵、高效盖草能等。

（4）除草剂按照施用时间分为：

①播前处理剂。指在作物播种前对土壤进行封闭处理，如在棉花田使用氟乐灵、麦田使用野麦畏，都是在棉花或麦子播前把除草剂喷洒到土壤中，并拌入土壤中到一

定深度，以便为杂草幼根、幼芽所吸收，并可防止或减少除草剂的挥发和光解损失。

②播后苗前处理剂。即在作物播种后出苗前进行土壤处理，此法主要用于杂草芽鞘和幼叶吸收向生长点传导的除草剂，对作物幼芽安全。

③苗后处理剂。指在杂草出苗后，把除草剂直接喷洒到杂草植株上。也有些灭生性除草剂如草甘膦可以在杂草生长中后期进行灭生处理。苗后除草剂一般为茎叶吸收并能向植物体其他部位传导的除草剂。

（5）除草剂按化学结构分类：现有的除草剂按化学结构大致分为酚类、苯氧羧酸类、苯甲酸类、二苯醚类、联吡啶类、氨基甲酸酯类、硫代氨基甲酸酯类、酰胺类、取代脲类、均三氮苯类、二硝基苯胺类、有机磷类、苯氧基及杂环氧基苯氧基丙酸酯类、磺酰脲类、咪唑啉酮类以及其他杂环类等。

4. 植物生长调节剂

植物在整个生长过程中，除需要日光、温度、水分、矿物等营养条件外，还需要有某些微量的生理活性物质。这些极少量生理活性物质的存在，对调节控制植物的生长发育具有特殊作用，故被称为植物生长调节物质。植物生长调节物质可分为两类：一类是植物激素，另一类是植物生长调节剂。

植物激素都是内生的，故又称内源激素。若想从植物内提取植物激素，再扩大应用到农业生产方面，是很困难的。而植物生长调节剂则是随着对植物激素的深入研究而发展起来的人工合成剂，它具有天然植物激素活性，有着与植物激素相同的生理效应，对植物的生长发育起着重要的调节功能。植物生长调节剂可以调控植物发育程序，增强作物对环境变化的适应性，使作物的生育更有利于良种潜力的充分发挥。

植物生长调节剂按作用方式可分为：

（1）生长素类。促进细胞分裂、伸长和分化，延迟器官脱落，可形成无籽果实。如吲哚乙酸、吲哚丁酸等。

（2）赤霉素类。促进细胞伸长、开花，打破休眠等。如赤霉素（GA3）。

（3）细胞分裂素类。主要促进细胞分裂，保持地上部绿色，延缓衰老。如玉米素、二苯脲（DPU）等。

（4）乙烯释放剂。用于抑制细胞伸长生长，引起横向生长，促进果实成熟、衰老和营养器官脱落。如 2-氯乙基膦酸（乙烯利）。

（5）生长素传导抑制剂。能抑制顶端优势，促进侧枝、侧芽生长。如氯芴醇（整形素）。

（6）生长延缓剂。主要抑制茎的顶端分生组织活动，延缓生长。如矮壮素、缩节胺、多效唑等。

（7）生长抑制剂。可破坏顶端分生组织活动，抑制顶芽生长，但与生长缓慢剂不同，在施药后一定时间，植物又可恢复顶端生长。如马来酰肼（青鲜素）。

（8）油菜素内酯（BR）。能促进植物生长，增加营养体收获量，提高坐果率，促进果实膨大，增加粒重等。在逆境条件下，能提高作物的抗逆性，应用浓度极低。如农乐利。

5. 杀鼠剂

防治鼠等啮齿动物的农药，多应用胃毒、熏蒸作用直接毒杀的方法。但存在人畜中毒或二次中毒的危险。因此，优良的杀鼠剂应具备：

（1）对鼠类毒性大，有选择性；

（2）不易产生二次中毒现象；

（3）对人畜安全；

（4）价格便宜。

但符合上述全部要求的杀鼠剂并不多，使用时应强调安全用药的时间和方法。杀鼠剂按作用方式可分为胃毒杀鼠剂、熏蒸杀鼠剂、驱鼠剂和诱鼠剂、不育剂等四大类。

第一类，胃毒杀鼠剂。通过取食进入消化系统而使鼠类中毒致死的杀鼠剂。这类杀鼠剂为源于海葱素、毒鼠碱的植物性杀鼠剂，适口性好、杀鼠效果好，对人畜安全，由于药源限制，市场供应很少。目前，市场供应的主要有安妥、杀鼠迷、克灭鼠、溴敌隆、溴鼠隆等无机和有机合成杀鼠剂。

第二类，熏蒸杀鼠剂。经呼吸系统吸入有毒气体而毒杀鼠类的杀鼠剂，这类杀鼠剂多兼作为熏蒸杀鼠剂，如氯化苦、磷化氢等。其优点是不受鼠类取食行动的影响，作用快，无二次毒性；缺点是用量大，施药时防护条件及人员操作技术要求高，操作费工，难以大面积推广。

第三类，驱鼠剂和诱鼠剂。驱赶或诱集而不直接毒杀鼠类的杀鼠剂。驱鼠剂是使鼠类避开，不致啃咬毁坏物品。例如，用福美双处理种子、苗木可避免兔鼠为害，但一般持效期不长。诱鼠剂只起到诱集鼠的作用，必须和其他杀鼠剂结合使用。诱鼠剂的缺点是施药后残效期较短，效果难以持久。

第四类，不育剂。通过药物作用使雌鼠或雄鼠不育而降低其出生率，达到防除目的，属于间接杀鼠剂，亦称化学绝育剂。其优点是较使用直接杀鼠剂安全，适用于耕地、草原、下水道、垃圾堆等防鼠困难场所。雌鼠绝育剂有多种甾体激素，雄鼠绝育剂有氯代丙二醇、呋喃旦啶等。

6. 杀线虫剂

用于防治有害线虫的一类农药。杀线虫剂有挥发性和非挥发性两类，前者起熏蒸作用，后者起触杀作用。一般应具有较好的亲脂性和环境稳定性，能在土壤中以液态或气态扩散，从线虫表皮透入起毒杀作用。多数杀线虫剂对人畜有较高毒性，有些品种对作物有药害，故应特别注意安全使用。

大多数杀线虫剂是杀虫剂或杀菌剂、复合生物菌扩大应用而成。常用的杀线虫剂主要分为：复合生物菌类、卤代烃类、异硫氰酸酯类、有机磷和氨基甲酸酯类。

（三） 按照毒性的高低分类

农药按照毒性的高低可以分为高毒农药、中毒农药和低毒农药。

（四） 按照物理性状分类

农药按照物理性状可以分为固体农药、液体农药、气体农药和半固体农药。

二、 农药剂型

（一） 原药

原药是指在工厂中合成的化学成品，就是在合成和制造过程中得到的有效成分或副产物杂质所组成的最终产物。简单地说，就是未经加工的农药叫原药，固体状态的原药叫原粉，液体状态的原药叫原油。农药除了极少数水溶性很强或挥发性强的农药可直接用水或空气分散之外，绝大多数原药经化学合成后，由于不溶水或难溶于水，及农田单位面积需用农药有效含量特别少等原因，必须与一定量、一定种类的助剂、载体相配合。

（二） 剂型概念

农药原药加入辅助剂，经过加工制成便于使用的一定药剂形态，叫作剂型。如固体制剂类的粉剂、可湿性粉剂、可溶性粉剂、颗粒剂、片剂等；液体制剂类的乳油、悬浮剂、水剂等。

（三） 农药制剂

农药制剂为精细化工产品，农药有效成分可得到经济、高效、方便和安全使用。通常由三部分组成：第一部分是农药有效成分的含量；第二部分是原药的名称；第三部分是加工的剂型。例如，95％敌敌畏乳油、70％代森锰锌可湿性粉剂、2.5％溴氰菊酯乳油、3％辛硫磷颗粒剂等。

理论上，一种农药原药可以加工成很多剂型，但是，在实际应用中，剂型的选择，应取决于使用上的必要性、安全性和经济上的可行性。据国际农药制造商协会联合会（GIFAP）公布的资料，目前已有剂型 60 多种。在农业生产实践中，人们对农药剂型的要求将会越来越高。过去占统治地位的剂型如乳油、可湿性粉剂、粉剂和颗粒剂越来越受到冲击，国内外农药剂型正朝着水基性、粒状、缓释、多功能及省力化的方向发展。

（四） 农药剂型的类别

农药剂型按照形态、使用方法、组成、性能等归纳如表 3-2 和表 3-3 所示。

表 3-2 农药剂型物态分类

形态	使用方法		
	直接	稀释后	特殊（气态分散系）
固态	粉剂、超微粉、粗粉剂、漂浮性粉剂、粒剂、细粒剂、微粒剂、大粒剂、粉粒剂、漂浮性粒剂、种衣剂、拌种剂、毒饵、胶饵、缓释剂	可湿性粉剂、可溶性粉剂、水分散粒剂、干油悬剂、固态乳剂	烟剂、蚊香、熏蒸性片剂
半固态	糊剂、膏剂、诱捕剂	悬浮剂、油悬剂、微囊悬浮剂	
液态	超低量油剂、油剂、成膜油剂、静电喷雾剂、涂抹剂	乳油、油剂、水剂、水乳剂、可溶性液剂	压缩气体、气雾剂、热雾剂

表 3-3 农药剂型种类

剂型	组成	性能	使用方法	举例
粉剂（DP）	原药＋填料（黏土、滑石粉等）＋少量助剂	优点：易加工、直接使用，不用水，成本低，功效高。缺点：容易飘逸、有效成分填料分离，环境污染大。	喷粉、拌种、土壤处理	5%敌百虫粉剂、5%苦参碱粉剂
可湿性粉剂（WP）	原药＋填料（载体）＋表面活性剂（润湿剂、分散剂）＋稳定剂	优点：在运输、包装、使用环节更为安全、方便。缺点：加工质量差，水中不易分解，容易堵塞喷雾器喷头。	喷雾、灌根、泼浇	70%甲基托布津可湿性粉剂、10%吡虫啉可湿性粉剂
可溶性粉剂（SP）	原药（溶于水）＋填料（水溶性）＋助剂	优点：贮存时化学稳定性好，加工和贮运成本相对较低，不会堵塞喷头。	喷雾、灌根、拌种	72%农用硫酸链霉素可溶性粉剂、90%疫霉灵可溶性粉剂
乳油（EC）	原药＋溶剂＋乳化剂	优点：形状稳定，具有较长残效期，易运输和保存。缺点：对植物的毒性风险大，具有较强腐蚀性，含有大量有机溶剂，造成环境污染。	喷雾、拌种、土壤处理	20%三唑酮乳油、10%赛乐收乳油
颗粒剂（GR）	原药＋载体＋填料＋助剂	优点：使高毒农药低毒化，延长持效期，使用方便。缺点：填料使用量大。	直接撒施	0.3%辛硫磷颗粒剂、0.06%噻虫胺颗粒剂

续表 3-3

剂型	组成	性能	使用方法	举例
水分散粒剂（WG）	原药＋高水吸附性材料＋凝固剂＋助剂（润湿剂、分散剂、崩解剂等）	优点：无粉尘，运输、贮存、使用方便。缺点：加工工艺复杂，成本高，助剂用量大。	喷雾、拌种、土壤处理（不可直接撒施）	50%烟酰胺水分散粒剂、10%丙硫多菌灵水分散粒剂
水剂（AS）	原药（水溶性）＋助剂＋水	优点：与乳油相比，加工时不需用有机溶剂，仅需加适量表面活性剂，药效与乳油相当。缺点：性状不稳定，贮存易分解。	喷雾、拌种、土壤处理	1%中生霉素水剂、5%井冈霉素水剂
水乳剂（EW）	原药（不溶于水）＋有机溶剂（不溶于水）＋助剂＋水	优点：减少有机溶剂用量，生产、运输安全性高，毒性低。缺点：易产生破乳现象，储存稳定性低。	喷雾	45%咪鲜胺水乳剂、60 g/L 叶菌唑水乳剂
微乳剂（ME）	原药（不溶于水）＋有机溶剂（不溶于水）＋水＋表面活性剂	优点：有机溶剂用量小，药剂粒子分散度好。缺点：水分含量大，稳定性差。	喷雾	20%腈菌唑微乳剂、25%四氟咪唑微乳剂
悬浮剂（SC）	原药（不溶于水）＋助剂（润湿剂、分散剂、稳定剂等）＋水	优点：粒子细，残效期和耐雨冲刷能力强。缺点：加工工艺复杂，容易沉淀分层。	喷雾	20%烯酰吗啉悬浮剂、45%异菌脲悬浮剂
种衣剂（FSC）	原药＋特殊的成膜剂＋助剂	优点：易黏附在种子表面，改善种子外观。	拌种	45%克菌丹种衣剂、1.5%三唑醇种衣剂
油剂（OS）	原料＋油质溶剂＋助剂	优点：黏附性高，耐雨水冲刷。缺点：易引起植物药害。	弥雾法、超低容量喷雾	86%十三吗啉油剂、25%敌百虫油剂
烟剂（FU）	原药＋化学发热剂＋助剂	优点：施用功效高，分布均匀。缺点：生产或运输过程安全性差。	熏烟	15%异丙威烟剂、10%百菌清烟剂
缓释剂（CRF）	原药＋载体（封闭剂、解析剂）＋助剂	优点：延长农药的持效期、减少施药次数、降低用药量和药剂的使用毒性。缺点：加工成本高。	直接撒施	28%敌敌畏缓释剂、240 毫克/条梨小性迷向素缓释剂

除上述介绍的剂型外，还有气雾剂、乳膏剂、追踪粉剂、防蛀剂、毒饵、混合剂等。

三、 农药的使用方法

（一） 使用方法的概念

为把农药施用到目标物上所采用的各种施药技术措施，称为农药的使用方法。使用农药来防治有害生物，目的是要用最少的农药获得最佳防治效果，且不能引起人、畜中毒和环境污染。这就表明在使用农药时，不仅要考虑农药种类、剂型、药量的选择，而且还要考虑植物形态、防治对象、施药环境及选择的施药工具和技术等，然后经过归纳综合分析筛选，确定最佳的使用方法。

（二） 农药使用方法的类别

目前，我国常见的农药使用方法有喷雾法、喷粉法、种苗处理法、撒颗粒法、熏蒸法、烟雾法、毒饵法、涂抹法等，且随着科学技术的进步、生产的需要和环保意识的增强，使用方法也不断改善和增多。

1. 喷雾法

喷雾法是指利用喷雾机具，使喷射出的细小雾滴均匀地覆盖在植物及防治对象上的施药方法。它是在农药施用中最常用的一种方法，可供喷雾使用的剂型有：微乳剂、水剂、可湿性粉剂、可溶性粉剂、悬浮剂、水分散粒剂、超低容量喷雾剂等。喷雾法的优点是药液可直接接触防治对象，而且分布均匀，见效比较快，防效比较好，方法简单，容易操作。缺点是药液容易飘移流失，药液易沾污施药人员而引起中毒，并受水源限制。

影响喷雾效果的因素很多，主要归纳为以下几个方面：农药的理化性能，如液滴在固体表面的湿展性等；药械对药液的雾化情况；生物表面的结构特点，如同种药液对茸毛多、蜡质层厚的叶面不易湿展，而对茸毛少、蜡质层薄的叶面则较易湿展。常见的作物，按湿展难易程度排列次序如下：稻＞麦＞花生＞甘蓝＞葱＞大豆＞柑橘＞烟草＞马铃薯＞桃＞李＞梨＞柿＞苹果＞茶＞桑等。药液在不同昆虫体壁上湿展的差异也往往很大，如某些害虫具有保护层（介壳虫）和厚蜡质层（苹果绵蚜）等，一般药液很难在其体表湿展。水质对药液也有影响，如水的硬度大小，硬水对乳液和悬浮液的稳定性破坏作用很大，有的药剂在硬水中可能转变成为非水溶性或难溶性的物质而丧失药效，如 2，4-D 钠盐等，有些硬水的硬度大，通常碱性亦大，一些药剂易被碱分解，严重影响药效。喷雾时遇大风，喷后遇雨，也影响喷雾效果。

依据药液雾化的原理主要分为压力雾化法、旋转离心雾化法、弥雾法等三种。

①压力雾化法。药液在压力下通过狭小喷孔而雾化的方法称压力雾化法，这种雾化方法的特点是喷雾量很大，但雾化的雾滴粗细程度差异很大。

②旋转离心雾化法。又称超低容量弥雾法，旋转离心雾化的机械有两种，一种为电动手持超低容量喷雾器，在其喷头上安装圆盘转碟，转碟边缘有一定数量的半角锥

齿。药液滴在高速转动的圆盘上，药液抛到空气中，形成雾浪，随气流弥散。另一种为在工农-18 型背负式弥雾喷粉机的喷口部位换装 1 只转盘雾化器，也能达到离心雾化的效果。这种雾化方法的雾化细度取决于转盘的旋转速度和药液的滴加速度，转速越高，药液滴加速度越慢，则雾化越细。

③弥雾法雾化法。弥雾法雾化的过程分为两步连续进行：第一步，药液箱内的药液受压力而喷出直径较粗的雾滴；第二步，它们立即被喉管的高速气流吹张开，形成一个个小液膜，被空气碰撞破裂而成弥雾。

除以上几种雾化原理外，还有利用超声波原理、机械振动原理来雾化，不过应用的范围很窄，有些作为商品还比较困难。

喷雾法是当前使用最广泛的施药方法，发展很快，具体方法较多，按用药量可分为：常量喷雾法、中容量喷雾法、低容量喷雾法、很低容量喷雾法、超低容量喷雾法。根据我国国情及习惯，在实际生产应用中，通常分为常量喷雾法、低容量喷雾法和超低容量喷雾法三种类型。

（1）常量喷雾法。常量喷雾法，又称高容量喷雾法。常量喷雾的药械有人力加压的工农-16 型背负式喷雾器和动力加压的工农-36 型机动喷雾器。常量喷雾常用的剂型一般可选用乳油、可湿性粉剂、悬浮剂、可溶性粉剂和水剂等，常量喷雾与喷粉比较，具有附着力强、残效期长、效果高等优点。但是存在着工作效率低、劳动强度大、药液易流失浪费、用水量多、污染土壤和环境等缺点。常量喷雾法从作用的动力来分，有手动喷雾法、机动喷雾法和航空喷雾法等三类。

①手动喷雾法。是以手动方式产生的压力使药液通过液力式喷头喷出，与外界静止的空气相冲撞而分散成为雾滴的施药方法。它是我国最普遍的喷雾方法，它适合于小规模农业结构，尤其适合个体农户使用。手动喷雾器的喷头喷孔片，应根据作物和病虫情况选用，一般作物的前期喷药，应选用小号喷孔片，如棉花、油菜等作物的幼株期等。喷雾量增加时应换用中号或大号的喷孔片。

②机动喷雾法。以机械或电力作为雾化或喷洒动力的喷雾方法叫作机动喷雾法。其特点是工作压力高、射程较远、雾滴细、工作效率高，既可用于草坪，又可用于农田、果园等处的病虫害防治。喷雾车是目前应用较多、综合防治效果较好的一种病虫害防治机械。它通常以汽车或拖拉机为主机，配置喷雾设备，向植株喷洒药液进行作业。

③航空喷雾法。航空喷雾法是指利用飞机装载喷雾机进行喷雾的一种施药方法，可以常量喷雾，也可低容量喷雾和超低容量喷雾。适用于连片种植的作物，以及果园、草原、森林荒滩等地块。适用于飞机喷洒的农药剂型有粉剂、可湿性粉剂、水分散性粒剂、悬浮剂、干悬浮剂、乳油、水剂、油剂等。

（2）低容量喷雾法。低容量喷雾的药液用量一般为每公顷 7.5～450 L，喷出的雾滴直径为 100～200 μm，使用的药械有东方红-18 型背负式弥雾喷粉机、手动工农喷雾器等，都采用小孔径的喷孔片。低容量喷雾与常量喷雾比，其显著特点是省工、省药、省水、费用低、工作效率高、防治及时。与超低容量喷雾比，具有农药剂型要求不高（所有可用于常量喷雾的剂型均可用于低容量喷雾），对气象条件要求不严格，对器械要求不严格，简单易行，容易掌握。

（3）超低容量喷雾。超低容量喷雾的药液用量一般在每公顷 7.5 L 以下，雾滴直径为 70 μm 左右。超低容量喷雾法一般选用专供此种方法用的油剂（超低容量喷雾剂）。超低容量喷雾，由于喷洒时雾滴十分细小，而且用油配制不易蒸发，在植株中的穿透性好，从而达到较好的防治效果。但是，超低量喷雾时，要注意：一要选择无风或微风天气进行，要避开中午前后上升气流大、气温高时作业，以减少雾滴的挥发和飞逸；二要注意施药安全，防止施药人员经皮肤或呼吸道摄入高浓度的药液而引起中毒。

静电喷雾法也是一种超低容量喷雾技术，是通过高压静电发生装置使喷出的雾滴带电荷的喷雾方法。这种带电雾滴受作物表面感应电荷吸引，对作物产生包抄效应，将作物包围起来，因而可沉积到作物叶片的正面和背面，从而提高了防治效果。静电喷雾法的缺点是带电雾滴对植物冠层的穿透能力较差，大部分沉积在靠近喷头的靶标上；若用带风机的机动静电喷雾机则可借助风力形成的气流辅助输送雾滴，就可明显改善喷雾质量。

2. 撒施法

撒施法是将颗粒剂或配制的毒土直接撒施在田间地面、水面或植株特定部位的一种施药方法。对毒性高或易挥发的农药品种，不便采用喷雾和喷粉方法，可以制备成颗粒剂撒施。该法无须配制药液，可以直接使用，方便、省工，且无粉尘和雾滴飘移。

3. 泼浇法

泼浇法是指将稀释成一定浓度的药液均匀地泼浇到农作物上或果树树盘下面，来防治病虫害的一种施药方法。此法用药量比喷雾法稍多，用水量比喷雾法多达 10 倍，一般每 667 m^2 用水 400～500 L。泼浇法在稻田使用最多，主要用于防治稻株下部活动的水稻螟虫、稻飞虱等害虫。

4. 毒饵法

毒饵法，即用农药和害虫等有害动物喜食的饵料配制成毒饵，并同时撒到一定的场所，来毒杀害虫等有害生物的一种施药方法。该法适用于诱杀具有迁移活动能力、咀嚼取食的有害动物，如害鼠、害虫等。

毒杀害虫常用的饵料可用豆饼、花生饼、麦麸等，用药量一般为饵料量的 1%～3%。也可用鲜水草或野菜，药剂用量一般为饵料量的 0.2%～0.3%。

5. 拌种法

拌种法是将所选用的药剂按照一定比例与种子混合，使种子表面形成一层药膜的种子处理方法。一般采用一种在能旋转的容器（拌种器）装入种子及称好的药剂，使之以 40～50 r/min 的速度旋转，处理数分钟即可。注意转速不宜快，带毛的种子（如带绒毛的棉籽）不能用拌种器。另外用一定量的药液与种子拌匀后，再堆闷一段时间，使种子收尽药液，这也是拌种的一种方法，多称为湿拌或闷种。拌种法的技术关键是药剂称量要准确，拌种时要使种子表面着药均匀。拌过药的种子不需要其他处理，要立即播种，不可久置。

6. 浸种法

浸种法是将种子浸渍在一定浓度的药液中，浸泡一定的时间，然后再捞出晾干的一种方法。通过浸种或浸苗，可使种子充分吸水，以利催芽播种，可以使种苗吸收农药，防止病虫入侵，可以杀死种子及秧苗、苗木或插条等内外的病菌或害虫。用于浸种苗的药剂多为水剂或乳油、悬浮剂，也可以用可湿性粉剂。浸种时，药液用量以浸没种粒为限。浸种药剂可连续使用，但注意要及时补充所减少的药液量。浸种温度一般在 10～20 ℃，温度高时，应适当降低药液浓度或缩短浸种时间。药液浓度、温度、浸种时间、剂型要求，对各种种子均有一定的适用范围。

7. 喷粉法

喷粉法利用机械产生风力把粉剂吹散，使粉粒覆盖在靶标及作物表面，并要求药粉能在靶区产生有效沉积，以达到较好的田间防治效果。喷粉法的主要优点是工效高，作业不受水源限制，在干旱、缺水的地区更具有应用价值。细粉粒的药效好、沉积覆盖也比较均匀。缺点是粉粒飘移性强，易污染环境，所以喷粉法的使用越来越受到限制。目前主要应用在封闭的温室、大棚，郁闭度高的森林、果园、高秆作物、生长后期的棉田和水稻田。飞机喷粉技术主要应用在大面积水生植物如芦苇、辽阔的草原、滋生蝗虫的荒滩等。

喷粉法按采用的施药手段可分为手动喷粉法、机动喷粉法、粉尘法、静电喷粉法等。

（1）手动喷粉法。手动喷粉法是用手摇喷粉器进行喷粉的方法。目前国内常用的有丰收-5 型胸挂式手摇喷粉器和丰收-10 型背负式手摇喷粉器，两者工作原理相同。喷粉时，药桶装粉前，先把开关关上，药粉不可装满，一般不超过桶体积的 3/4，黏重的药粉还应更少些，以便空气流通。转动摇柄的速度要快慢一致，一般为 30～35 r/min，喷粉管应放平，或稍向前下方倾斜，以利于药粉排出。

（2）机动喷粉法。机动喷粉法即使用背负式弥雾喷粉机或拖拉机喷粉机进行田间喷粉的施药方法。目前主要使用背负式弥雾喷粉机，如东方红-18 型弥雾喷粉机。喷粉时有直管（短管）和长塑料薄膜管喷撒之分。直管喷粉适用于短距离喷粉，喷粉时，右手提喷粉管控制喷向，左手操纵粉门操纵杆控制喷粉量。喷口距作物 2 m 左右，射程约 15 m。在无风或一级风时，是针对性喷施作业，机手行走的同时左右摇动喷头，一般以走一步将喷头左右各摆动一次为宜。当风力较大时，走向最好与风向垂直，喷向与风向一致或稍有夹角，从下风向的第一个喷幅的一端开始喷粉。长塑料喷雾喷粉，即将直管更换成长塑料薄膜喷管进行喷粉，喷粉时将小孔转朝向地面或向后倾斜，由两人操作，一人背机并操纵油门、粉门和长管的一端，另一人拉住长喷管的另一端，使喷管横跨农田，两人平行前进。行走速度要一致，保持喷管有一定弧度，不要硬拉喷管。切不可使喷管与地面摩擦，一般可以用汽油机的转速和排粉量来控制漂浮程度。汽油机转速增加，排粉量减少，喷管就向上飘；反之，则喷管往下沉。

(3) 粉尘法。粉尘法是在封闭的温室、大棚等保护地种植的植物上进行手动喷粉的一种特殊形式。粉尘法所用的粉剂必须通过 325 目标准筛，粉粒的粒度有 50%以上小于 20 μm，粉剂的容积比重达到 0.6 g/cm^3 以下。

粉尘法施药技术规范：在温室、大棚中粉尘法施药时，只需沿直线从里面一端慢慢走向外面一端，喷粉管平直或稍上，不可把喷粉器的喷口对准植物进行喷撒，否则不但喷撒沉积不均匀，反而容易引起粉剂堆积过多，浪费用药或引发药害；晴天采用粉尘法施药，最好选择在傍晚进行，因为在阳光较强时喷粉，叶片表面“热致迁移现象”比较强，细粉沉积时间过长，不容易很快沉积在叶片上；叶面结露后，闭棚太久不宜喷粉，因为棚室内开始结露，室内空气湿度增大，叶面开始有露水，粉尘扩散分布受阻，粉尘的沉积均匀性将会降低。

(4) 静电喷粉法。静电喷粉法是在用静电喷粉机进行喷粉时，通过喷头的高压静电给农药粉粒带上电荷，又通过地面给作物的叶片和叶片上的害虫带上相反的异电荷，靠这两种异性电荷的相互吸引力，把农药粉粒紧紧地吸着在叶片上或害虫体上，其附着量比常规非静电喷粉多 5～8 倍。粉粒越细小，越容易附着在叶片和害虫体上。

天气对静电喷粉的效果有一定的影响。一般来说，气温的影响不大，但空气湿度的影响比较大。潮湿能使粉粒带电量减少，且易失去电荷；风力能影响静电喷粉的效果，在风速 1.5～2.5 m/s 的情况下，随着风速的增加，靶标作物上附着药剂的量逐渐减少，风速达 3 m/s 以上，则影响更大。因而应选择在无风或风力很小的晴天进行静电喷粉。

8. 注射法

注射法，即在树干的适宜位置钻孔深达木质部，再注入内吸性农药，从而达到防虫治病目的的一种施药方法。药剂注入植物体后，随树体的水分运动而发生纵向运输和横向扩散从而均匀地分布在植物体内。主要用于防治林木、果树、行道树等蛀干害虫。

注射法包括高压注射法，即利用 XH 轻型高压树干注入器，或 JZ-3 型手压式树干注射机，在一定压力下，将药液注入树干、树根内。另外，还有自流注入法、灌注法、虫孔注射法等。

9. 涂抹法

涂抹法是将配制成的药液或糊状制剂，涂抹在植株的特定部位上防治病虫害的一种施药方法。所选用的农药是内吸剂或是能比较牢固地黏附在植物表面上的触杀剂，但一般需要配加适宜的黏着剂。例如，在树干上涂抹杀菌剂、杀虫剂或杀螨剂，可以杀灭在树干上栖息、蛰伏或直接为害的有害生物。另外，利用药剂的内吸作用，对植株局部涂抹施药，药剂内吸输导到叶片，毒杀刺吸式口器害虫。如对玉米、棉花可以涂茎杀蚜。用药剂涂抹瓜果类的花器，可以保花、保果，提高坐果率。涂抹法能集中用药、省药、减少污染，但费工。

10. 土壤处理法

土壤处理法，即对土壤表面或土壤表层进行药剂处理的一种施药方法。剂型可以用颗粒剂、胶囊剂、微胶囊剂等固态药剂，乳油等液态药剂，也可以用气体药剂。该方法能防治土壤中有害生物、杂草及种子携带的病虫，内吸性药剂经种子、幼芽或根吸收后也能杀灭地上的有害生物。一般对农田进行喷雾、撒粉、撒粒、浇灌、土壤熏蒸等药剂处理。用药时，要考虑到土壤质地、有机质含量、土壤颗粒成分、土壤水分、土壤 pH、土壤微生物等，还有雨水、灌溉水等一些因素，因为它们能影响农药的性能、半衰期和残效期，如除草剂草甘膦施入土壤后会很快与土中的铁、铝等金属离子结合而失去活性。土壤处理可按施药范围或方式分为撒施、沟施、穴施、浇施、根区施药等。

任务 1　农药品种识别

在师傅指导和带领下，掌握农药品种识别要点，制定农药品种识别的流程。

【任务目标与质量要求】

根据农药的标签信息识别农药品种，制定农药品种识别的步骤，完成农药识别记录表。

【学习产出目标】

1. 熟知市场上常见的农药品种；
2. 能够通过标签及外包装识别农药品种。

【工作程序与方法要求】

工作程序	工作内容	要求
了解农药分类知识	查阅资料，全面了解农药的分类知识，熟悉农药的剂型，能够区别农药剂型和制剂。	认真调查和查阅资料
观察农药色带	观察农药瓶或者农药袋或者其他包装物，和标签平齐的一条颜色带上边写着农药类型，如杀虫剂用红色表示，除草剂绿色，植物生长调节剂黄色，杀菌剂黑色，杀鼠剂蓝色。	认真观察，认真比较
看制剂	农药标签正中间一般都会醒目地写着如“70％吡虫啉可湿性粉剂”这样的字样，其中70％是含量，吡虫啉是通用名称，可湿性粉剂是剂型。	能区别制剂和剂型
看性能描述和防治对象	根据农药的防治对象和性能描述就能确定该农药是何种类型，看该农药是否可以防治目标有害生物。	不能随意扩大防治对象，用到其他作物上

【工作任务实施记录与评价】

1. 农药品种识别任务实施记录表

农药名称	厂家	瓶装	袋装	盒装	色带颜色	剂型	制剂名称

2. 农药品种识别任务实施总体评价

师傅指导记录	任务实施总体评价	评价成绩
		年　月　日

3. 学徒关键职业能力及职业品质、工匠精神评价

项目	A	B	C	D
工作态度				
吃苦耐劳				
团队协作				
沟通交流				
学习钻研				
认真负责				
诚实守信				

任务 2　土壤封闭除草

在师傅指导和带领下，掌握土壤封闭除草的技术要点，制定农田土壤封闭除草的流程。

【任务目标与质量要求】

根据田间作物种类及杂草的发生趋势，制定土壤封闭除草的工作程序。

【学习产出目标】

1. 熟知土壤封闭除草的方法和步骤；
2. 能够开展常见作物的土壤封闭除草技术指导。

【工作程序与方法要求】

工作程序	工作内容	要求
● 了解目标作物及适合的播前除草剂	查阅资料，通过中国农药信息网查询目标作物可以选择的播前除草剂，通过农资销售店了解该药剂在当地目标作物上的使用情况。	认真查询和调研，确保选择合适的播前土壤封闭除草剂。
● 选择播前土壤封闭除草剂	根据前期的调研确定最佳土壤封闭除草剂，明确除草剂的用法和注意事项。	明确该除草剂的注意事项。

● 准备土壤封闭除草剂

根据目标作物田的面积，选择适宜的喷雾器械，购买合适的土壤封闭除草剂。

明确用量，切勿多用，以免出现药害。

● 喷洒播前除草剂

选择播种前 1 d 或 2 d，在已经准备播种的田间喷洒土壤封闭除草剂，有很多品种要求喷洒完立即覆土。

喷洒均匀，切勿多喷、重喷。

【案例分析】

李×家一块棉花地种植棉花已有 10 年的历史，为了防治田间杂草，播种前使用氟乐灵进行土壤封闭，在往年使用中就已经发现除草效果不好，随后李×就加大用药量，且连年使用，今年发现棉花有提早死亡的现象，拔出死亡的棉花植株，发现靠近地面的部位有膨大的现象。李×找到专家请教分析原因。

1. 原因分析

通过对李×使用氟乐灵的方法和用量分析，发现他在使用除草剂时存在连年使用、超量使用、白天喷施，且喷施后没有及时覆土等不正确的使用方法，导致药效差、对棉花根部产生影响。

2. 解决措施

药剂用量：沙壤土和有机质含量低的用下限，黏土地和有机质含量高的用上限。该药易挥发、易光解，施药后必须立即覆土。地膜棉田使用 48%氟乐灵乳油，用量不宜超过 1 800 mL/hm^2，用量过大会造成棉花烂根严重，或下胚轴变短、子叶小而浓绿，幼苗生长发育受到抑制，造成根茎部肿大、次生根受到抑制。若播后苗前遇大雨，易产生药害。对于使用氟乐灵效果不好的地块可以试用、更换其他类型的除草剂，如二甲戊灵、丙炔氟草胺等，但是要根据当地的实际情况应用，既要提高除草效果，又要减少药害。

【业务经验】

封闭型除草剂使用注意事项：

（1）要了解除草剂在土壤中的移动性。不易被水带走、容易被土壤吸附的除草剂除草效果好，不易伤害作物种子。

（2）要掌握除草剂的防除对象。例如，乙草胺对禾本科杂草有效，而莠去津对阔叶杂草效果好，因此，这两种除草剂可混合后进行封闭处理。

（3）要强调整地质量。整地好坏对药效影响很大，土地平整均匀有助于除草剂在土壤表面的均匀分布和完整覆盖，利于药效发挥。

（4）要根据土壤质地、有机质含量和墒情决定除草剂的用量。有机质含量高、土壤颗粒较小的壤土或黏性土壤对除草剂的吸附性强，可适当提高用量；反之，有机质含量较低的沙质土对除草剂的吸附性差，应适当降低用量。

（5）不能随意加大用量。不同作物的耐药性不同，应严格按产品说明使用。

【工作任务实施记录与评价】

1. 土壤封闭除草任务实施记录表

年份：____________地点：____________记录人：____________

使用时间		土壤封闭除草剂品种		目标作物	
作物土壤质地		使用量		使用当天气温	
使用后 3 d 的平均温度		使用后多久播种			
喷洒除草剂后管理措施			防治对象		

2. 土壤封闭除草任务实施总体评价

师傅指导记录	任务实施总体评价	评价成绩
		年　月　日

3. 学徒关键职业能力及职业品质、工匠精神评价

项目	A	B	C	D
工作态度				
吃苦耐劳				
团队协作				
沟通交流				
学习钻研				
认真负责				
诚实守信				

任务3　药剂处理种子

在师傅指导和带领下，掌握药剂处理种子的技术要点，制定药剂处理种子的流程。

【任务目标与质量要求】

根据药剂处理种子的目的及病虫害的发生趋势，制定药剂处理种子的工作程序。

【学习产出目标】

1. 熟知药剂处理种子的方法和步骤；
2. 能够开展常见作物种子的药剂处理。

【工作程序与方法要求】

工作程序	工作内容	要求
●了解目标作物病虫害发生情况	根据目标作物病虫害的种类、发生情况，确定防治对象，搜集归纳防治这些病虫害的种子处理剂，确定选择何种种子处理剂。	种子药剂处理要合理混合，切勿乱混。
●选择种子处理的药剂	根据药剂的特点选择拌种，或者种衣剂进行包衣。	明确该种子处理剂的注意事项。
●取药	根据种子的量和药剂的使用方法，量取所需药剂。	明确用量，切勿多用，以免出现药害。
●种子处理	根据拌种或者种子包衣的要求，完成种子处理，种子处理后按要求进行堆闷种。	包衣或者拌种后切勿晾晒。

【案例分析】

小面积种植，小麦种子选用25%三唑酮可湿性粉剂进行药剂拌种防治小麦黑穗病。

1. 药剂

选用25%三唑酮可湿性粉剂进行药剂拌种防治小麦黑穗病。25%三唑酮可湿性粉剂是一种高效、低毒、低残留、持效期长、内吸性强的三唑类杀菌剂，能被植物吸收，在植物体内传导。药剂拌种能有效地防治小麦黑穗病。

2. 用量

用25％三唑酮可湿性粉剂拌种，用量按占种子重量的百分比计算，小麦为0.1％。

3. 拌种方法

按种子和农药的比例计算农药的用量，用秤或托盘天平分别称量种子和农药，然后放入拌种器内，以30 r/min的速度搅拌3～4 min，或者戴手套用木棒进行搅拌，使药粉均匀附着在种子表面，也可将种子与药粉放在内壁光滑的容器内或光滑的地面上，充分拌匀。

4. 注意事项

三唑酮对作物种子发芽有一定的抑制作用，用药量过大，发芽率会降低，幼苗出土不整齐，幼苗斜向生长，不能用麻袋或者蛇皮袋串拌，以免药粉黏在麻袋或者蛇皮袋上，从而影响药效。

【业务经验】

药剂处理种子的方法主要有拌种、浸种、闷种、熏蒸等，药剂处理种子注意事项：

（1）严格控制药剂用量和用药时间。药量过大或闷种时间过长会影响种子的发芽率，用量过小或处理时间过短又达不到预期效果。

（2）药剂要混拌均匀。在闷种时每隔半小时要翻动一次，严防药液下沉，浸泡种子，影响发芽率。

（3）闷种后要检查发芽率，阴干后播种，避免阳光直射，有的药剂见光分解，影响药效。

（4）包衣种子运输前，应检查包装有无破坏、漏洞和不牢固，以免有毒种子泄露。

（5）包衣种子要单独存放保管，绝对不能与粮食、食品、饲料等人畜使用的物品放在一起，以免发生不安全事故。

（6）包衣种子只能作为种子用，绝对不能食用、用作饲料或工业原料。

（7）包衣种子袋用完后应马上深埋，不要随意丢弃，更不能用来装食用物品。

（8）包衣种子出苗后，严禁把间苗、定苗下来的植株喂牲畜。

【工作任务实施记录与评价】

1. 药剂处理种子任务实施记录表

年份：____________地点：____________记录人：____________

<table>
<tr><td>使用时间</td><td></td><td>药剂品种</td><td></td><td>目标作物</td><td></td></tr>
<tr><td>种子用量</td><td></td><td>药剂用量</td><td></td><td>防治对象</td><td></td></tr>
<tr><td rowspan="2">药剂处理类型</td><td>拌种</td><td></td><td rowspan="2">药剂处理种子后措施</td><td rowspan="2" colspan="2"></td></tr>
<tr><td>包衣</td><td></td></tr>
<tr><td rowspan="2">药剂处理方式</td><td>机械</td><td></td><td rowspan="2">其他</td><td rowspan="2" colspan="2"></td></tr>
<tr><td>手动</td><td></td></tr>
</table>

2. 药剂处理种子任务实施总体评价

<table>
<tr><td>师傅指导记录</td><td>任务实施总体评价</td><td>评价成绩</td></tr>
<tr><td rowspan="2"></td><td rowspan="2"></td><td></td></tr>
<tr><td>年　月　日</td></tr>
</table>

3. 学徒关键职业能力及职业品质、工匠精神评价

项目	A	B	C	D
工作态度				
吃苦耐劳				
团队协作				
沟通交流				
学习钻研				
认真负责				
诚实守信				

任务4　农药配制

在师傅指导和带领下，掌握农药配制的技术要点，制定农药配制的流程，完成农药配制记录表。

【专业知识储备】

一、农药的用量和使用浓度

1. 农药使用浓度表示方法

目前，在农业生产上常用的浓度表示法有百分浓度（%）、百万分浓度、稀释倍数、波美度。

（1）百分浓度（%）。又分为质量百分浓度和体积百分浓度。用百分浓度表示有效成分的净含量，是指100份药剂中含有有效成分的份数。

（2）百万分浓度。指一百万份药液中的有效成分净含量，常用符号ppm或μg/mL，mg/mL。

（3）稀释倍数。用稀释剂用量是农药用量的倍数来表示农药浓度的方法。

（4）波美度法。把波美比重计浸入所测溶液中，得到的度数就叫波美度，是表示溶液浓度的一种方法。

2. 农药用量

农药用量一般有两种，一种是农药制剂用量，一种是有效成分用量。无论哪种用量，都会在农药标签上注明。比如，有效成分20 g/亩，是指该种杀虫剂每亩地的用量为有效成分20 g。以50%噻虫嗪可湿性粉剂为例，一亩地20 g的有效成分，相当于40 g的制剂用量。一种是直接按稀释倍数方法计算用量，如一瓶杀虫剂有100 mL，它的稀释倍数为1 000倍，这100 mL的杀虫剂需要兑水100 kg，如果一亩地药液量是40 kg，那么该药剂，可以喷洒2.5亩地。

二、农药配制时的计量方法

1. 求两种药剂混用时的药剂用量

稀释倍数在100倍以上的计算公式如下：

$$药剂甲用量=\frac{稀释剂(水)用量}{药剂甲的稀释倍数}$$

$$药剂乙用量=\frac{稀释剂(水)用量}{药剂乙的稀释倍数}$$

例：用 40％吡虫啉乳油 1 000 倍液与 50％丙环唑可湿性粉剂 800 倍液混合喷雾，现有稀释剂（水）2 000 L，求两种药剂各用多少。

40％吡虫啉乳油用量＝2 000/1 000＝2 L

50％丙环唑可湿性粉剂用量＝2 000/800＝2.5 kg

即取 40％氧化乐果乳油 2 L，取 50％多菌灵可湿性粉剂 2.5 kg，放在 2 000 L 水中搅拌均匀即可。

2. 多种药剂混合后的浓度计算

设第一种药剂浓度为 N_1，重量为 W_1；第二种药剂浓度为 N_2，重量为 W_2；…；第 n 种药剂浓度为 N_n，重量为 W_n，则混合药剂浓度（％）＝$\sum N_n \cdot W_n$（浓度不带％）/$\sum W_n$

例：将 12.5％福美砷可湿性粉剂 2 kg 与 12.5％福美锌可湿性粉剂 4 kg 及 25％福美双可湿性粉剂 4 kg 混合在一起，求混合后药剂的浓度。

计算：（12.5×2＋12.5×4＋25×4）/（2＋4＋4）＝17.5％

【任务目标与质量要求】

根据农药的使用要求，制定农药配制的步骤。

【学习产出目标】

1. 熟知农药配制的方法和步骤；
2. 能够依照农药的使用要求配制农药。

【工作程序与方法要求】

工作程序	工作内容	要求
● 做好劳动保护	配药前要做好劳动保护，如戴手套，戴口罩，有必要时还要佩戴防毒面罩。	切记做好劳动保护，切勿徒手配药。
● 准备所需农药	准确所需农药，检查所需农药有无破损。	准备药剂时做好劳动保护。
● 计算所需用量	根据农药的使用要求，计算每种农药所需用量。	认真计算，核对，切勿出错。
● 量取药剂	根据计算结果，采用有刻度的量筒等工具量取所需要药剂。	准确量取，切勿估计。

●配制农药	一般固体农药或者比较黏稠的农药，都要二次稀释，量取好的药剂，先倒入一个小容器里，等溶解后再倒入喷雾器械中。	先在容器中倒入少量水再加药，然后再加水。

【业务经验】

农药混配是指将两种或两种以上农药混配在一起施用，通常称农药混用。“农药制剂混配”要和“农药混配制剂”区别开来，农药混配制剂是指两种或两种以上有效成分的农药制剂，是由工厂将各组分按比例混合后，加工成某种剂型，供直接使用，也称为农药复配制剂。农药制剂合理的混配（混用）可同时兼治几种病虫草害，提高对病虫杂草的防治效率，减少施药次数，发挥药剂之间的协同作用。在有增效作用的情况下，还可减少用药量，降低防治成本，减缓抗药性的发展，提高对被保护作物的安全性等。

一、 农药制剂混配的原则

1. 保证混配药剂有效成分的稳定性

在混配以后，各组分之间不发生化学反应，各种有效成分的化学性质不发生变化。如多数氨基甲酸酯类、有机磷类、菊酯类农药与波尔多液、石硫合剂混用会发生分解，就不能混配；多数农药对碱性比较敏感，一般不能与强碱性农药混用；大多数农药品种不宜与含金属离子的药剂混用。

2. 保证混用后药液良好的物理性状

混配后应注意观察是否出现分层、浮油、沉淀、结块以及乳液破乳现象；避免出现降低药效甚至发生药害事故。

3. 保证有效成分的生物活性不降低的物理性状

某些药剂作用机制相反，两者相互混用则会产生拮抗作用，从而使药效降低甚至失效。如阿维菌素与氟虫腈（限制使用）作用机理相反，应避免混用。

4. 保证混配后对人畜、有益生物及作物安全，药液浓度在农作物承受范围之内

多种药剂混配直接造成药液整体浓度提高，特别是在高温季节则大幅度增加药害的可能性。部分农户相互混配药剂甚至多达六七种之多，有的甚至用相同有效成分的药剂相互进行混用，则很可能出现药害现象。

二、 农药混合后可能存在的问题

（1）农药混用后，防治效果相互干扰，防治效果下降。

（2）农药混用后，有效成分的理化性质发生改变。

(3) 农药混配后，有可能原来低毒的两种农药混合后发生了某种反应，导致毒性增加。

(4) 农药混用后可能对目标植物产生药害。

(5) 可能造成药剂的浪费，比如有些微生物农药和杀菌剂混配，杀菌剂很有可能杀死了微生物农药中的微生物，从而造成微生物农药的浪费。

三、 农药混配注意事项

1. 混配农药种类不超过三种

农药混用一般以两个品种为宜，必要时也可以三个，再多易产生不良后果。

2. 混配共防类农药用量酌减

因共防相同目标，理应药力互助，在配制手法上通常是按平分的相加作用的规则。即二混时，各自保持原用药量的一半，三混时，照此类推。

3. 混配不同剂型农药按顺序进行

农药混配应遵循微肥—可湿性粉剂—胶悬剂—水剂—乳油的顺序依次加入，并不断搅拌，待一种药剂充分溶解后再加下一种药剂。两种可湿性粉剂混合，要先将可湿性粉剂混合均匀，再加水稀释。

4. 混配农药要稀释到适宜的浓度

避免浓度过大造成植物药害发生，或者浓度过低，防效低下。

5. 不同农药剂型稀释方法

(1) 液体农药稀释方法。在容器里先倒入 1/3 的清水，再将一定量的药剂倒入容器中，再次加水到满，然后用木条搅拌均匀即可使用。

(2) 可湿性粉剂稀释方法。先用少量水稀释成比较浓稠的母液，然后再按照农药瓶子上的说明进行调配即可。

(3) 粉末状农药稀释方法。用填充料进行稀释，一般采用草木灰、米糠等进行稀释即可。

(4) 颗粒型农药稀释方法。采用适当的填充料进行混合，比如：利用软土或酸碱性一致的化肥作填充料，按照一定比例进行稀释搅拌均匀即可。

【工作任务实施记录与评价】

1. 农药配制任务实施记录表

单种药剂配制					
农药制剂名称	使用方法	农药制剂用量	用水量	亩喷液量	配药用到的工具

混合药剂配制						
混用农药制剂名称	用量	使用方法	混配目的	喷雾器械	用水量	亩喷液量

2. 农药配置任务实施总体评价

师傅指导记录	任务实施总体评价	评价成绩
		年　月　日

3. 学徒关键职业能力及职业品质、工匠精神评价

项目	A	B	C	D
工作态度				
吃苦耐劳				
团队协作				
沟通交流				
学习钻研				
认真负责				
诚实守信				

任务5　农药药效评价

在师傅指导和带领下，掌握施药后药效的评价方法，制定田间药效评价的流程。

【专业知识储备】

药效是指药剂对有害生物的作用效果，多在室外自然条件下测定。

一、提高农药药效的措施

1. 明确防治对象，对症施药

由于农药品种很多，特点各不相同，而且为害农作物的病、虫、草、鼠种类也很多，为害习性更是各不相同，因此选择农药品种必须充分考虑防治对象、作物种类及其生育期，做到对症施药。如果误用或错用农药，往往起不到防治作用。

2. 掌握施药时期，适时施药

每种病、虫、草害都有其最佳防治时期，因此选择施药时间应当考虑病、虫、草害的发育期、作物生长进度和农药品质，以做到适时用药，提高防治效果。同时还应注意尽可能地避开害虫天敌对农药的敏感期。

3. 选择合适的施药时间和用量

农药的施用一般应选择晴天的早上或傍晚，切忌在阴雨或大风天气喷洒农药。农药的施用量则应根据农药的品质、剂型和环境因素，依照商品说明书的推荐用量来计算田块的用药量，不能随意增减，否则会造成作物药害或者影响防治效果。

4. 科学配制药液，注意搞好混配

配制农药前应该认真阅读说明书，按要求正确配制；同时注意做好农药的混配，以提高防治效果，扩大防治范围，降低成本，增强人畜安全。但切记不要将不能混用的农药混配到一起，否则会影响防治效果。

5. 选择施药方法，保证施药质量

农药的各种剂型都有其特定的使用器械和方法。因此，施药时应当根据农药的剂型和病、虫、草、鼠害的种类及为害的部位，选择正确的施药方法和器械，保证药剂均匀分布在作物或有害生物的表面，达到科学、高效的防治效果。

6. 轮换或混合施药，预防抗药性的发生

在一个地区长期连续使用一种农药防治同一种病、虫、草、鼠害会导致病、虫、草、鼠产生抗药性，使药效明显降低，甚至无效。对此应当加强管理，以防为主，采用轮换用药、混合用药、间断用药等措施来防止或延缓病、虫、草、鼠产生抗药性。

二、 药效的影响因素

1. 防治对象

在防治病虫害时，防治对象不同选择的剂型也不同。例如，在防治害虫时，杀虫剂选择乳油的效力显著高于悬浮剂和可湿性粉剂，因为乳油的分散介质是有机溶剂，对害虫的体壁有很强的侵蚀和渗透作用，防效会显著提升。在防治病害时，杀菌剂大多采用可湿性粉剂、悬浮剂等剂型，因为对菌类细胞壁和细胞膜的渗透不需要有机溶剂的协助。

悬浮剂是乳油的替代剂型，它效力虽低于乳油，但显著高于可湿性粉剂，这也是目前悬浮剂应用比较广泛的原因之一。

2. 目标作物

不同作物、不同品种、作物不同部位对不同农药及不同剂型都有不同的防效反应。例如，在幼苗、幼果期或植株的幼嫩部位进行喷施时，注意防止因渗透作用产生药害，在使用时不要添加具有渗透作用的助剂。

3. 施药器械

喷洒农药的器械对剂型的选择也有一定影响。例如，飞防中大多植保无人机均采用的是压力喷头，选用粉剂等会堵塞喷头，因此只能选用悬浮剂、水剂、乳剂等，以及近年来开始登记的超低容量液剂。

4. 气候条件

气候条件是施药时的重要影响因素之一。例如，喷施农药时要注意温度因素，在炎热高温天气喷药，对于乳油、油剂等油性介质农药较易引起药害或中毒，而对于水性介质的剂型如可湿性粉剂、水分散粒剂、可溶性粉剂等风险较低。例如，大风天气喷施农药，会发生漂移现象，导致药效降低或者药害的产生。

5. 有效成分的含量

通常情况下，有效成分含量高，其防效也会相应提高。在选择药剂时，除了考虑剂型之间的差异以外，还要考虑药剂的有效成分含量，有效成分含量高的制剂产品，其中的杂质、添加的填料较少，虽然价格会高一些，但亩用量少，防治效果也会明显优于低含量的产品。

6. 农药剂型

相同农药的不同剂型，即便有效成分含量一样，由于生产工艺、原材料等的差异，价格也往往有所差异，乳油、水剂等相对来说价格比较实惠，水分散粒剂、微囊悬浮剂等剂型价格会高一些，防效也会提高。

【任务目标与质量要求】

根据施药后病虫害的发生情况，制定田间药效的判断步骤。

【学习产出目标】

1. 熟知药效评价的方法和步骤；
2. 能够对所使用农药的药效进行评价。

【工作程序与方法要求】

工作程序	工作内容	要求
明确评价标准	根据农药种类选择最佳评价标准，如杀虫剂用虫口减退率、校正死亡率，杀菌剂用病情指数，除草剂用鲜重防效等进行评价。	选择评价标准要充分考虑可行性。
调查数据	根据评价标准进行田间调查，取样要有代表性，数据记录要翔实准确。	调查要做到认真、细心，记录要客观、实事求是。
数据整理、计算	根据调查的数据，计算相应的病情指数、虫口密度、虫口减退率等。	计算要准确，有对比性。
药效评价	根据计算结果，判断施药后和施药前的病虫害发生情况，对药效进行评价，提出用药过程中存在的问题。	评价要客观，实事求是。

【业务经验】

农药药效是一个综合因素，一种农药在当地的推广应用也要结合各方面因素综合进行评价。不能仅仅因为害虫死亡率高就判断该药剂药效好。在评价农药的药效时，还要评价这种农药的理化性质对生态环境安全性的影响，如这种农药的水溶性、化学稳定性、土壤挥发作用、土壤淋溶作用、土壤降解作用、对非靶标对象的影响等。

【工作任务实施记录与评价】

1. 农药药效评价任务实施记录表

年份：____________地点：____________记录人：____________

防治对象		农药品种		作物	
使用方法		使用时间			
使用稀释倍数或亩用量		防治效果的评价标准			
农药药效评价结果					

2. 农药药效评价任务实施总体评价

师傅指导记录	任务实施总体评价	评价成绩
		年　月　日

3. 学徒关键职业能力及职业品质、工匠精神评价

项目	A	B	C	D
工作态度				
吃苦耐劳				
团队协作				
沟通交流				
学习钻研				
认真负责				
诚实守信				

任务6　农药中毒急救

在师傅指导和带领下，掌握农药中毒的急救方法，制定农药中毒的急救流程。

【专业知识储备】

一、 农药的毒性

农药毒性是指农药具有使人和动物中毒的性能。不同的农药，由于分子结构组成的不同，因而其毒性大小、药性强弱和残效期也就各不相同。根据农药毒性的大小，农药的毒性可分为急性毒性、亚急性毒性和慢性毒性。

（一） 急性毒性

1. 急性毒性的概念

急性毒性指农药一次进入动物体内后短时间引起的中毒现象，是比较农药毒性大小的重要依据之一。如有机磷剧毒农药甲拌磷（限制使用）、甲胺磷（已禁用）等均可引起急性中毒。或者当人、畜误食或接触农药一定剂量后，在极短时间内（24 h）即出现中毒症状，甚至死亡，即为急性中毒。

2. 急性毒性的表示方法

衡量农药急性毒性的程度常用大白鼠经口（或经皮、吸入）致死中量作为指标。致死中量也称半数致死量，符号是 LD_{50}，一般以实验室小白鼠或大白鼠做试验，施药之后导致半数的实验动物死亡的剂量叫致死中量，其计量单位是毫克每千克体重。

表3-4　我国农药毒性分级标准表

级别	经口 LD_{50}（mg/kg）	经皮 LD_{50}（mg/kg）4 h	吸入 LC_{50}（mg/m³）2 h
剧毒	≤5	≤20	≤0
高毒	5～50	20～200	20～200
中等毒	50～500	200～2 000	200～2 000
低毒	500～5 000	2 000～5 000	2 000～5 000
微毒	＞5 000	＞50 000	＞50 000

3. 农药进入人、畜体内的途径

（1）经口进入消化系统，由胃肠吸收而引起急性中毒。多数由误食农药液或食用农药污染的食品或由有农药残留的器具所造成，一般情况比较严重。

（2）经皮肤侵入体内，由血液输送和扩散到各组织，引起急性中毒。多数是由直接接触浓溶液或在喷撒时污染衣服进入眼、鼻、伤口等，而被皮肤或黏膜吸收所造成。

药剂侵入皮肤的难易，因农药的种类和剂型不同而异。脂溶性强的有机农药特别是乳剂，易于渗透皮肤，但中毒过程比口服的要慢些，病情也轻一些。

(3) 经鼻孔吸入侵入呼吸系统，多是农药的气体、烟雾或极细小的雾点和粉粒，由气管或肺部扩散侵入血液，引起急性中毒。如果是熏蒸剂形成的毒气，中毒速度很快，危险性更大。

4. 农药急性毒性中毒的症状

异常疲乏无力、头疼、盗汗、视力模糊、呕吐、肌肉抽搐、头晕、流涎、呼吸困难、眼睛痒疼、皮肤出现红疹、瞳孔缩小、腹痛腹泻、昏迷、激动、烦躁不安、肺水肿、脑水肿、休克。为了尽量减轻症状和避免死亡，必须及早、尽快、及时采取急救措施。

（二） 亚急性毒性

亚急性毒性指动物在较长时间内（一般连续投药观察 3 个月）服用或接触少量农药而引起的中毒现象。或者在农药的使用过程中，较长时间内（48 h）接触某种农药或口食带有残留药剂的食品，导致人、畜的急性毒害，即为亚急性毒害。

（三） 慢性毒性

慢性毒性指小剂量农药长期连续使用后，在体内或者积蓄，或是造成体内机能损害所引起的中毒现象。农药的慢性毒害表现出的中毒症状，一般不易被察觉，诊断时往往被误诊为其他疾病。所以，慢性中毒易被人忽略，一旦发现为时已晚。

二、 农药中毒急救

（一） 农药急性中毒的急救措施

农药中毒的急救包括现场急救和医院抢救两个部分，现场急救是首要的，医院抢救是后续的，两者密切相关不可分割。

1. 现场急救

现场急救是整个抢救工作的关键，目的是将中毒者救出现场，防止继续吸收毒物并给予必要的紧急处理，保护已受损伤的身体，为进一步治疗赢得时间打下基础。

现场情况较复杂，应根据农药的品种、中毒方式及中毒者当时的病情采取不同的急救措施。

(1) 去除污染源。去除农药污染源、防止农药继续进入患者身体是现场急救的重要措施之一。

①经皮引起的中毒者。根据现场观察，如发现身体有被农药污染的迹象，应立即脱去被污染的衣裤，迅速用清水冲洗干净，或用肥皂水（碱水也可）冲洗。如是敌百虫中毒，则只能用清水冲洗，不能用碱水或肥皂水（因敌百虫遇碱性物质会变成更毒

的敌敌畏）冲洗。若眼内溅入农药，立即用淡盐水连续冲洗干净，然后有条件的话，可滴入 2%可的松和 0.25%氯霉素眼药水，严重疼痛者，可滴入 1%～2%普鲁卡因溶液。

②吸入引起的中毒者。观察现场，如中毒者周围空气中农药味很浓，可判断为吸入中毒，应立即将中毒者带离现场，置于空气新鲜的地方，解开衣领、腰带，去除假牙及口、鼻内可能有的分泌物，让中毒者仰卧并头部后仰，保持呼吸畅通，注意身体的保暖。

③经口引起的中毒者。根据现场中毒者的症状，如是经口引起的中毒，应尽早采取引吐洗胃、导泻或对症使用解毒剂等措施。但一般条件下，在现场只能对神志清醒的中毒者采取引吐的措施来排除毒物（昏迷者待苏醒后进行引吐）。引吐的简便方法是给中毒者喝 200～300 mL 水（浓盐水或肥皂水也可），然后用干净的手指或筷子等刺激咽喉部位引起呕吐，并保留一定量的呕吐物，以便化验检查。

（2）因地制宜进行急救。利用当地现有医疗手段，对中毒者进行必要的现场紧急处理。对中毒严重者，如出现呼吸停止或心跳停止，应立即按常规医疗手段进行心肺脑复苏。如呼吸急促、脉搏细弱，应进行人工呼吸（有条件的可使用呼吸器），给予吸氧，针刺人中、内关、足三里，或注射呼吸兴奋剂等。如出现抽搐现象，可用安定类药物控制。

2. 医院内抢救

在现场急救的基础上，应立即将中毒者送医院抢救治疗。院内急救除了要根据中毒者的症状和病情实施常规的医疗救助手段外，还应根据农药中毒特点采取相应的医院内的抢救措施。

（1）清除毒物。尽快、彻底清除未被吸收的毒物是最简单也是最重要的抢救手段，其效果远好于毒物吸收后的解毒或其他治疗措施。

①清洗体表。在现场已冲洗的基础上，应再进行被污染皮肤的彻底清洗，除用清水外，可在需要时酌情用一些中和剂冲洗，如 5%碳酸氢钠、3‰氢氧化钙溶液等碱性溶液，又如 3%硼酸、2%～5%乙酸溶液等酸性溶液。使用中和剂后，再用清水或生理盐水洗去中和液。

②催吐。催吐是对经口中毒者排毒很重要的方法，其效果常胜于洗胃。已现场引吐者入院后可再次催吐，除了现场引吐方法，还可选用：A. 用 1%硫酸铜液每 5 min 一匙，连用 3 次；B. 用中药胆矾 3 g、瓜蒂 3 g 研成细末，一次冲服；C. 吐根糖浆 10～30 mL 口服，然后再喝 100 mL 水催吐。

③洗胃。催吐后应尽快彻底洗胃。洗胃前要去除分泌物、假牙等异物，根据不同农药选择不同洗胃液（表 3-5），具体操作方法是：插入胃管，先抽出内容物（留取一定量内容物做毒物鉴定），再灌注洗胃液。每次灌注洗胃液 500 mL 左右，不宜过多，以免引起胃扩张。每次灌入量尽量排空，反复灌洗直至无药味为止。

表 3-5　农药中毒后常用洗胃液

农药名称	常用洗胃液
有机磷农药	2%碳酸氢钠溶液（敌百虫禁用）；1∶5 000 高锰酸溶液（1605、1059、3911、苏化 203、马拉松等硫代磷酸酯类忌用）
有机氯农药	2%碳酸氢钠溶液
汞制剂农药（已禁用）	2%碳酸氢钠溶液、5%硫代硫酸钠溶液，忌用生理盐水
砷制剂农药	氢氧化钠溶液灌胃，再用生理盐水加 1%碳酸氢钠溶液
有机氮农药	5%硫代硫酸钠溶液、2%碳酸氢钠溶液
氨基甲酸酯类农药	2%碳酸氢钠溶液
有机氟农药	1∶5 000 高锰酸钾溶液、2%碳酸氢钠溶液、2%氯化钙溶液
有机硫农药	1∶5 000 高锰酸钾溶液
有机锡农药	1∶5 000 高锰酸钾溶液
五氯酚钠	2%碳酸氢钠溶液
硫化锌（已禁用）	1∶5 000 高锰酸钾、0.1%～0.5%硫酸铜溶液、3%过氧化氢溶液
硫酸铜	0.1%亚铁氰化钾（黄血盐）溶液、1∶5 000 高锰酸钾溶液
烟碱	1%～3%鞣酸溶液、1∶5 000 高锰酸钾溶液、0.2%～0.5%活性炭水悬液
拟除虫菊酯类农药	含活性炭的等渗盐水
安妥	0.1%～0.5%硫酸铜溶液、1∶5 000 高锰酸钾溶液
磷化锌	1∶5 000 高锰酸钾溶液
香豆素类及茚满	15～20 mL 吐根糖浆后用 1～2 杯清水
鱼藤	1%～3%鞣酸溶液、0.2%～0.5%活性炭水悬液
矮壮素	1∶5 000 高锰酸钾
农药不明	清水

注：A 敌百虫遇碱后可转变为毒性约强 10 倍的敌敌畏，所以敌百虫中毒后忌用肥皂水等碱性溶液；B 高锰酸钾是一种氧化剂，它能促使 1605、1059、3911、马拉松、乐果等硫代磷酸酯类（胆碱酯酶间接抑制剂）转化成为相应毒性更高的氧化物（胆碱酯酶直接抑制剂），如 1605 转化为 1600，马拉松转变为马拉氧磷，乐果转变为氧化乐果。

④导泻。导泻的目的是排除已进入肠道内的毒物，阻止肠道吸收。由于很多农药以苯作溶剂，故不能用油类泻药，可用硫酸钠或硫酸镁 30 g 加水 200 mL 一次服用，并多饮水加快排泻。但对有机磷农药严重中毒者，呼吸受到抑制时不能用硫酸镁导泻，以免由于镁离子大量吸收加重呼吸抑制。

（2）尽快排出已吸收的农药及其代谢物，常用急救手段有吸氧、输液、血液净化等方法。

①吸氧。通过吸入途径引起的农药中毒，吸氧后可促使毒物从呼吸道排出体外。吸氧对已吸收到血液中的毒物及代谢物有一定的氧化作用，可以促进解毒。

②输液。在无肺水肿、无脑水肿、无心力衰竭的情况下，可用 10%或 5%葡萄糖

盐水进行输液，以便促进患者通过排尿将农药及其代谢物排出体外。输液时不能太快，以免诱发脑水肿或肺水肿。

③血液净化。一般采用血液、结肠、腹膜、肾脏透析手段进行，也可采用血液滤过、灌流及血浆交换术等手段。具体采用何种手段，应根据农药及其代谢物的特性、中毒者的病情及身体状况而定，但一般对严重感染、严重贫血、严重心功能不全、高血压患者等应谨慎使用透析术。

【任务目标与质量要求】

根据农药毒性相关知识，制定现场急救的程序。

【学习产出目标】

1. 熟知农药中毒急救的方法和步骤；
2. 能够对农药急性中毒者进行现场急救。

【工作程序与方法要求】

工作程序	工作内容	要求
明确农药中毒类型、方式	通过观察、询问等方式明确中毒的农药的品种、中毒方式及中毒者的症状。	认真仔细观察中毒症状。
去除污染源	根据中毒方式选择不同的去除污染源的方式，如果是通过口腔进入的农药，要进行催吐；如果是吸入中毒，要第一时间撤离污染空间；如果是皮肤中毒，要第一时间脱掉外衣外裤。	去除污染源时要注意不能弄伤中毒者，且要注意给中毒者保暖。
因地制宜进行急救	利用当地现有医疗手段，对中毒者进行必要的现场紧急处理。如心肺脑复苏、人工呼吸、吸氧，针刺人中、内关、足三里，或注射呼吸兴奋剂等。如出现抽搐现象，可用安定类药物控制。	施救者要有医学背景或者是医生，不懂的人切勿操作，以免加重病情。
及时送医	现场急救只是在偏远地区医疗条件差的基础上，为中毒者赢得时间，有条件的应立即将中毒者送医院抢救治疗。	现场急救只是辅助，切勿耽误送医院。

【业务经验】

不同的农药种类中毒后的症状不一样，有的农药有解毒药品，如有机磷类农药中毒后可以选择用阿托品。阿托品既可以静脉注射也可以皮下注射，不能私自决定，应该由医生决定。在诊断不明时不能盲目使用大剂量阿托品，以免造成阿托品中毒。严重缺氧者应立即给氧，保持呼吸畅通。伴有体温升高者，采用物理降温后再用药剂处理。不能将阿托品或解磷啶作为预防性药物给接触有机磷农药的人，否则会掩盖中毒的早期症状和体征，延误治疗时机。

【工作任务实施记录与评价】

1. 农药中毒急救任务实施记录表

年份：____________地点：____________记录人：____________

中毒者情况简介		中毒农药品种	
中毒症状记录			
中毒原因描述			
现场急救措施			
医院急救措施			

2. 农药中毒急救任务实施总体评价

师傅指导记录	任务实施总体评价	评价成绩
		年　月　日

3. 学徒关键职业能力及职业品质、工匠精神评价

项目	A	B	C	D
工作态度				
吃苦耐劳				
团队协作				
沟通交流				
学习钻研				
认真负责				
诚实守信				

任务7　植物药害急救

在师傅指导和带领下，掌握植物药害的急救方法，制定植物药害的急救流程。

【专业知识储备】

一、农药造成的植物药害问题

（一）植物药害的定义及种类

药害：指因农药使用不当对作物产生的毒害作用。药害的种类有急性药害、慢性药害和残留药害。

1. 急性药害

一般在喷药后 2～5 d 出现，严重的数小时后即表现出症状。如种子发芽能力下降，发根少，子叶叶片有灼伤、变黄，严重时产生叶斑、凋萎、畸形。这样的植株生长的叶片、花、果都少。有时幼嫩组织发生褐色焦斑、徒长乃至枯萎死亡，这种药害多为施用农药不当或受邻近田块喷施农药影响所致。如麦田喷施 2，4-滴丁酯或二甲四氯除草剂，可造成周围相邻田块的阔叶作物发生药害，产生畸形症状。从受害株看，药害明显发生在嫩叶、花、果等生长较快的部位，一般上部叶片重于下部叶片，嫩叶重于老叶。

2. 慢性药害

植物受害后不立即显示药害现象，主要是影响植株的生理活动。如光合作用减弱，生长缓慢，着花减少，结果小，果实成熟推迟，籽粒不饱满，甚至风味、色泽恶化，商品性差，品质下降等。这类药害，多半是用药过量或药剂浓度过高造成的，尤其施用有机磷农药对瓜果作物喷施生长调节剂催熟时应特别谨慎，切忌过量。

3. 残留药害

由残留在土壤中的农药或其分解产物引起的（实际上属于慢性毒性）。这一类的药害，主要是有些农药在土壤中残留量高，残留时间长，影响下茬作物生长。如：棉花播前用氟乐灵处理土壤，造成后茬玉米、小麦发黄矮小，分蘖减少；甲磺隆（已禁用）用于麦田除草，使后茬玉米植株低矮，叶片变小变薄、呈紫色、不结实比例高等。这些都是由残留药害造成的。

（二）植物药害发生的症状

农作物使用农药，发生药害时一般具有如下症状：

1. 斑点

这类药害主要表现在作物叶片上，有时也发生在茎秆或果实表皮上。

2. 黄化

在植株茎叶部位均有表现，以叶片黄化发生较多，主要是由于农药药害阻碍了叶绿素的正常光合作用所引起。

3. 畸形

在植株茎叶和根部均可表现。常见的畸形有卷叶、丛生、肿根、畸形穗、畸形果等。

4. 枯萎

这类药害往往整株表现，大多数是由除草剂使用不当所引起。

5. 生长停滞

这类药害抑制作物的正常生长，使整株生长缓慢，一般除草剂药害或多或少都有抑制作物生长的现象。

6. 不孕

这类药害是在作物生殖生长期用药不当而引起的不孕症。

7. 脱落

这类药害大多表现在果树及双子叶植物上，有落叶、落花、落果等症状。

8. 劣果

这类药害主要表现在植物的果实上，使果实体积变小，果表异常，品质变劣，影响食用价值。

（三） 药害产生的原因

农药施用后，引起农作物发生药害的原因是多方面的，也是比较复杂的。除错用、乱用农药外，还有下列因素可以引起药害。

1. 药害的产生与药剂性质有关

任何一种农药对农作物都有一定的生理作用，不同农药品种对农作物的反应也不同。无机农药和水溶性、渗透性高的农药，易引起作物药害。硫黄粉、石硫合剂、硫酸铜等在作物上溶解的药量往往超过农作物能忍受的剂量，同时，农作物对无机物的最高忍受剂量又很接近于它们最低有效防治剂量。因此，稍不注意就会发生药害。而抗生素类农药和拟除虫菊酯类农药等则不容易引起药害。

2. 药害产生与不同作物、品种、生育期的抗药力有关

十字花科、茄科、禾本科等作物的抗药力较强；而豆科作物的抗药力则较弱。瓜类叶片多皱纹，叶面气孔较大，角质层薄易聚集农药，抗药力最弱。白菜对含铜杀菌剂较敏感，幼嫩植物和植物的幼嫩部分以及植物开花期的抗药力弱，易产生药害，在施药时应特别慎重。

3. 药害的发生与所使用农药的质量或贮存过久变质、混杂其他药剂有关

使用质量不好的农药或贮存条件差、贮存时间过长的农药，会使药剂变质减效，这些与能否发生药害都有直接关系。此外，在加工和销售中，管理不严、剂量不准，误将不同药剂混淆，也会造成大面积药害发生。

4. 药害的发生与施用时的温度、湿度、土壤等环境条件有关

高温、强光、高湿等环境条件的影响，会使某些农药对某些作物产生药害。例如，干旱高温条件下，对西瓜喷撒硫黄粉防治病害，会造成严重药害。又如：氟磺胺草醚，用于黄豆田除草，在干旱条件下，黄豆叶片易产生药害；禾耐斯（乙草胺）在高湿条件下，易产生药害。

5. 药害的发生与施用农药不当、药量控制不严、混用不当，甚至乱用、错用有关

例如：玉米播前用氟乐灵做土壤处理，会使玉米发生严重药害；用骠马与盖草能混用防除麦田杂草可造成严重药害等。

尽管农药对农作物的药害多种多样，也比较复杂，但只要遵循科学、合理、安全用药的原则，认真谨慎操作，采取适当措施，药害完全可以避免。

二、 急性药害的急救

1. 排毒洗毒

用药量过大，药害已发生要尽早采取措施。对茎叶喷洒造成的药害，可用水喷洒淋洗受害作物上的残留药物，减少黏附在枝叶上的毒害物质；对土壤施药产生的药害要立即浇水稀释冲洗，以减少药剂在土壤中的含量，减轻对农作物的药害；缺苗的地方进行补种或补苗，再施速效性肥料，以减轻药害影响。

2. 加强田间管理

对药害较轻的田块只要及时加强肥水管理，受害作物可很快减轻药害症状恢复正常生长。对叶部产生的药害、植株黄化等症状的药害，增施肥料可减轻药害程度。结合浇水适当追施黄腐酸、氮肥等肥料提高植株自身抵抗药害的能力。同时，结合灌水、施肥进行中耕松土，促进根系发育，增强作物恢复能力。

3. 采用植物生长调节制剂进行补救

采用赤霉素、芸苔素内酯、复硝酚钠、胺鲜酯进行叶面喷施缓解药害。

【任务目标与质量要求】

根据植物药害的相关知识，制定植物急性药害的急救程序。

【学习产出目标】

1. 熟知植物药害急救方法和步骤；
2. 能够对植物急性药害进行急救。

【工作程序与方法要求】

工作程序	工作内容	要求
●了解药害的发生情况	从植物所出现的症状判断出药害的种类，通过调查确定药害产生的原因和施药方式。	调查清楚施药方式，分析原因。
●针对不同原因进行急救	根据农药的使用方法不同，采取急救措施，喷雾的尽快喷水，土壤施药的及时浇水等。	根据施药方式的不同采取不同的急救措施，切勿病急乱投医。
●加强田间管理	植物产生药害后，植株比较衰弱，要尽可能喷施容易吸收的叶面肥及其他田间管理手段，提高植物长势。	田间管理是综合手段，切勿依靠单种方式。
●喷洒植物生长调节剂	根据田间药害的发生情况，选择适当的植物生长调节剂。	植物生长调节剂不能超量使用。

【工作任务实施记录与评价】

1. 植物药害急救任务实施记录表

年份：__________地点：__________记录人：__________

药害症状		施用农药品种	
药剂使用稀释倍数或者亩用量		使用方法	
药害发生时间			
药害产生的原因简述			
药害急救的措施			

2. 植物药害急救任务实施总体评价

师傅指导记录	任务实施总体评价	评价成绩
		年　月　日

3. 学徒关键职业能力及职业品质、工匠精神评价

项目	A	B	C	D
工作态度				
吃苦耐劳				
团队协作				
沟通交流				
学习钻研				
认真负责				
诚实守信				

任务 8　农药保管

在师傅指导和带领下，掌握农药保管的技术要点，制定农药保管的工作程序。

【专业知识储备】

一、农药的保管方式

1. 露天保管

露天保管主要是在农药运输过程中允许的临时性短期堆放方式。露天保管一定要设有农药堆放的货台，应该选择地势较高、平坦干燥的地方。为了防止农药受潮，货台堆放农药时应铺下垫物，如塑料布、油毡纸等。没有防雨简易棚的货台在堆放农药时应让下垫物离地 30 cm 以上，堆放成屋脊形或斜面形，并盖好，避免日晒雨淋。

2. 仓库保管

除了临时性的露天保管以外，生产企业和经营部门对农药都应该采用专用仓库保管。

农药仓库一般选择交通方便、地势高、干燥、结实、排水良好的地方，较大型仓库还应该远离居民区、饲养场和食品库。农药仓库要设计合理、坚实牢固、便于通风散热，要有照明、防雷（多雷区）、消防等设施和防护设备，仓库应远离烟火、易燃、易爆品或与之隔绝，仓库内严禁有吸烟等带来明火的行为、不得存放除农药外的其他物品，仓库要达到“防火、防盗、防潮、阴凉、通风、避光”的基本要求。

二、 农药的仓储管理

农药的仓储管理是农药生产及经营的重要环节。农药的仓储管理的目标是根据农药的特性，为它创造良好的储存条件，采取有效的措施和科学的养护方法，保证农药的安全储存和产品质量，避免或减少其损失，把耗损降低到最低程度。

农药仓库是专门储存农药的场所，必须严格管理。农药仓储管理的重点是建立健全并严格执行有关出入库、保管员工作、农药安全管理等规章制度，以及合理安排农药商品货位，组织农药收发货工作等，做到账货数量准确，根据质量保证期或农药的生产日期、生产批号、入库先后做到先产先用、推陈储新。

（一） 农药的入库

对所入库的农药，根据其产品类型和特点做好入库前的准备工作。如农药的堆放地点，所需的下垫物等设备。在农药入库时要遵守如下操作规范，以防不合格的农药商品入库。

1. 验收数量

仓管员对将入库农药产品的品种、含量、剂型、数量、批号、生产日期、产地、规格、包装等要逐一检查、核实，防止假冒伪劣农药和违禁农药入库。确定没有缺陷、变质、破损、散包、渗漏等现象方可验收入库，如产品不符合要求或有效保质期不足 6 个月的应及时退货。

2. 验收质量

根据《商品农药验收规则》（GB/T 1604—1995），收货单位应根据产品标准进行核验。核验结果中，若有一项指标不符合标准要求，应采取随机取样进行仲裁检验。

（二） 农药的出库

农药商品出库要准确、及时发放，加强复核，防止错发。其主要原则如下：

1. 健全提货手续

农药商品出库要凭业务部门开具的正式的农药提货凭证发货或付货，严禁“白条”和无凭证出货。且出货的品种、数量和规格应与提货凭证一致。还应与提货人员当面点清，交接清楚。

2. 推陈储新

农药商品出库要遵循“先进先出，后进后出”的原则。农药商品属于有效期短的商品，一般为2年，因此要根据农药的出厂日期、入库先后，科学合理地安排农药出库，防止农药存放多年而失效，造成经济损失。

（三） 农药的科学存放

农药品种繁多，种类复杂，制剂形态多样，毒性不一，化学性质不同，因此，存放的方法也不同。农药的存放是否合理，对农药的科学养护和安全贮存起着非常重要的作用。

1. 检查仓库

在农药入库前，要对仓库进行全面的检查，看仓库是否具备存放农药的基本条件，如检查库房是否存在漏水、受潮及发生火灾、盗窃等安全隐患。发现问题要及时处理。

2. 科学存放

农药存放的基本原则是根据农药的使用性质、制剂的不同形态和毒性的高低分类存放。存放的农药应有完整无损的包装和标志，包装破损或无标志的农药应及时处理。不同种类的农药应分开存放。高毒农药应存放在彼此隔离的有出入口、能锁封的单间（或专箱）内，应保持通风；闪点低于61 ℃的易燃农药应与其他农药分开，并有难燃材料分隔。库房中禁止存放对农药品质有影响、对防火有碍的物质，如硫酸、盐酸、硝酸等。

3. 合理堆码

农药入库堆码应符合各种农药的特性和不同规格的要求，并有利于推陈储新，实行科学堆码，保证安全。各种农药应按照品种、用途、包装规格、出厂或入库日期分堆保管。为了便于统计，农药需按分类安排货位，实行统一编号，统一管理。并要求货架牢固，堆码整齐，安全方便。

农药的堆码要合理，一般垛与垛的距离为1.5 m左右，过道1.5～2.0 m，距墙约60 cm，距柱约40 cm，堆放高度不得超过2 m。根据农药的性能、数量、包装规格和重量，选择合适的堆码方式。常见的堆码方式有“三字垛”“五字垛”“井字垛”“三三顶四”等。

（四） 农药的科学养护

农药在储存过程中，由于自身特性和外界因素的变化，会发生某些物理变化（如挥发、结晶、结块等）和化学变化（水解、光解、热解、氧化等），对农药的质量造成一定的影响。因此，科学养护对保证农药的质量有着重要的意义。

一般农药的库存温度要求控制在5～30 ℃之间，相对湿度要控制在75%之内。对于一些对光敏感的农药，还需使用棕色玻璃瓶或遮光性好的聚酯瓶盛装。另外，还有一些不耐高温、容易吸湿霉变、失活失效的微生物农药，如苏云金杆菌、井冈霉素、赤霉素等，在贮存中还应注意预防其他杂菌、杂质的污染。

（五） 农药仓储保管的注意事项

1. 剧毒和高毒农药

剧毒和高毒农药需专人负责，专仓保管，不能与其他农药混存。存放保管过程中应做到手续齐全、包装完整、数字准确，同时还要做好保管人员的安全教育和防护工作。

2. 乳油农药

由于乳油农药含有甲苯、二甲苯等有机溶剂，因此具有闪点低、遇明火易燃烧和易挥发等特点。所以这类农药在储存时，应注意仓库内的温度变化，时常通风，避免高温带来危险。并且要严格管理火种和电源，防止发生火灾。

3. 微生物农药

微生物农药不能与碱性农药和杀菌剂混存。因为微生物农药含有大量的孢子，适于在中性和偏酸性的环境下生长，碱性条件会影响它们的生命活动。而杀菌剂更是能杀死孢子，使微生物农药的药效降低。

4. 除草剂

除草剂应与其他农药分开储存，最好使用专库储存。严防除草剂渗漏污染其他农药而造成药害事故。凡堆放过除草剂的仓库，应清理干净后方可储存其他农药。

5. 压缩气体农药

该类农药的主要品种为溴甲烷。溴甲烷本身不易燃、不易爆，其商品常压缩在钢瓶内销售。它在高温、撞击、剧烈震动的情况下，会发生爆炸。且溴甲烷毒性高，所以保管这类农药时要小心谨慎。应经常检查阀门是否松动，钢瓶有无缝隙，以免造成严重的后果。

6. 烟剂农药

这类农药属易燃制剂，需要专仓保管，专人负责。储存过程中要严格管理火种，远离明火。堆放时应堆成塔形小垛，有利于散热，防止自燃。一般垛脚面积要小于 10 m^2，垛高不超过 3 m。

7. 水剂农药

水剂、水悬浮剂及种衣剂类的农药一般使用水作为溶剂，在 0 ℃以下会由于结冰而体积膨胀导致药瓶破裂。因此冬季仓库温度应保持在 5 ℃以上，若条件差，应加盖保温物品。且这类农药一般不稳定，不宜长期存放，因此最好当年生产，当年使用。

【任务目标与质量要求】

根据农药品种的特点及农药保管相关知识，制定农药保管的基本程序。

【学习产出目标】

1. 熟知农药保管员的职责；
2. 能够胜任农药保管员的工作。

【工作程序与方法要求】

工作程序	工作内容	要求
●检查库存	及时检查核对库存农药，对于缺货的产品要及时和采购部对接，及时补货。	对库存农药要做到心中有数。
●入库	接到入库单，核对入库单，使农药入库，按照农药的种类分类存放，码垛高度适宜，避开电源。	认真核对入库单的数量、型号、规格及产品质量。
●出库	接到出库单，核对出库单，按照出库单的品种、数量、规格提货。	做到数据清晰，库存和出库、入库数据一致。

【工作任务实施记录与评价】

1. 农药入库工作记录表

月份：____________经手人：____________保管人：____________

品名	产地	商标	防治对象	单位	规格	数量	单价	合计	入库时间	供货商
合计									签字	

2. 农药出库工作记录单

品名	产地	商标	防治对象	单位	规格	数量	单价	合计	出库时间	领取人
合计									签字	

3. 农药保管任务实施总体评价

师傅指导记录	任务实施总体评价	评价成绩
		年　月　日

4. 学徒关键职业能力及职业品质、工匠精神评价

项目	A	B	C	D
工作态度				
吃苦耐劳				
团队协作				
沟通交流				
学习钻研				
认真负责				
诚实守信				

任务9　农药运输

在师傅指导和带领下，掌握农药运输的技术要点，制定农药运输的工作程序。

【专业知识储备】

农药运输是农药商品流通中的一个重要环节。由于农药本身的特殊性，因此，安全、及时、经济的农药运输对保障农业生产、实现农药的使用价值具有重要的意义。

一、　农药的运输原则

农药的运输要贯彻“安全、及时、经济、合理”的原则，严格遵守相关的法律法规。在运输过程中，要避免迂回运输、倒流运输、相向运输和重复运输，实行就地、就厂、就车站码头直拨，货物联运，或直线直达运输。减少农药的装卸、短途搬运及进出库等环节，以减少费用，保持农药的合理价格，降低农业生产成本。农药大多是有毒或危险品，因此在进行农药运输之前，应及时办理有毒或危险品运输证明。

二、 农药的运输方式

1. 铁路运输

利用火车为运载工具运送农药的一种方法。铁路运输是我国运输业的骨干，适合大宗商品的远程运输，对农药运输起着非常重要的作用。选择铁路运输农药时，一般使用专用毒品车承担运输任务。铁路运输具有运载能力大，运费低，安全准确，一般不受季节和气候的影响，连续性强、运输速度快等优点，适合较长距离的运输。但铁路运输受分布的限制，非铁路沿线不能采用。

2. 公路运输

利用公路为运载工具运送农药的一种方法。公路运输的特点是机动、灵活、迅速、装卸方便，是短途运输的最佳选择。我国的公路网四通八达，通过公路运输可将农药直接运送到基层销售单位和用户，这种方式已被大多中小农药企业和商品批发户采用。其缺点是费用较高，运输量少。

3. 水路运输

利用船舶为运载工具运送农药的一种方法。水路运输的特点是费用较低，运输量大。水路运输是航运发达地区农药运输和进口农药的主要运输手段。其缺点是速度慢，受一定气候和自然条件的限制。

4. 航空运输

利用飞机为运载工具运送农药的一种方法。航空运输速度快，但费用昂贵。航空运输是通常在病虫害暴发时，为及时救灾政府会采用的一种应急手段。

三、 农药运输的注意事项

我国和联合国粮农组织对农药运输的相关事项做了如下规定：

（1）要严格遵守我国有关管理部门制定的化学危险品的运输规定，使用专业运输工具运输，不能与食品、饲料、种子及生活用品等混装，并确保农药远离乘客、牲畜和食品。

（2）运输农药前要了解运送农药的种类、毒性、应注意的事项及中毒防治知识等，做到会防毒，发生事故后会处理。

（3）装运多品种农药时要分类码放，不得混杂，有条件的要采用集装箱，高毒农药要有明显标记。

（4）运输农药前要检查包装，如有破损，要及时更换包装或修补，防治农药泄漏。损坏的包装（药瓶、纸袋）等，须统一处理，不能随意丢弃，以免引起中毒。

（5）装卸农药时要轻拿轻放，不能倒置，防止碰撞、外溢和破损。装车前，把运输车上凸出的钉子、铁皮、木楔等锤平，以免戳破农药包装引起泄漏。装车时农药要堆放整齐，重不压轻，标记朝外，箱口向上，放稳扎紧。还要防止农药从高处摔落。汽车运输时，后部需适当固定，并加盖毡布或绳网，避免中途滑落；水运时，舱内堆积高度不得超过 6 m。

（6）装卸和运输人员在工作时要做好安全防护，戴口罩、手套，穿长衣、长裤。工作期间不抽烟、不喝酒、不喝水、不进食。

（7）运输必须安全、及时、准确。要正确选择路线，时速不宜过快，力求平稳行驶。运输途中禁止在居民集中点停留休息，必须停留时，应离居民区 200 m 以外，且要停在阴凉处以免暴晒。运输时也要经常检查包装情况，防止包装破损。雨天运输车船上要有防雨设备，避免雨淋。

（8）搬运完毕，运输工具要及时清洗消毒，搬运人员要及时洗澡、换衣。装运有机磷、氯农药的车、船厢一般可用漂白粉（或熟石灰）液清洗，而后用水冲净；金属材料容器可采用少许溶剂擦洗。废液应倒入专用坑中，不得随意泼洒。

（9）如果运输过程中出现渗漏或散落，应及时、妥善处理。

①让人畜远离事故现场；

②将包装破损的农药转移至远离耕地、住宅和水源的地方；

③用干土或锯木屑吸附散落的农药液体，在仔细清扫后将废渣埋在远离水源的地方；

④在远离水源的地方，彻底清洗运输车辆；

⑤在整个处理过程中要穿戴防护服。

（10）如工作人员不慎沾染农药，首先要及时脱下并清洗被污染的衣服，接着用肥皂水和清水彻底清洗沾染农药的皮肤，如在清洗后仍感觉不适，应尽快询问医生。

（11）若食物被农药污染，应将被污染的食物深埋或烧毁，切记不可喂食牲畜和家禽或让它们误食。

【任务目标与质量要求】

根据农药品种的特点及农药运输相关知识，制定农药运输的基本程序。

【学习产出目标】

1. 熟知农药运输的注意事项；

2. 能够胜任农药运输的工作。

【工作程序与方法要求】

工作程序	工作内容	要求
●准备运输工具	根据农药的运输量和运输距离选择适宜的运输交通工具。要用专车、专船运输，不得与食品、饮料、种子和生活用品等混装。	及时办理农药运输手续。
●装车	根据客户需求明确运输量，装车前根据农药运输距离装车，一般将距离远的装在里侧，距离近的装在外侧，装车时堆放要整齐，标记向外，箱口朝上，放稳扎妥。	装车卸车要轻拿轻放，不得倒置，严防碰撞、外溢和破损。
●运输	要正确选择路线，时速不宜过快，防止翻车、沉船等事故。运输途中休息时，应将车、船停靠阴凉处，防止暴晒，并远离居民区 200 m 以外。雨天运输，车船上要有防雨设施，避免雨淋。	要经常检查包装情况，防止散包、破包或破箱、破瓶出现。

【工作任务实施记录与评价】

1. 农药运输工作记录表

运输工具		运输路线	
运输距离		运输服务对象	
运输农药品种包装情况			
运输时天气情况			
运输途中情况记录			

2. 农药运输任务实施总体评价

师傅指导记录	任务实施总体评价	评价成绩
		年　月　日

3. 学徒关键职业能力及职业品质、工匠精神评价

项目	A	B	C	D
工作态度				
吃苦耐劳				
团队协作				
沟通交流				
学习钻研				
认真负责				
诚实守信				

附录

附录1　农作物植保员国家职业技能标准（2020版）

1　职业概况

1.1　职业名称

农作物植保员

1.2　职业编码

5-05-02-01

1.3　职业定义

使用检测仪器和设施，调查、检验农作物遭受生物灾害的情况并实施防控措施的人员。

1.4　职业等级

本职业共设五个等级，分别为：五级/初级工、四级/中级工、三级/高级工、二级/技师、一级/高级技师。

1.5　职业环境条件

室内、外，常温。

1.6　职业能力特征

具有一定的学习、计算、颜色与气味辨别、语言表达和分析判断能力，动作协调。

1.7　普通受教育程度

初中毕业（或相当文化程度）。

1.8　职业技能鉴定要求

1.8.1　申报条件

具备以下条件之一者，可申报五级/初级工：

（1）累计从事植物保护工作1年（含）以上。

（2）农作物植保员学徒期满。

具备以下条件之一者，可申报四级/中级工：

（1）取得本职业五级/初级工职业资格证书（技能等级证书）后，累计从事植物保护工作4年（含）以上。

（2）累计从事植物保护工作6年（含）以上。

（3）取得技工学校植物保护专业或农学类专业毕业证书（含尚未取得毕业证书的

在校应届毕业生）；或取得经评估论证、以中级技能为培养目标的中等及以上职业学校植物保护专业或农学类专业毕业证书（含尚未取得毕业证书的在校应届毕业生）。

具备以下条件之一者，可申报三级/高级工：

（1）取得本职业四级/中级工职业资格证书（技能等级证书）后，累计从事植物保护工作5年（含）以上。

（2）取得本职业四级/中级工职业资格证书（技能等级证书），并具有高级技工学校、技师学院毕业证书（含尚未取得毕业证书的在校应届毕业生）；或取得本职业四级/中级工职业资格证书（技能等级证书），并具有经评估论证、以高级技能为培养目标的高等职业学校植物保护专业或农学类专业毕业证书（含尚未取得毕业证书的在校应届毕业生）。

（3）具有大专及以上植物保护专业或农学类专业毕业证书，并取得本职业四级/中级工职业资格证书（技能等级证书）后，累计从事植物保护工作2年（含）以上。

具备以下条件之一者，可申报二级/技师：

（1）取得本职业三级/高级工职业资格证书（技能等级证书）后，累计从事植物保护工作4年（含）以上。

（2）取得本职业三级/高级工职业资格证书（技能等级证书）的高级技工学校、技师学院毕业生，累计从事植物保护工作3年（含）以上；或取得本职业预备技师证书的技师学院毕业生，累计从事植物保护工作2年（含）以上。

具备以下条件者，可申报一级/高级技师：

取得本职业二级/技师职业资格证书（技能等级证书）后，累计从事植物保护工作4年（含）以上。

1.8.2 鉴定方式

分为理论知识考试、技能考核以及综合评审。理论知识考试以笔试、机考等方式为主，主要考核从业人员从事本职业应掌握的基本要求和相关知识要求；技能考核主要采用现场操作、模拟操作等方式进行，主要考核从业人员从事本职业应具备的技能水平；综合评审主要针对技师和高级技师，通常采取审阅申报材料、答辩等方式进行全面评议和审查。

理论知识考试、技能考核和综合评审均实行百分制，成绩皆达60分（含）以上者为合格。职业标准中标注“★”的为涉及安全生产或操作的关键技能，如考生在技能考核中违反操作规程或未达到该技能要求的，则技能考核成绩为不合格。

1.8.3 监考人员、考评人员与考生配比

理论知识考试中的监考人员与考生配比不低于1∶15，且每个考场不少于2名监考人员；技能考核中的考评人员与考生配比不低于1∶5，且考评人员为3人（含）以上单数；综合评审委员为3人（含）以上单数。

1.8.4　鉴定时间

理论知识考试时间不少于 90 min；技能考核时间不少于 60 min；综合评审时间不少于 30 min。

1.8.5　鉴定场所设备

理论知识考试在标准教室里进行；技能考核在具有必要设备的植物保护实验室及田间现场进行。

2　基本要求

2.1　职业道德

2.1.1　职业道德基本知识

2.1.2　职业守则

(1) 遵纪守法，敬业爱岗。

(2) 规范操作，注意安全。

(3) 认真负责，实事求是。

(4) 忠于职守，热情服务。

(5) 勤奋好学，精益求精。

(6) 团结协作，勇于创新。

2.2　基础知识

2.2.1　基础理论知识

(1) 植物保护基础知识。

(2) 作物病、虫、草、鼠害调查与测报基础知识。

(3) 有害生物综合防治知识。

(4) 农药及药械应用基础知识。

(5) 植物检疫基础知识。

(6) 农业技术推广知识。

(7) 农业标准化基础知识。

(8) 信息技术应用知识。

2.2.2　相关法律、法规知识

(1)《中华人民共和国农业法》相关知识。

(2)《中华人民共和国农业技术推广法》相关知识。

(3)《中华人民共和国劳动法》相关知识。

(4)《中华人民共和国农产品质量安全法》相关知识。

(5)《中华人民共和国种子法》相关知识。

(6)《植物检疫条例》及其实施细则相关知识。

(7)《农药管理条例》及其实施办法相关知识。

(8)《中华人民共和国植物新品种保护条例》相关知识。

2.2.3　安全知识

(1) 安全使用农药知识。

(2) 安全用电知识。

(3) 安全使用农机具知识。

2.2.4　环保知识

(1) 农药的运输和储存要求。

(2) 农药残液及相关废弃物处理方法。

3　工作要求

本标准对五级/初级工、四级/中级工、三级/高级工、二级/技师、一级/高级技师的技能要求和相关知识要求依次递进，高级别涵盖低级别的要求。

3.1　五级/初级工

职业功能	工作内容	技能要求	相关知识要求
1. 预测预报	1.1 田间调查	1.1.1 能识别当地主要病、虫、草、鼠害和天敌 10 种以上 1.1.2 能对 2 种以上常发性病、虫发生情况进行调查	1.1.1 病、虫、草种类识别知识 1.1.2 田间调查方法
	1.2 整理数据	1.2.1 能汇总田间调查数据 1.2.2 能进行百分率、平均数和虫口密度等计算	百分率、平均数和虫口密度的计算方法
	1.3 传递信息	1.3.1 能通过文字、图表记录病、虫信息 1.3.2 能传递病、虫信息	传递信息的注意事项
2. 综合防治	2.1 阅读方案	2.1.1 能读懂综合防治方案 2.1.2 能明确综合防治主要要求	2.1.1 综防原则 2.1.2 综防技术要点
	2.2 实施综防措施	2.2.1 能利用灯光、黄板、性诱剂等诱杀害虫 2.2.2 能利用常规化学农药防治害虫	物理、化学方法防治害虫知识
3. 农药（械）使用	3.1 准备农药（械）	3.1.1 能根据农药施用技术方案准备好农药（械） 3.1.2 能辨别常用农药外观质量	农药（械）知识
	3.2 配制药液、毒土	3.2.1 能计算农药制剂和稀释剂用量 3.2.2★能按药、水（土）配比要求配制药液及毒土	常用农药使用常识和注意事项
	3.3 施用农药	3.3.1★能安装手动喷雾器 3.3.2★能用手动喷雾器施用农药	3.3.1 手动喷雾器构造及使用方法 3.3.2 安全施药方法和注意事项

续表

职业功能	工作内容	技能要求	相关知识要求
3. 农药（械）使用	3.4 清洗药械	3.4.1 能按照要求清洗药械 3.4.2 能处理清洗药械的污水和用过的农药包装物	药械保管与维护常识
	3.5 保管农药（械）	3.5.1 能安全运输农药 3.5.2 能按规定保管农药（械）	农药（械）贮存及保管常识

3.2 四级/中级工

职业功能	工作内容	技能要求	相关知识要求
1. 预测预报	1.1 田间调查	1.1.1 能识别当地主要病、虫、草、鼠害和天敌 20 种以上 1.1.2 能对 4 种以上常发性病、虫发生情况进行调查	病、虫、草种类识别知识及发生规律
	1.2 整理数据	1.2.1 能分析田间调查数据 1.2.2 能进行病情指数、普遍率等计算	病情指数和普遍率的计算方法
	1.3 传递信息	1.3.1 能对病、虫发生动态进行分析并作出初步判断 1.3.2 能按国家测报规范进行病、虫信息传递	1.3.1 病、虫测报知识 1.3.2 信息技术一般知识
2. 综合防治	2.1 起草综防计划	2.1.1 能对植保部门发布的病虫情报进行综合分析 2.1.2 能结合实际对一种主要病虫提出综防计划	2.1.1 主要病、虫发生规律 2.1.2 主要病、虫综防知识
	2.2 实施综防措施	2.2.1 能利用天敌进行生物防治 2.2.2 能选择并使用农药控制害虫保护益虫	生物防治基本知识
3. 农药（械）使用	3.1 配制药液、毒土	3.1.1 能通过标签辨别农药剂型 3.1.2★能批量配制农药	农药配制常识
	3.2 施用农药	3.2.1★能使用机动喷雾器施用农药 3.2.2★能进行农药中毒急救	3.2.1 农药使用方法 3.2.2 机动喷雾器使用及维修方法 3.2.3 农药中毒急救方法
	3.3 维修保养药械	3.3.1 能维修手动喷雾器 3.3.2 能保养机动喷雾器 3.3.3 能排除机动喷雾器简单故障	

3.3 三级/高级工

职业功能	工作内容	技能要求	相关知识要求
1. 预测预报	1.1 田间调查	1.1.1 能识别当地主要病、虫、草、鼠害和天敌35种以上 1.1.2 能对5种以上主要病、虫发生情况进行调查	1.1.1 昆虫形态、病害诊断及杂草识别的一般知识 1.1.2 显微镜、解剖镜的操作使用方法 1.1.3 主要病、虫系统调查方法
	1.2 数据分析	1.2.1 能使用计算工具做简单的统计分析 1.2.2 能编制统计图表	统计分析的一般方法
	1.3 预测分析	1.3.1 能对病、虫发生进行预测分析 1.3.2 能确定防治适期和防治区域	1.3.1 主要病、虫的防治指标 1.3.2 昆虫的世代和发育进度
2. 综合防治	2.1 起草综防计划	2.2.1 能结合实际对三种及以上主要病、虫害提出综防计划 2.1.2 能根据实际情况对主要病、虫防治计划进行优化	2.1.1 主要病、虫发生规律 2.1.2 主要病、虫综防知识
	2.2 实施综防措施	2.2.1 能落实综防技术措施 2.2.2 能对综防效果进行简单评价	主要病、虫综防技术规程
3. 农药(械)使用	3.1 配制药液、毒土	3.1.1 能读懂农药标签全部内容 3.1.2★能进行多种剂型农药的配制	主要农药的性能及鉴别常识
	3.2 施用农药	3.2.1★能使用自走式大型植保机械施用农药 3.2.2★能使用小型航空植保机械施用农药	3.2.1 农药安全使用常识和农药中毒急救方法 3.2.2 主要药械的结构、性能及使用、养护方法 3.2.3 小型航空植保机械飞防基本知识
	3.3 维修保养药械	3.3.1 能保养主要类型的机动药械 3.3.2 能排除主要类型机动药械简单故障	

3.4 二级/技师

职业功能	工作内容	技能要求	相关知识要求
1. 预测预报	1.1 田间调查	1.1.1 能对当地主要病、虫进行系统调查 1.1.2 能安装、使用、维护常用观测器具	1.1.1 病、虫测报调查规范 1.1.2 观测器具的使用方法和注意事项
	1.2 预测分析	1.2.1 能整理归纳病、虫调查数据及相关气象资料 1.2.2 能使用综合分析方法对主要病、虫作出短期预测	1.2.1 病、虫害发生、消长规律 1.2.2 生物统计基础知识 1.2.3 农业气象基础知识
	1.3 编写预报	1.3.1 能编写短期预报 1.3.2 能发布预报	科技应用文写作基本知识

职业功能	工作内容	技能要求	相关知识要求
2. 综合防治	2.1 制定综防计划	能以一种作物为对象制定全程有害生物综防计划	2.1.1 病、虫、草、鼠害发生规律 2.1.2 作物品种与栽培技术
	2.2 协助建立综防示范田	2.2.1 能正确选点 2.2.2 能协调组织农户开展综防示范	农业技术推广知识
3. 农药(械)使用	3.1 制定药剂防治计划	3.1.1 能根据病虫发生和抗药性情况提出农药需求的品种和药械类型 3.1.2 能提出药剂施用方案	农药（械）信息
	3.2 指导科学用药	3.2.1 能实施药剂防治计划 3.2.2 能根据农药施用后出现的问题提出解决措施	3.2.1 主要病、虫、草、鼠害防治技术 3.2.2 农药管理法规
4. 植物检疫	4.1 疫情调查	4.1.1 能识别检疫性有害生物 4.1.2 能调查检疫性有害生物 4.1.3 能进行室内镜检	植物检疫基础知识
	4.2 疫情封锁控制	在植物检疫专业技术人员的指导下，能对检疫性病、虫进行灭杀和无害化处理	4.2.1 检疫性病、虫灭杀和无害化处理方法 4.2.2 检疫性有害生物封锁控制技术
5. 培训	5.1 制定培训计划	能够制定四级/中级工及以下级别人员的职业培训计划	农业技术培训方法
	5.2 实施培训	能进行室内和现场培训	

3.5　一级/高级技师

职业功能	工作内容	技能要求	相关知识要求
1. 预测预报	1.1 预测分析	能对主要病、虫害进行数理统计分析	1.1.1 病害流行基础知识 1.1.2 昆虫生态基础知识 1.1.3 生物统计基础知识 1.1.4 信息技术应用知识
	1.2 编写预报	能编写中期预报	1.2.1 病、虫预测预报知识 1.2.2 病、虫情报撰写知识
2. 综合防治	2.1 审核综防计划	能对综防计划的科学性、可行性和可操作性做出判断	经济效益评估基本知识
	2.2 检查指导综防实施情况	2.2.1 能解决综防实施中的技术问题 2.2.2 能根据病、虫预测信息，对综防措施提出调整意见 2.2.3 能撰写综防总结	病、虫害综合防治知识与技术

职业功能	工作内容	技能要求	相关知识要求
3. 农药(械)使用	3.1 制定药剂防治计划	能确定主要作物全程药剂防治方案	3.1.1 有害生物综合防治原则 3.1.2 环境保护知识
	3.2 检查指导药剂防治工作	3.2.1 能判断和治理药剂防治中抗药性和药害问题 3.2.2 能根据病、虫预测信息，对药剂防治计划提出调整意见	轮换用药原则和抗性治理知识
4. 植物检疫	4.1 疫情调查	能识别新的检疫性有害生物	4.1.1 检疫性有害生物的种类及特点 4.1.2 检疫性有害生物的调查方法
	4.2 疫情封锁控制	能提出封锁控制检疫性有害生物的技术方案	检疫性有害生物封锁控制技术
5. 培训	5.1 制定培训计划	能制定三级/高级工及以下级别人员的培训计划	教育学基本知识
	5.2 编制教材	能编写培训讲义及教材	
	5.3 实施培训	能进行室内和现场培训	

4 权重表

4.1 理论知识权重表

项目	技能等级	五级/初级工 /%	四级/中级工 /%	三级/高级工 /%	二级/技师 /%	一级/高级技师 /%
基本要求	职业道德	5	5	5	5	5
	基础知识	25	25	25	20	20
相关知识要求	预测预报	20	20	25	15	10
	综合防治	20	25	25	15	10
	农药(械)使用	30	25	20	15	15
	植物检疫	—	—	—	15	15
	培训	—	—	—	15	25
合计		100	100	100	100	100

4.2 技能要求权重表

项目		技能等级				
		五级/初级工/%	四级/中级工/%	三级/高级工/%	二级/技师/%	一级/高级技师/%
技能要求	预测预报	30	30	30	25	15
	综合防治	20	30	30	20	20
	农药(械)使用	50	40	40	15	15
	植物检疫	—	—	—	20	15
	培训	—	—	—	20	35
合计		100	100	100	100	100

附录 2　中华人民共和国农业法

第一章　总　则

第一条　为了巩固和加强农业在国民经济中的基础地位，深化农村改革，发展农业生产力，推进农业现代化，维护农民和农业生产经营组织的合法权益，增加农民收入，提高农民科学文化素质，促进农业和农村经济的持续、稳定、健康发展，实现全面建设小康社会的目标，制定本法。

第二条　本法所称农业，是指种植业、林业、畜牧业和渔业等产业，包括与其直接相关的产前、产中、产后服务。

本法所称农业生产经营组织，是指农村集体经济组织、农民专业合作经济组织、农业企业和其他从事农业生产经营的组织。

第三条　国家把农业放在发展国民经济的首位。

农业和农村经济发展的基本目标是：建立适应发展社会主义市场经济要求的农村经济体制，不断解放和发展农村生产力，提高农业的整体素质和效益，确保农产品供应和质量，满足国民经济发展和人口增长、生活改善的需求，提高农民的收入和生活水平，促进农村富余劳动力向非农产业和城镇转移，缩小城乡差别和区域差别，建设富裕、民主、文明的社会主义新农村，逐步实现农业和农村现代化。

第四条　国家采取措施，保障农业更好地发挥在提供食物、工业原料和其他农产品，维护和改善生态环境，促进农村经济社会发展等多方面的作用。

第五条　国家坚持和完善公有制为主体、多种所有制经济共同发展的基本经济制度，振兴农村经济。

国家长期稳定农村以家庭承包经营为基础、统分结合的双层经营体制，发展社会化服务体系，壮大集体经济实力，引导农民走共同富裕的道路。

国家在农村坚持和完善以按劳分配为主体、多种分配方式并存的分配制度。

第六条　国家坚持科教兴农和农业可持续发展的方针。国家采取措施加强农业和农村基础设施建设，调整、优化农业和农村经济结构，推进农业产业化经营，发展农业科技、教育事业，保护农业生态环境，促进农业机械化和信息化，提高农业综合生产能力。

第七条　国家保护农民和农业生产经营组织的财产及其他合法权益不受侵犯。各级人民政府及其有关部门应当采取措施增加农民收入，切实减轻农民负担。

第八条　全社会应当高度重视农业，支持农业发展。

国家对发展农业和农村经济有显著成绩的单位和个人，给予奖励。

第九条 各级人民政府对农业和农村经济发展工作统一负责，组织各有关部门和全社会做好发展农业和为发展农业服务的各项工作。

国务院农业行政主管部门主管全国农业和农村经济发展工作，国务院林业行政主管部门和其他有关部门在各自的职责范围内，负责有关的农业和农村经济发展工作。

县级以上地方人民政府各农业行政主管部门负责本行政区域内的种植业、畜牧业、渔业等农业和农村经济发展工作，林业行政主管部门负责本行政区域内的林业工作。县级以上地方人民政府其他有关部门在各自的职责范围内，负责本行政区域内有关的为农业生产经营服务的工作。

第二章 农业生产经营体制

第十条 国家实行农村土地承包经营制度，依法保障农村土地承包关系的长期稳定，保护农民对承包土地的使用权。

农村土地承包经营的方式、期限、发包方和承包方的权利义务、土地承包经营权的保护和流转等，适用《中华人民共和国土地管理法》和《中华人民共和国农村土地承包法》。

农村集体经济组织应当在家庭承包经营的基础上，依法管理集体资产，为其成员提供生产、技术、信息等服务，组织合理开发、利用集体资源，壮大经济实力。

第十一条 国家鼓励农民在家庭承包经营的基础上自愿组成各类专业合作经济组织。

农民专业合作经济组织应当坚持为成员服务的宗旨，按照加入自愿、退出自由、民主管理、盈余返还的原则，依法在其章程规定的范围内开展农业生产经营和服务活动。

农民专业合作经济组织可以有多种形式，依法成立、依法登记。任何组织和个人不得侵犯农民专业合作经济组织的财产和经营自主权。

第十二条 农民和农业生产经营组织可以自愿按照民主管理、按劳分配和按股分红相结合的原则，以资金、技术、实物等入股，依法兴办各类企业。

第十三条 国家采取措施发展多种形式的农业产业化经营，鼓励和支持农民和农业生产经营组织发展生产、加工、销售一体化经营。

国家引导和支持从事农产品生产、加工、流通服务的企业、科研单位和其他组织，通过与农民或者农民专业合作经济组织订立合同或者建立各类企业等形式，形成收益共享、风险共担的利益共同体，推进农业产业化经营，带动农业发展。

第十四条 农民和农业生产经营组织可以按照法律、行政法规成立各种农产品行业协会，为成员提供生产、营销、信息、技术、培训等服务，发挥协调和自律作用，提出农产品贸易救济措施的申请，维护成员和行业的利益。

第三章　农业生产

第十五条　县级以上人民政府根据国民经济和社会发展的中长期规划、农业和农村经济发展的基本目标和农业资源区划，制定农业发展规划。

省级以上人民政府农业行政主管部门根据农业发展规划，采取措施发挥区域优势，促进形成合理的农业生产区域布局，指导和协调农业和农村经济结构调整。

第十六条　国家引导和支持农民和农业生产经营组织结合本地实际按照市场需求，调整和优化农业生产结构，协调发展种植业、林业、畜牧业和渔业，发展优质、高产、高效益的农业，提高农产品国际竞争力。

种植业以优化品种、提高质量、增加效益为中心，调整作物结构、品种结构和品质结构。

加强林业生态建设，实施天然林保护、退耕还林和防沙治沙工程，加强防护林体系建设，加速营造速生丰产林、工业原料林和薪炭林。

加强草原保护和建设，加快发展畜牧业，推广圈养和舍饲，改良畜禽品种，积极发展饲料工业和畜禽产品加工业。

渔业生产应当保护和合理利用渔业资源，调整捕捞结构，积极发展水产养殖业、远洋渔业和水产品加工业。

县级以上人民政府应当制定政策，安排资金，引导和支持农业结构调整。

第十七条　各级人民政府应当采取措施，加强农业综合开发和农田水利、农业生态环境保护、乡村道路、农村能源和电网、农产品仓储和流通、渔港、草原围栏、动植物原种良种基地等农业和农村基础设施建设，改善农业生产条件，保护和提高农业综合生产能力。

第十八条　国家扶持动植物品种的选育、生产、更新和良种的推广使用，鼓励品种选育和生产、经营相结合，实施种子工程和畜禽良种工程。国务院和省、自治区、直辖市人民政府设立专项资金，用于扶持动植物良种的选育和推广工作。

第十九条　各级人民政府和农业生产经营组织应当加强农田水利设施建设，建立健全农田水利设施的管理制度，节约用水，发展节水型农业，严格依法控制非农业建设占用灌溉水源，禁止任何组织和个人非法占用或者毁损农田水利设施。

国家对缺水地区发展节水型农业给予重点扶持。

第二十条　国家鼓励和支持农民和农业生产经营组织使用先进、适用的农业机械，加强农业机械安全管理，提高农业机械化水平。

国家对农民和农业生产经营组织购买先进农业机械给予扶持。

第二十一条　各级人民政府应当支持为农业服务的气象事业的发展，提高对气象灾害的监测和预报水平。

第二十二条 国家采取措施提高农产品的质量，建立健全农产品质量标准体系和质量检验检测监督体系，按照有关技术规范、操作规程和质量卫生安全标准，组织农产品的生产经营，保障农产品质量安全。

第二十三条 国家支持依法建立健全优质农产品认证和标志制度。

国家鼓励和扶持发展优质农产品生产。县级以上地方人民政府应当结合本地情况，按照国家有关规定采取措施，发展优质农产品生产。

符合国家规定标准的优质农产品可以依照法律或者行政法规的规定申请使用有关的标志。符合规定产地及生产规范要求的农产品可以依照有关法律或者行政法规的规定申请使用农产品地理标志。

第二十四条 国家实行动植物防疫、检疫制度，健全动植物防疫、检疫体系，加强对动物疫病和植物病、虫、杂草、鼠害的监测、预警、防治，建立重大动物疫情和植物病虫害的快速扑灭机制，建设动物无规定疫病区，实施植物保护工程。

第二十五条 农药、兽药、饲料和饲料添加剂、肥料、种子、农业机械等可能危害人畜安全的农业生产资料的生产经营，依照相关法律、行政法规的规定实行登记或者许可制度。

各级人民政府应当建立健全农业生产资料的安全使用制度，农民和农业生产经营组织不得使用国家明令淘汰和禁止使用的农药、兽药、饲料添加剂等农业生产资料和其他禁止使用的产品。

农业生产资料的生产者、销售者应当对其生产、销售的产品的质量负责，禁止以次充好、以假充真、以不合格的产品冒充合格的产品；禁止生产和销售国家明令淘汰的农药、兽药、饲料添加剂、农业机械等农业生产资料。

第四章 农产品流通与加工

第二十六条 农产品的购销实行市场调节。国家对关系国计民生的重要农产品的购销活动实行必要的宏观调控，建立中央和地方分级储备调节制度，完善仓储运输体系，做到保证供应，稳定市场。

第二十七条 国家逐步建立统一、开放、竞争、有序的农产品市场体系，制定农产品批发市场发展规划。对农村集体经济组织和农民专业合作经济组织建立农产品批发市场和农产品集贸市场，国家给予扶持。

县级以上人民政府工商行政管理部门和其他有关部门按照各自的职责，依法管理农产品批发市场，规范交易秩序，防止地方保护与不正当竞争。

第二十八条 国家鼓励和支持发展多种形式的农产品流通活动。支持农民和农民专业合作经济组织按照国家有关规定从事农产品收购、批发、贮藏、运输、零售和中介活动。鼓励供销合作社和其他从事农产品购销的农业生产经营组织提供市场信息，开拓农产品流通渠道，为农产品销售服务。

县级以上人民政府应当采取措施，督促有关部门保障农产品运输畅通，降低农产品流通成本。有关行政管理部门应当简化手续，方便鲜活农产品的运输，除法律、行政法规另有规定外，不得扣押鲜活农产品的运输工具。

第二十九条 国家支持发展农产品加工业和食品工业，增加农产品的附加值。县级以上人民政府应当制定农产品加工业和食品工业发展规划，引导农产品加工企业形成合理的区域布局和规模结构，扶持农民专业合作经济组织和乡镇企业从事农产品加工和综合开发利用。

国家建立健全农产品加工制品质量标准，完善检测手段，加强农产品加工过程中的质量安全管理和监督，保障食品安全。

第三十条 国家鼓励发展农产品进出口贸易。

国家采取加强国际市场研究、提供信息和营销服务等措施，促进农产品出口。

为维护农产品产销秩序和公平贸易，建立农产品进口预警制度，当某些进口农产品已经或者可能对国内相关农产品的生产造成重大的不利影响时，国家可以采取必要的措施。

第五章 粮食安全

第三十一条 国家采取措施保护和提高粮食综合生产能力，稳步提高粮食生产水平，保障粮食安全。

国家建立耕地保护制度，对基本农田依法实行特殊保护。

第三十二条 国家在政策、资金、技术等方面对粮食主产区给予重点扶持，建设稳定的商品粮生产基地，改善粮食收贮及加工设施，提高粮食主产区的粮食生产、加工水平和经济效益。

国家支持粮食主产区与主销区建立稳定的购销合作关系。

第三十三条 在粮食的市场价格过低时，国务院可以决定对部分粮食品种实行保护价制度。保护价应当根据有利于保护农民利益、稳定粮食生产的原则确定。

农民按保护价制度出售粮食，国家委托的收购单位不得拒收。

县级以上人民政府应当组织财政、金融等部门以及国家委托的收购单位及时筹足粮食收购资金，任何部门、单位或者个人不得截留或者挪用。

第三十四条 国家建立粮食安全预警制度，采取措施保障粮食供给。国务院应当制定粮食安全保障目标与粮食储备数量指标，并根据需要组织有关主管部门进行耕地、粮食库存情况的核查。

国家对粮食实行中央和地方分级储备调节制度，建设仓储运输体系。承担国家粮食储备任务的企业应当按照国家规定保证储备粮的数量和质量。

第三十五条 国家建立粮食风险基金，用于支持粮食储备、稳定粮食市场和保护农民利益。

第三十六条 国家提倡珍惜和节约粮食，并采取措施改善人民的食物营养结构。

第六章 农业投入与支持保护

第三十七条 国家建立和完善农业支持保护体系，采取财政投入、税收优惠、金融支持等措施，从资金投入、科研与技术推广、教育培训、农业生产资料供应、市场信息、质量标准、检验检疫、社会化服务以及灾害救助等方面扶持农民和农业生产经营组织发展农业生产，提高农民的收入水平。

在不与我国缔结或加入的有关国际条约相抵触的情况下，国家对农民实施收入支持政策，具体办法由国务院制定。

第三十八条 国家逐步提高农业投入的总体水平。中央和县级以上地方财政每年对农业总投入的增长幅度应当高于其财政经常性收入的增长幅度。

各级人民政府在财政预算内安排的各项用于农业的资金应当主要用于：加强农业基础设施建设；支持农业结构调整，促进农业产业化经营；保护粮食综合生产能力，保障国家粮食安全；健全动植物检疫、防疫体系，加强动物疫病和植物病、虫、杂草、鼠害防治；建立健全农产品质量标准和检验检测监督体系、农产品市场及信息服务体系；支持农业科研教育、农业技术推广和农民培训；加强农业生态环境保护建设；扶持贫困地区发展；保障农民收入水平等。

县级以上各级财政用于种植业、林业、畜牧业、渔业、农田水利的农业基本建设投入应当统筹安排，协调增长。

国家为加快西部开发，增加对西部地区农业发展和生态环境保护的投入。

第三十九条 县级以上人民政府每年财政预算内安排的各项用于农业的资金应当及时足额拨付。各级人民政府应当加强对国家各项农业资金分配、使用过程的监督管理，保证资金安全，提高资金的使用效率。

任何单位和个人不得截留、挪用用于农业的财政资金和信贷资金。审计机关应当依法加强对用于农业的财政和信贷等资金的审计监督。

第四十条 国家运用税收、价格、信贷等手段，鼓励和引导农民和农业生产经营组织增加农业生产经营性投入和小型农田水利等基本建设投入。

国家鼓励和支持农民和农业生产经营组织在自愿的基础上依法采取多种形式，筹集农业资金。

第四十一条 国家鼓励社会资金投向农业，鼓励企业事业单位、社会团体和个人捐资设立各种农业建设和农业科技、教育基金。

国家采取措施，促进农业扩大利用外资。

第四十二条 各级人民政府应当鼓励和支持企业事业单位及其他各类经济组织开展农业信息服务。

县级以上人民政府农业行政主管部门及其他有关部门应当建立农业信息搜集、整理和发布制度，及时向农民和农业生产经营组织提供市场信息等服务。

第四十三条 国家鼓励和扶持农用工业的发展。

国家采取税收、信贷等手段鼓励和扶持农业生产资料的生产和贸易，为农业生产稳定增长提供物质保障。

国家采取宏观调控措施，使化肥、农药、农用薄膜、农业机械和农用柴油等主要农业生产资料和农产品之间保持合理的比价。

第四十四条 国家鼓励供销合作社、农村集体经济组织、农民专业合作经济组织、其他组织和个人发展多种形式的农业生产产前、产中、产后的社会化服务事业。县级以上人民政府及其各有关部门应当采取措施对农业社会化服务事业给予支持。

对跨地区从事农业社会化服务的，农业、工商管理、交通运输、公安等有关部门应当采取措施给予支持。

第四十五条 国家建立健全农村金融体系，加强农村信用制度建设，加强农村金融监管。

有关金融机构应当采取措施增加信贷投入，改善农村金融服务，对农民和农业生产经营组织的农业生产经营活动提供信贷支持。

农村信用合作社应当坚持为农业、农民和农村经济发展服务的宗旨，优先为当地农民的生产经营活动提供信贷服务。

国家通过贴息等措施，鼓励金融机构向农民和农业生产经营组织的农业生产经营活动提供贷款。

第四十六条 国家建立和完善农业保险制度。

国家逐步建立和完善政策性农业保险制度。鼓励和扶持农民和农业生产经营组织建立为农业生产经营活动服务的互助合作保险组织，鼓励商业性保险公司开展农业保险业务。

农业保险实行自愿原则。任何组织和个人不得强制农民和农业生产经营组织参加农业保险。

第四十七条 各级人民政府应当采取措施，提高农业防御自然灾害的能力，做好防灾、抗灾和救灾工作，帮助灾民恢复生产，组织生产自救，开展社会互助互济；对没有基本生活保障的灾民给予救济和扶持。

第七章 农业科技与农业教育

第四十八条 国务院和省级人民政府应当制定农业科技、农业教育发展规划，发展农业科技、教育事业。

县级以上人民政府应当按照国家有关规定逐步增加农业科技经费和农业教育经费。

国家鼓励、吸引企业等社会力量增加农业科技投入，鼓励农民、农业生产经营组织、企业事业单位等依法举办农业科技、教育事业。

第四十九条 国家保护植物新品种、农产品地理标志等知识产权，鼓励和引导农业科研、教育单位加强农业科学技术的基础研究和应用研究，传播和普及农业科学技术知识，加速科技成果转化与产业化，促进农业科学技术进步。

国务院有关部门应当组织农业重大关键技术的科技攻关。国家采取措施促进国际农业科技、教育合作与交流，鼓励引进国外先进技术。

第五十条 国家扶持农业技术推广事业，建立政府扶持和市场引导相结合，有偿与无偿服务相结合，国家农业技术推广机构和社会力量相结合的农业技术推广体系，促使先进的农业技术尽快应用于农业生产。

第五十一条 国家设立的农业技术推广机构应当以农业技术试验示范基地为依托，承担公共所需的关键性技术的推广和示范等公益性职责，为农民和农业生产经营组织提供无偿农业技术服务。

县级以上人民政府应当根据农业生产发展需要，稳定和加强农业技术推广队伍，保障农业技术推广机构的工作经费。

各级人民政府应当采取措施，按照国家规定保障和改善从事农业技术推广工作的专业科技人员的工作条件、工资待遇和生活条件，鼓励他们为农业服务。

第五十二条 农业科研单位、有关学校、农民专业合作社、涉农企业、群众性科技组织及有关科技人员，根据农民和农业生产经营组织的需要，可以提供无偿服务，也可以通过技术转让、技术服务、技术承包、技术咨询和技术入股等形式，提供有偿服务，取得合法收益。农业科研单位、有关学校、农民专业合作社、涉农企业、群众性科技组织及有关科技人员应当提高服务水平，保证服务质量。

对农业科研单位、有关学校、农业技术推广机构举办的为农业服务的企业，国家在税收、信贷等方面给予优惠。

国家鼓励和支持农民、供销合作社、其他企业事业单位等参与农业技术推广工作。

第五十三条 国家建立农业专业技术人员继续教育制度。县级以上人民政府农业行政主管部门会同教育、人事等有关部门制定农业专业技术人员继续教育计划，并组织实施。

第五十四条 国家在农村依法实施义务教育，并保障义务教育经费。国家在农村举办的普通中小学校教职工工资由县级人民政府按照国家规定统一发放，校舍等教学设施的建设和维护经费由县级人民政府按照国家规定统一安排。

第五十五条 国家发展农业职业教育。国务院有关部门按照国家职业资格证书制度的统一规定，开展农业行业的职业分类、职业技能鉴定工作，管理农业行业的职业资格证书。

第五十六条 国家采取措施鼓励农民采用先进的农业技术，支持农民举办各种科技组织，开展农业实用技术培训、农民绿色证书培训和其他就业培训，提高农民的文化技术素质。

第八章 农业资源与农业环境保护

第五十七条 发展农业和农村经济必须合理利用和保护土地、水、森林、草原、野生动植物等自然资源，合理开发和利用水能、沼气、太阳能、风能等可再生能源和清洁能源，发展生态农业，保护和改善生态环境。

县级以上人民政府应当制定农业资源区划或者农业资源合理利用和保护的区划，建立农业资源监测制度。

第五十八条 农民和农业生产经营组织应当保养耕地，合理使用化肥、农药、农用薄膜，增加使用有机肥料，采用先进技术，保护和提高地力，防止农用地的污染、破坏和地力衰退。

县级以上人民政府农业行政主管部门应当采取措施，支持农民和农业生产经营组织加强耕地质量建设，并对耕地质量进行定期监测。

第五十九条 各级人民政府应当采取措施，加强小流域综合治理，预防和治理水土流失。从事可能引起水土流失的生产建设活动的单位和个人，必须采取预防措施，并负责治理因生产建设活动造成的水土流失。

各级人民政府应当采取措施，预防土地沙化，治理沙化土地。国务院和沙化土地所在地区的县级以上地方人民政府应当按照法律规定制定防沙治沙规划，并组织实施。

第六十条 国家实行全民义务植树制度。各级人民政府应当采取措施，组织群众植树造林，保护林地和林木，预防森林火灾，防治森林病虫害，制止滥伐、盗伐林木，提高森林覆盖率。

国家在天然林保护区域实行禁伐或者限伐制度，加强造林护林。

第六十一条 有关地方人民政府，应当加强草原的保护、建设和管理，指导、组织农（牧）民和农（牧）业生产经营组织建设人工草场、饲草饲料基地和改良天然草原，实行以草定畜，控制载畜量，推行划区轮牧、休牧和禁牧制度，保护草原植被，防止草原退化沙化和盐渍化。

第六十二条 禁止毁林毁草开垦、烧山开垦以及开垦国家禁止开垦的陡坡地，已经开垦的应当逐步退耕还林、还草。

禁止围湖造田以及围垦国家禁止围垦的湿地。已经围垦的，应当逐步退耕还湖、还湿地。

对在国务院批准规划范围内实施退耕的农民，应当按照国家规定予以补助。

第六十三条 各级人民政府应当采取措施，依法执行捕捞限额和禁渔、休渔制度，增殖渔业资源，保护渔业水域生态环境。

国家引导、支持从事捕捞业的农（渔）民和农（渔）业生产经营组织从事水产养殖业或者其他职业，对根据当地人民政府统一规划转产转业的农（渔）民，应当按照国家规定予以补助。

第六十四条 国家建立与农业生产有关的生物物种资源保护制度，保护生物多样性，对稀有、濒危、珍贵生物资源及其原生地实行重点保护。从境外引进生物物种资源应当依法进行登记或者审批，并采取相应安全控制措施。

农业转基因生物的研究、试验、生产、加工、经营及其他应用，必须依照国家规定严格实行各项安全控制措施。

第六十五条 各级农业行政主管部门应当引导农民和农业生产经营组织采取生物措施或者使用高效低毒低残留农药、兽药，防治动植物病、虫、杂草、鼠害。

农产品采收后的秸秆及其他剩余物质应当综合利用，妥善处理，防止造成环境污染和生态破坏。

从事畜禽等动物规模养殖的单位和个人应当对粪便、废水及其他废弃物进行无害化处理或者综合利用，从事水产养殖的单位和个人应当合理投饵、施肥、使用药物，防止造成环境污染和生态破坏。

第六十六条 县级以上人民政府应当采取措施，督促有关单位进行治理，防治废水、废气和固体废弃物对农业生态环境的污染。排放废水、废气和固体废弃物造成农业生态环境污染事故的，由环境保护行政主管部门或者农业行政主管部门依法调查处理；给农民和农业生产经营组织造成损失的，有关责任者应当依法赔偿。

第九章　农民权益保护

第六十七条 任何机关或者单位向农民或者农业生产经营组织收取行政、事业性费用必须依据法律、法规的规定。收费的项目、范围和标准应当公布。没有法律、法规依据的收费，农民和农业生产经营组织有权拒绝。

任何机关或者单位对农民或者农业生产经营组织进行罚款处罚必须依据法律、法规、规章的规定。没有法律、法规、规章依据的罚款，农民和农业生产经营组织有权拒绝。

任何机关或者单位不得以任何方式向农民或者农业生产经营组织进行摊派。除法律、法规另有规定外，任何机关或者单位以任何方式要求农民或者农业生产经营组织提供人力、财力、物力的，属于摊派。农民和农业生产经营组织有权拒绝任何方式的摊派。

第六十八条 各级人民政府及其有关部门和所属单位不得以任何方式向农民或者农业生产经营组织集资。

没有法律、法规依据或者未经国务院批准，任何机关或者单位不得在农村进行任何形式的达标、升级、验收活动。

第六十九条 农民和农业生产经营组织依照法律、行政法规的规定承担纳税义务。税务机关及代扣、代收税款的单位应当依法征税，不得违法摊派税款及以其他违法方法征税。

第七十条 农村义务教育除按国务院规定收取的费用外，不得向农民和学生收取其他费用。禁止任何机关或者单位通过农村中小学校向农民收费。

第七十一条 国家依法征收农民集体所有的土地，应当保护农民和农村集体经济组织的合法权益，依法给予农民和农村集体经济组织征地补偿，任何单位和个人不得截留、挪用征地补偿费用。

第七十二条 各级人民政府、农村集体经济组织或者村民委员会在农业和农村经济结构调整、农业产业化经营和土地承包经营权流转等过程中，不得侵犯农民的土地承包经营权，不得干涉农民自主安排的生产经营项目，不得强迫农民购买指定的生产资料或者按指定的渠道销售农产品。

第七十三条 农村集体经济组织或者村民委员会为发展生产或者兴办公益事业，需要向其成员（村民）筹资筹劳的，应当经成员（村民）会议或者成员（村民）代表会议过半数通过后，方可进行。

农村集体经济组织或者村民委员会依照前款规定筹资筹劳的，不得超过省级以上人民政府规定的上限控制标准，禁止强行以资代劳。

农村集体经济组织和村民委员会对涉及农民利益的重要事项，应当向农民公开，并定期公布财务账目，接受农民的监督。

第七十四条 任何单位和个人向农民或者农业生产经营组织提供生产、技术、信息、文化、保险等有偿服务，必须坚持自愿原则，不得强迫农民和农业生产经营组织接受服务。

第七十五条 农产品收购单位在收购农产品时，不得压级压价，不得在支付的价款中扣缴任何费用。法律、行政法规规定代扣、代收税款的，依照法律、行政法规的规定办理。

农产品收购单位与农产品销售者因农产品的质量等级发生争议的，可以委托具有法定资质的农产品质量检验机构检验。

第七十六条 农业生产资料使用者因生产资料质量问题遭受损失的，出售该生产资料的经营者应当予以赔偿，赔偿额包括购货价款、有关费用和可得利益损失。

第七十七条 农民或者农业生产经营组织为维护自身的合法权益，有向各级人民政府及其有关部门反映情况和提出合法要求的权利，人民政府及其有关部门对农民或者农业生产经营组织提出的合理要求，应当按照国家规定及时给予答复。

第七十八条 违反法律规定，侵犯农民权益的，农民或者农业生产经营组织可以依法申请行政复议或者向人民法院提起诉讼，有关人民政府及其有关部门或者人民法院应当依法受理。

人民法院和司法行政主管机关应当依照有关规定为农民提供法律援助。

第十章 农村经济发展

第七十九条 国家坚持城乡协调发展的方针，扶持农村第二、第三产业发展，调整和优化农村经济结构，增加农民收入，促进农村经济全面发展，逐步缩小城乡差别。

第八十条 各级人民政府应当采取措施，发展乡镇企业，支持农业的发展，转移富余的农业劳动力。

国家完善乡镇企业发展的支持措施，引导乡镇企业优化结构，更新技术，提高素质。

第八十一条 县级以上地方人民政府应当根据当地的经济发展水平、区位优势和资源条件，按照合理布局、科学规划、节约用地的原则，有重点地推进农村小城镇建设。

地方各级人民政府应当注重运用市场机制，完善相应政策，吸引农民和社会资金投资小城镇开发建设，发展第二、第三产业，引导乡镇企业相对集中发展。

第八十二条 国家采取措施引导农村富余劳动力在城乡、地区间合理有序流动。地方各级人民政府依法保护进入城镇就业的农村劳动力的合法权益，不得设置不合理限制，已经设置的应当取消。

第八十三条 国家逐步完善农村社会救济制度，保障农村五保户、贫困残疾农民、贫困老年农民和其他丧失劳动能力的农民的基本生活。

第八十四条 国家鼓励、支持农民巩固和发展农村合作医疗和其他医疗保障形式，提高农民健康水平。

第八十五条 国家扶持贫困地区改善经济发展条件，帮助进行经济开发。省级人民政府根据国家关于扶持贫困地区的总体目标和要求，制定扶贫开发规划，并组织实施。

各级人民政府应当坚持开发式扶贫方针，组织贫困地区的农民和农业生产经营组织合理使用扶贫资金，依靠自身力量改变贫穷落后面貌，引导贫困地区的农民调整经济结构、开发当地资源。扶贫开发应当坚持与资源保护、生态建设相结合，促进贫困地区经济、社会的协调发展和全面进步。

第八十六条 中央和省级财政应当把扶贫开发投入列入年度财政预算，并逐年增加，加大对贫困地区的财政转移支付和建设资金投入。

国家鼓励和扶持金融机构、其他企业事业单位和个人投入资金支持贫困地区开发建设。

禁止任何单位和个人截留、挪用扶贫资金。审计机关应当加强扶贫资金的审计监督。

第十一章　执法监督

第八十七条　县级以上人民政府应当采取措施逐步完善适应社会主义市场经济发展要求的农业行政管理体制。

县级以上人民政府农业行政主管部门和有关行政主管部门应当加强规划、指导、管理、协调、监督、服务职责，依法行政，公正执法。

县级以上地方人民政府农业行政主管部门应当在其职责范围内健全行政执法队伍，实行综合执法，提高执法效率和水平。

第八十八条　县级以上人民政府农业行政主管部门及其执法人员履行执法监督检查职责时，有权采取下列措施：

（一）要求被检查单位或者个人说明情况，提供有关文件、证照、资料；

（二）责令被检查单位或者个人停止违反本法的行为，履行法定义务。

农业行政执法人员在履行监督检查职责时，应当向被检查单位或者个人出示行政执法证件，遵守执法程序。有关单位或者个人应当配合农业行政执法人员依法执行职务，不得拒绝和阻碍。

第八十九条　农业行政主管部门与农业生产、经营单位必须在机构、人员、财务上彻底分离。农业行政主管部门及其工作人员不得参与和从事农业生产经营活动。

第十二章　法律责任

第九十条　违反本法规定，侵害农民和农业生产经营组织的土地承包经营权等财产权或者其他合法权益的，应当停止侵害，恢复原状；造成损失、损害的，依法承担赔偿责任。

国家工作人员利用职务便利或者以其他名义侵害农民和农业生产经营组织的合法权益的，应当赔偿损失，并由其所在单位或者上级主管机关给予行政处分。

第九十一条　违反本法第十九条、第二十五条、第六十二条、第七十一条规定的，依照相关法律或者行政法规的规定予以处罚。

第九十二条　有下列行为之一的，由上级主管机关责令限期归还被截留、挪用的资金，没收非法所得，并由上级主管机关或者所在单位给予直接负责的主管人员和其他直接责任人员行政处分；构成犯罪的，依法追究刑事责任：

（一）违反本法第三十三条第三款规定，截留、挪用粮食收购资金的；

（二）违反本法第三十九条第二款规定，截留、挪用用于农业的财政资金和信贷资金的；

（三）违反本法第八十六条第三款规定，截留、挪用扶贫资金的。

第九十三条 违反本法第六十七条规定，向农民或者农业生产经营组织违法收费、罚款、摊派的，上级主管机关应当予以制止，并予公告；已经收取钱款或者已经使用人力、物力的，由上级主管机关责令限期归还已经收取的钱款或者折价偿还已经使用的人力、物力，并由上级主管机关或者所在单位给予直接负责的主管人员和其他直接责任人员行政处分；情节严重，构成犯罪的，依法追究刑事责任。

第九十四条 有下列行为之一的，由上级主管机关责令停止违法行为，并给予直接负责的主管人员和其他直接责任人员行政处分，责令退还违法收取的集资款、税款或者费用：

（一）违反本法第六十八条规定，非法在农村进行集资、达标、升级、验收活动的；

（二）违反本法第六十九条规定，以违法方法向农民征税的；

（三）违反本法第七十条规定，通过农村中小学校向农民超额、超项目收费的。

第九十五条 违反本法第七十三条第二款规定，强迫农民以资代劳的，由乡（镇）人民政府责令改正，并退还违法收取的资金。

第九十六条 违反本法第七十四条规定，强迫农民和农业生产经营组织接受有偿服务的，由有关人民政府责令改正，并返还其违法收取的费用；情节严重的，给予直接负责的主管人员和其他直接责任人员行政处分；造成农民和农业生产经营组织损失的，依法承担赔偿责任。

第九十七条 县级以上人民政府农业行政主管部门的工作人员违反本法规定参与和从事农业生产经营活动的，依法给予行政处分；构成犯罪的，依法追究刑事责任。

第十三章　附　则

第九十八条 本法有关农民的规定，适用于国有农场、牧场、林场、渔场等企业事业单位实行承包经营的职工。

第九十九条 本法自 2013 年 1 月 1 日起施行。

附录3　中华人民共和国农业技术推广法

第一章　总　则

第一条　为了加强农业技术推广工作，促使农业科研成果和实用技术尽快应用于农业生产，增强科技支撑保障能力，促进农业和农村经济可持续发展，实现农业现代化，制定本法。

第二条　本法所称农业技术，是指应用于种植业、林业、畜牧业、渔业的科研成果和实用技术，包括：

（一）良种繁育、栽培、肥料施用和养殖技术；

（二）植物病虫害、动物疫病和其他有害生物防治技术；

（三）农产品收获、加工、包装、贮藏、运输技术；

（四）农业投入品安全使用、农产品质量安全技术；

（五）农田水利、农村供排水、土壤改良与水土保持技术；

（六）农业机械化、农用航空、农业气象和农业信息技术；

（七）农业防灾减灾、农业资源与农业生态安全和农村能源开发利用技术；

（八）其他农业技术。

本法所称农业技术推广，是指通过试验、示范、培训、指导以及咨询服务等，把农业技术普及应用于农业产前、产中、产后全过程的活动。

第三条　国家扶持农业技术推广事业，加快农业技术的普及应用，发展高产、优质、高效、生态、安全农业。

第四条　农业技术推广应当遵循下列原则：

（一）有利于农业、农村经济可持续发展和增加农民收入；

（二）尊重农业劳动者和农业生产经营组织的意愿；

（三）因地制宜，经过试验、示范；

（四）公益性推广与经营性推广分类管理；

（五）兼顾经济效益、社会效益，注重生态效益。

第五条　国家鼓励和支持科技人员开发、推广应用先进的农业技术，鼓励和支持农业劳动者和农业生产经营组织应用先进的农业技术。

国家鼓励运用现代信息技术等先进传播手段，普及农业科学技术知识，创新农业技术推广方式方法，提高推广效率。

第六条　国家鼓励和支持引进国外先进的农业技术，促进农业技术推广的国际合作与交流。

第七条 各级人民政府应当加强对农业技术推广工作的领导，组织有关部门和单位采取措施，提高农业技术推广服务水平，促进农业技术推广事业的发展。

第八条 对在农业技术推广工作中做出贡献的单位和个人，给予奖励。

第九条 国务院农业、林业、水利等部门（以下统称农业技术推广部门）按照各自的职责，负责全国范围内有关的农业技术推广工作。县级以上地方各级人民政府农业技术推广部门在同级人民政府的领导下，按照各自的职责，负责本行政区域内有关的农业技术推广工作。同级人民政府科学技术部门对农业技术推广工作进行指导。同级人民政府其他有关部门按照各自的职责，负责农业技术推广的有关工作。

第二章 农业技术推广体系

第十条 农业技术推广，实行国家农业技术推广机构与农业科研单位、有关学校、农民专业合作社、涉农企业、群众性科技组织、农民技术人员等相结合的推广体系。

国家鼓励和支持供销合作社、其他企业事业单位、社会团体以及社会各界的科技人员，开展农业技术推广服务。

第十一条 各级国家农业技术推广机构属于公共服务机构，履行下列公益性职责：

（一）各级人民政府确定的关键农业技术的引进、试验、示范；

（二）植物病虫害、动物疫病及农业灾害的监测、预报和预防；

（三）农产品生产过程中的检验、检测、监测咨询技术服务；

（四）农业资源、森林资源、农业生态安全和农业投入品使用的监测服务；

（五）水资源管理、防汛抗旱和农田水利建设技术服务；

（六）农业公共信息和农业技术宣传教育、培训服务；

（七）法律、法规规定的其他职责。

第十二条 根据科学合理、集中力量的原则以及县域农业特色、森林资源、水系和水利设施分布等情况，因地制宜设置县、乡镇或者区域国家农业技术推广机构。

乡镇国家农业技术推广机构，可以实行县级人民政府农业技术推广部门管理为主或者乡镇人民政府管理为主、县级人民政府农业技术推广部门业务指导的体制，具体由省、自治区、直辖市人民政府确定。

第十三条 国家农业技术推广机构的人员编制应当根据所服务区域的种养规模、服务范围和工作任务等合理确定，保证公益性职责的履行。

国家农业技术推广机构的岗位设置应当以专业技术岗位为主。乡镇国家农业技术推广机构的岗位应当全部为专业技术岗位，县级国家农业技术推广机构的专业技术岗位不得低于机构岗位总量的百分之八十，其他国家农业技术推广机构的专业技术岗位不得低于机构岗位总量的百分之七十。

第十四条 国家农业技术推广机构的专业技术人员应当具有相应的专业技术水平，符合岗位职责要求。

国家农业技术推广机构聘用的新进专业技术人员，应当具有大专以上有关专业学历，并通过县级以上人民政府有关部门组织的专业技术水平考核。自治县、民族乡和国家确定的连片特困地区，经省、自治区、直辖市人民政府有关部门批准，可以聘用具有中专有关专业学历的人员或者其他具有相应专业技术水平的人员。

国家鼓励和支持高等学校毕业生和科技人员到基层从事农业技术推广工作。各级人民政府应当采取措施，吸引人才，充实和加强基层农业技术推广队伍。

第十五条 国家鼓励和支持村农业技术服务站点和农民技术人员开展农业技术推广。对农民技术人员协助开展公益性农业技术推广活动，按照规定给予补助。

农民技术人员经考核符合条件的，可以按照有关规定授予相应的技术职称，并发给证书。

国家农业技术推广机构应当加强对村农业技术服务站点和农民技术人员的指导。

村民委员会和村集体经济组织，应当推动、帮助村农业技术服务站点和农民技术人员开展工作。

第十六条 农业科研单位和有关学校应当适应农村经济建设发展的需要，开展农业技术开发和推广工作，加快先进技术在农业生产中的普及应用。

农业科研单位和有关学校应当将其科技人员从事农业技术推广工作的实绩作为工作考核和职称评定的重要内容。

第十七条 国家鼓励农场、林场、牧场、渔场、水利工程管理单位面向社会开展农业技术推广服务。

第十八条 国家鼓励和支持发展农村专业技术协会等群众性科技组织，发挥其在农业技术推广中的作用。

第三章 农业技术的推广与应用

第十九条 重大农业技术的推广应当列入国家和地方相关发展规划、计划，由农业技术推广部门会同科学技术等相关部门按照各自的职责，相互配合，组织实施。

第二十条 农业科研单位和有关学校应当把农业生产中需要解决的技术问题列为研究课题，其科研成果可以通过有关农业技术推广单位进行推广或者直接向农业劳动者和农业生产经营组织推广。

国家引导农业科研单位和有关学校开展公益性农业技术推广服务。

第二十一条 向农业劳动者和农业生产经营组织推广的农业技术，必须在推广地区经过试验证明具有先进性、适用性和安全性。

第二十二条 国家鼓励和支持农业劳动者和农业生产经营组织参与农业技术推广。

农业劳动者和农业生产经营组织在生产中应用先进的农业技术，有关部门和单位应当在技术培训、资金、物资和销售等方面给予扶持。

农业劳动者和农业生产经营组织根据自愿的原则应用农业技术，任何单位或者个人不得强迫。

推广农业技术，应当选择有条件的农户、区域或者工程项目，进行应用示范。

第二十三条 县、乡镇国家农业技术推广机构应当组织农业劳动者学习农业科学技术知识，提高其应用农业技术的能力。

教育、人力资源和社会保障、农业、林业、水利、科学技术等部门应当支持农业科研单位、有关学校开展有关农业技术推广的职业技术教育和技术培训，提高农业技术推广人员和农业劳动者的技术素质。

国家鼓励社会力量开展农业技术培训。

第二十四条 各级国家农业技术推广机构应当认真履行本法第十一条规定的公益性职责，向农业劳动者和农业生产经营组织推广农业技术，实行无偿服务。

国家农业技术推广机构以外的单位及科技人员以技术转让、技术服务、技术承包、技术咨询和技术入股等形式提供农业技术的，可以实行有偿服务，其合法收入和植物新品种、农业技术专利等知识产权受法律保护。进行农业技术转让、技术服务、技术承包、技术咨询和技术入股，当事人各方应当订立合同，约定各自的权利和义务。

第二十五条 国家鼓励和支持农民专业合作社、涉农企业，采取多种形式，为农民应用先进农业技术提供有关的技术服务。

第二十六条 国家鼓励和支持以大宗农产品和优势特色农产品生产为重点的农业示范区建设，发挥示范区对农业技术推广的引领作用，促进农业产业化发展和现代农业建设。

第二十七条 各级人民政府可以采取购买服务等方式，引导社会力量参与公益性农业技术推广服务。

第四章 农业技术推广的保障措施

第二十八条 国家逐步提高对农业技术推广的投入。各级人民政府在财政预算内应当保障用于农业技术推广的资金，并按规定使该资金逐年增长。

各级人民政府通过财政拨款以及从农业发展基金中提取一定比例的资金的渠道，筹集农业技术推广专项资金，用于实施农业技术推广项目。中央财政对重大农业技术推广给予补助。

县、乡镇国家农业技术推广机构的工作经费根据当地服务规模和绩效确定，由各级财政共同承担。

任何单位或者个人不得截留或者挪用用于农业技术推广的资金。

第二十九条 各级人民政府应当采取措施，保障和改善县、乡镇国家农业技术推广机构的专业技术人员的工作条件、生活条件和待遇，并按照国家规定给予补贴，保持国家农业技术推广队伍的稳定。

对在县、乡镇、村从事农业技术推广工作的专业技术人员的职称评定，应当以考核其推广工作的业务技术水平和实绩为主。

第三十条 各级人民政府应当采取措施，保障国家农业技术推广机构获得必需的试验示范场所、办公场所、推广和培训设施设备等工作条件。

地方各级人民政府应当保障国家农业技术推广机构的试验示范场所、生产资料和其他财产不受侵害。

第三十一条 农业技术推广部门和县级以上国家农业技术推广机构，应当有计划地对农业技术推广人员进行技术培训，组织专业进修，使其不断更新知识、提高业务水平。

第三十二条 县级以上农业技术推广部门、乡镇人民政府应当对其管理的国家农业技术推广机构履行公益性职责的情况进行监督、考评。

各级农业技术推广部门和国家农业技术推广机构，应当建立国家农业技术推广机构的专业技术人员工作责任制度和考评制度。

县级人民政府农业技术推广部门管理为主的乡镇国家农业技术推广机构的人员，其业务考核、岗位聘用以及晋升，应当充分听取所服务区域的乡镇人民政府和服务对象的意见。

乡镇人民政府管理为主、县级人民政府农业技术推广部门业务指导的乡镇国家农业技术推广机构的人员，其业务考核、岗位聘用以及晋升，应当充分听取所在地的县级人民政府农业技术推广部门和服务对象的意见。

第三十三条 从事农业技术推广服务的，可以享受国家规定的税收、信贷等方面的优惠。

第五章 法律责任

第三十四条 各级人民政府有关部门及其工作人员未依照本法规定履行职责的，对直接负责的主管人员和其他直接责任人员依法给予处分。

第三十五条 国家农业技术推广机构及其工作人员未依照本法规定履行职责的，由主管机关责令限期改正，通报批评；对直接负责的主管人员和其他直接责任人员依法给予处分。

第三十六条 违反本法规定，向农业劳动者、农业生产经营组织推广未经试验证明具有先进性、适用性或者安全性的农业技术，造成损失的，应当承担赔偿责任。

第三十七条 违反本法规定，强迫农业劳动者、农业生产经营组织应用农业技术，造成损失的，依法承担赔偿责任。

第三十八条 违反本法规定，截留或者挪用用于农业技术推广的资金的，对直接负责的主管人员和其他直接责任人员依法给予处分；构成犯罪的，依法追究刑事责任。

第六章 附 则

第三十九条 本法自公布之日起施行。

附录 4　中华人民共和国劳动合同法

第一章　总　则

第一条　为了完善劳动合同制度，明确劳动合同双方当事人的权利和义务，保护劳动者的合法权益，构建和发展和谐稳定的劳动关系，制定本法。

第二条　中华人民共和国境内的企业、个体经济组织、民办非企业单位等组织（以下称用人单位）与劳动者建立劳动关系，订立、履行、变更、解除或者终止劳动合同，适用本法。

国家机关、事业单位、社会团体和与其建立劳动关系的劳动者，订立、履行、变更、解除或者终止劳动合同，依照本法执行。

第三条　订立劳动合同，应当遵循合法、公平、平等自愿、协商一致、诚实信用的原则。

依法订立的劳动合同具有约束力，用人单位与劳动者应当履行劳动合同约定的义务。

第四条　用人单位应当依法建立和完善劳动规章制度，保障劳动者享有劳动权利、履行劳动义务。

用人单位在制定、修改或者决定有关劳动报酬、工作时间、休息休假、劳动安全卫生、保险福利、职工培训、劳动纪律以及劳动定额管理等直接涉及劳动者切身利益的规章制度或者重大事项时，应当经职工代表大会或者全体职工讨论，提出方案和意见，与工会或者职工代表平等协商确定。

在规章制度和重大事项决定实施过程中，工会或者职工认为不适当的，有权向用人单位提出，通过协商予以修改完善。

用人单位应当将直接涉及劳动者切身利益的规章制度和重大事项决定公示，或者告知劳动者。

第五条　县级以上人民政府劳动行政部门会同工会和企业方面代表，建立健全协调劳动关系三方机制，共同研究解决有关劳动关系的重大问题。

第六条　工会应当帮助、指导劳动者与用人单位依法订立和履行劳动合同，并与用人单位建立集体协商机制，维护劳动者的合法权益。

第二章　劳动合同的订立

第七条　用人单位自用工之日起即与劳动者建立劳动关系。用人单位应当建立职工名册备查。

第八条 用人单位招用劳动者时，应当如实告知劳动者工作内容、工作条件、工作地点、职业危害、安全生产状况、劳动报酬，以及劳动者要求了解的其他情况；用人单位有权了解劳动者与劳动合同直接相关的基本情况，劳动者应当如实说明。

第九条 用人单位招用劳动者，不得扣押劳动者的居民身份证和其他证件，不得要求劳动者提供担保或者以其他名义向劳动者收取财物。

第十条 建立劳动关系，应当订立书面劳动合同。

已建立劳动关系，未同时订立书面劳动合同的，应当自用工之日起一个月内订立书面劳动合同。

用人单位与劳动者在用工前订立劳动合同的，劳动关系自用工之日起建立。

第十一条 用人单位未在用工的同时订立书面劳动合同，与劳动者约定的劳动报酬不明确的，新招用的劳动者的劳动报酬按照集体合同规定的标准执行；没有集体合同或者集体合同未规定的，实行同工同酬。

第十二条 劳动合同分为固定期限劳动合同、无固定期限劳动合同和以完成一定工作任务为期限的劳动合同。

第十三条 固定期限劳动合同，是指用人单位与劳动者约定合同终止时间的劳动合同。

用人单位与劳动者协商一致，可以订立固定期限劳动合同。

第十四条 无固定期限劳动合同，是指用人单位与劳动者约定无确定终止时间的劳动合同。

用人单位与劳动者协商一致，可以订立无固定期限劳动合同。有下列情形之一，劳动者提出或者同意续订、订立劳动合同的，除劳动者提出订立固定期限劳动合同外，应当订立无固定期限劳动合同：

（一）劳动者在该用人单位连续工作满十年的；

（二）用人单位初次实行劳动合同制度或者国有企业改制重新订立劳动合同时，劳动者在该用人单位连续工作满十年且距法定退休年龄不足十年的；

（三）连续订立二次固定期限劳动合同，且劳动者没有本法第三十九条和第四十条第一项、第二项规定的情形，续订劳动合同的。

用人单位自用工之日起满一年不与劳动者订立书面劳动合同的，视为用人单位与劳动者已订立无固定期限劳动合同。

第十五条 以完成一定工作任务为期限的劳动合同，是指用人单位与劳动者约定以某项工作的完成为合同期限的劳动合同。

用人单位与劳动者协商一致，可以订立以完成一定工作任务为期限的劳动合同。

第十六条 劳动合同由用人单位与劳动者协商一致，并经用人单位与劳动者在劳动合同文本上签字或者盖章生效。

劳动合同文本由用人单位和劳动者各执一份。

第十七条 劳动合同应当具备以下条款：

（一）用人单位的名称、住所和法定代表人或者主要负责人；

（二）劳动者的姓名、住址和居民身份证或者其他有效身份证件号码；

（三）劳动合同期限；

（四）工作内容和工作地点；

（五）工作时间和休息休假；

（六）劳动报酬；

（七）社会保险；

（八）劳动保护、劳动条件和职业危害防护；

（九）法律、法规规定应当纳入劳动合同的其他事项。

劳动合同除前款规定的必备条款外，用人单位与劳动者可以约定试用期、培训、保守秘密、补充保险和福利待遇等其他事项。

第十八条 劳动合同对劳动报酬和劳动条件等标准约定不明确，引发争议的，用人单位与劳动者可以重新协商；协商不成的，适用集体合同规定；没有集体合同或者集体合同未规定劳动报酬的，实行同工同酬；没有集体合同或者集体合同未规定劳动条件等标准的，适用国家有关规定。

第十九条 劳动合同期限三个月以上不满一年的，试用期不得超过一个月；劳动合同期限一年以上不满三年的，试用期不得超过二个月；三年以上固定期限和无固定期限的劳动合同，试用期不得超过六个月。

同一用人单位与同一劳动者只能约定一次试用期。

以完成一定工作任务为期限的劳动合同或者劳动合同期限不满三个月的，不得约定试用期。

试用期包含在劳动合同期限内。劳动合同仅约定试用期的，试用期不成立，该期限为劳动合同期限。

第二十条 劳动者在试用期的工资不得低于本单位相同岗位最低档工资或者劳动合同约定工资的百分之八十，并不得低于用人单位所在地的最低工资标准。

第二十一条 在试用期中，除劳动者有本法第三十九条和第四十条第一项、第二项规定的情形外，用人单位不得解除劳动合同。用人单位在试用期解除劳动合同的，应当向劳动者说明理由。

第二十二条 用人单位为劳动者提供专项培训费用，对其进行专业技术培训的，可以与该劳动者订立协议，约定服务期。

劳动者违反服务期约定的，应当按照约定向用人单位支付违约金。违约金的数额不得超过用人单位提供的培训费用。用人单位要求劳动者支付的违约金不得超过服务期尚未履行部分所应分摊的培训费用。

用人单位与劳动者约定服务期的，不影响按照正常的工资调整机制提高劳动者在服务期期间的劳动报酬。

第二十三条 用人单位与劳动者可以在劳动合同中约定保守用人单位的商业秘密和与知识产权相关的保密事项。

对负有保密义务的劳动者，用人单位可以在劳动合同或者保密协议中与劳动者约定竞业限制条款，并约定在解除或者终止劳动合同后，在竞业限制期限内按月给予劳动者经济补偿。劳动者违反竞业限制约定的，应当按照约定向用人单位支付违约金。

第二十四条 竞业限制的人员限于用人单位的高级管理人员、高级技术人员和其他负有保密义务的人员。竞业限制的范围、地域、期限由用人单位与劳动者约定，竞业限制的约定不得违反法律、法规的规定。

在解除或者终止劳动合同后，前款规定的人员到与本单位生产或者经营同类产品、从事同类业务的有竞争关系的其他用人单位，或者自己开业生产或者经营同类产品、从事同类业务的竞业限制期限，不得超过二年。

第二十五条 除本法第二十二条和第二十三条规定的情形外，用人单位不得与劳动者约定由劳动者承担违约金。

第二十六条 下列劳动合同无效或者部分无效：

（一）以欺诈、胁迫的手段或者乘人之危，使对方在违背真实意思的情况下订立或者变更劳动合同的；

（二）用人单位免除自己的法定责任、排除劳动者权利的；

（三）违反法律、行政法规强制性规定的。

对劳动合同的无效或者部分无效有争议的，由劳动争议仲裁机构或者人民法院确认。

第二十七条 劳动合同部分无效，不影响其他部分效力的，其他部分仍然有效。

第二十八条 劳动合同被确认无效，劳动者已付出劳动的，用人单位应当向劳动者支付劳动报酬。劳动报酬的数额，参照本单位相同或者相近岗位劳动者的劳动报酬确定。

第三章　劳动合同的履行和变更

第二十九条 用人单位与劳动者应当按照劳动合同的约定，全面履行各自的义务。

第三十条 用人单位应当按照劳动合同约定和国家规定，向劳动者及时足额支付劳动报酬。

用人单位拖欠或者未足额支付劳动报酬的，劳动者可以依法向当地人民法院申请支付令，人民法院应当依法发出支付令。

第三十一条 用人单位应当严格执行劳动定额标准，不得强迫或者变相强迫劳动者加班。用人单位安排加班的，应当按照国家有关规定向劳动者支付加班费。

第三十二条 劳动者拒绝用人单位管理人员违章指挥、强令冒险作业的，不视为违反劳动合同。

劳动者对危害生命安全和身体健康的劳动条件，有权对用人单位提出批评、检举和控告。

第三十三条 用人单位变更名称、法定代表人、主要负责人或者投资人等事项，不影响劳动合同的履行。

第三十四条 用人单位发生合并或者分立等情况，原劳动合同继续有效，劳动合同由承继其权利和义务的用人单位继续履行。

第三十五条 用人单位与劳动者协商一致，可以变更劳动合同约定的内容。变更劳动合同，应当采用书面形式。

变更后的劳动合同文本由用人单位和劳动者各执一份。

第四章　劳动合同的解除和终止

第三十六条 用人单位与劳动者协商一致，可以解除劳动合同。

第三十七条 劳动者提前三十日以书面形式通知用人单位，可以解除劳动合同。劳动者在试用期内提前三日通知用人单位，可以解除劳动合同。

第三十八条 用人单位有下列情形之一的，劳动者可以解除劳动合同：

（一）未按照劳动合同约定提供劳动保护或者劳动条件的；

（二）未及时足额支付劳动报酬的；

（三）未依法为劳动者缴纳社会保险费的；

（四）用人单位的规章制度违反法律、法规的规定，损害劳动者权益的；

（五）因本法第二十六条第一款规定的情形致使劳动合同无效的；

（六）法律、行政法规规定劳动者可以解除劳动合同的其他情形。

用人单位以暴力、威胁或者非法限制人身自由的手段强迫劳动者劳动的，或者用人单位违章指挥、强令冒险作业危及劳动者人身安全的，劳动者可以立即解除劳动合同，不需事先告知用人单位。

第三十九条 劳动者有下列情形之一的，用人单位可以解除劳动合同：

（一）在试用期间被证明不符合录用条件的；

（二）严重违反用人单位的规章制度的；

（三）严重失职，营私舞弊，给用人单位造成重大损害的；

（四）劳动者同时与其他用人单位建立劳动关系，对完成本单位的工作任务造成严重影响，或者经用人单位提出，拒不改正的；

（五）因本法第二十六条第一款第一项规定的情形致使劳动合同无效的；

（六）被依法追究刑事责任的。

第四十条 有下列情形之一的，用人单位提前三十日以书面形式通知劳动者本人或者额外支付劳动者一个月工资后，可以解除劳动合同：

（一）劳动者患病或者非因工负伤，在规定的医疗期满后不能从事原工作，也不能从事由用人单位另行安排的工作的；

（二）劳动者不能胜任工作，经过培训或者调整工作岗位，仍不能胜任工作的；

（三）劳动合同订立时所依据的客观情况发生重大变化，致使劳动合同无法履行，经用人单位与劳动者协商，未能就变更劳动合同内容达成协议的。

第四十一条 有下列情形之一，需要裁减人员二十人以上或者裁减不足二十人但占企业职工总数百分之十以上的，用人单位提前三十日向工会或者全体职工说明情况，听取工会或者职工的意见后，裁减人员方案经向劳动行政部门报告，可以裁减人员：

（一）依照企业破产法规定进行重整的；

（二）生产经营发生严重困难的；

（三）企业转产、重大技术革新或者经营方式调整，经变更劳动合同后，仍需裁减人员的；

（四）其他因劳动合同订立时所依据的客观经济情况发生重大变化，致使劳动合同无法履行的。

裁减人员时，应当优先留用下列人员：

（一）与本单位订立较长期限的固定期限劳动合同的；

（二）与本单位订立无固定期限劳动合同的；

（三）家庭无其他就业人员，有需要扶养的老人或者未成年人的。

用人单位依照本条第一款规定裁减人员，在六个月内重新招用人员的，应当通知被裁减的人员，并在同等条件下优先招用被裁减的人员。

第四十二条 劳动者有下列情形之一的，用人单位不得依照本法第四十条、第四十一条的规定解除劳动合同：

（一）从事接触职业病危害作业的劳动者未进行离岗前职业健康检查，或者疑似职业病病人在诊断或者医学观察期间的；

（二）在本单位患职业病或者因工负伤并被确认丧失或者部分丧失劳动能力的；

（三）患病或者非因工负伤，在规定的医疗期内的；

（四）女职工在孕期、产期、哺乳期的；

（五）在本单位连续工作满十五年，且距法定退休年龄不足五年的；

（六）法律、行政法规规定的其他情形。

第四十三条 用人单位单方解除劳动合同，应当事先将理由通知工会。用人单位违反法律、行政法规规定或者劳动合同约定的，工会有权要求用人单位纠正。用人单位应当研究工会的意见，并将处理结果书面通知工会。

第四十四条 有下列情形之一的，劳动合同终止：

（一）劳动合同期满的；

（二）劳动者开始依法享受基本养老保险待遇的；

（三）劳动者死亡，或者被人民法院宣告死亡或者宣告失踪的；

（四）用人单位被依法宣告破产的；

（五）用人单位被吊销营业执照、责令关闭、撤销或者用人单位决定提前解散的；

（六）法律、行政法规规定的其他情形。

第四十五条 劳动合同期满，有本法第四十二条规定情形之一的，劳动合同应当续延至相应的情形消失时终止。但是，本法第四十二条第二项规定丧失或者部分丧失劳动能力劳动者的劳动合同的终止，按照国家有关工伤保险的规定执行。

第四十六条 有下列情形之一的，用人单位应当向劳动者支付经济补偿：

（一）劳动者依照本法第三十八条规定解除劳动合同的；

（二）用人单位依照本法第三十六条规定向劳动者提出解除劳动合同并与劳动者协商一致解除劳动合同的；

（三）用人单位依照本法第四十条规定解除劳动合同的；

（四）用人单位依照本法第四十一条第一款规定解除劳动合同的；

（五）除用人单位维持或者提高劳动合同约定条件续订劳动合同，劳动者不同意续订的情形外，依照本法第四十四条第一项规定终止固定期限劳动合同的；

（六）依照本法第四十四条第四项、第五项规定终止劳动合同的；

（七）法律、行政法规规定的其他情形。

第四十七条 经济补偿按劳动者在本单位工作的年限，每满一年支付一个月工资的标准向劳动者支付。六个月以上不满一年的，按一年计算；不满六个月的，向劳动者支付半个月工资的经济补偿。

劳动者月工资高于用人单位所在直辖市、设区的市级人民政府公布的本地区上年度职工月平均工资三倍的，向其支付经济补偿的标准按职工月平均工资三倍的数额支付，向其支付经济补偿的年限最高不超过十二年。

本条所称月工资是指劳动者在劳动合同解除或者终止前十二个月的平均工资。

第四十八条 用人单位违反本法规定解除或者终止劳动合同，劳动者要求继续履行劳动合同的，用人单位应当继续履行；劳动者不要求继续履行劳动合同或者劳动合同已经不能继续履行的，用人单位应当依照本法第八十七条规定支付赔偿金。

第四十九条 国家采取措施，建立健全劳动者社会保险关系跨地区转移接续制度。

第五十条 用人单位应当在解除或者终止劳动合同时出具解除或者终止劳动合同的证明，并在十五日内为劳动者办理档案和社会保险关系转移手续。

劳动者应当按照双方约定，办理工作交接。用人单位依照本法有关规定应当向劳动者支付经济补偿的，在办结工作交接时支付。

用人单位对已经解除或者终止的劳动合同的文本，至少保存二年备查。

第五章 特别规定

第一节 集体合同

第五十一条 企业职工一方与用人单位通过平等协商，可以就劳动报酬、工作时间、休息休假、劳动安全卫生、保险福利等事项订立集体合同。集体合同草案应当提交职工代表大会或者全体职工讨论通过。

集体合同由工会代表企业职工一方与用人单位订立；尚未建立工会的用人单位，由上级工会指导劳动者推举的代表与用人单位订立。

第五十二条 企业职工一方与用人单位可以订立劳动安全卫生、女职工权益保护、工资调整机制等专项集体合同。

第五十三条 在县级以下区域内，建筑业、采矿业、餐饮服务业等行业可以由工会与企业方面代表订立行业性集体合同，或者订立区域性集体合同。

第五十四条 集体合同订立后，应当报送劳动行政部门；劳动行政部门自收到集体合同文本之日起十五日内未提出异议的，集体合同即行生效。

依法订立的集体合同对用人单位和劳动者具有约束力。行业性、区域性集体合同对当地本行业、本区域的用人单位和劳动者具有约束力。

第五十五条 集体合同中劳动报酬和劳动条件等标准不得低于当地人民政府规定的最低标准；用人单位与劳动者订立的劳动合同中劳动报酬和劳动条件等标准不得低于集体合同规定的标准。

第五十六条 用人单位违反集体合同，侵犯职工劳动权益的，工会可以依法要求用人单位承担责任；因履行集体合同发生争议，经协商解决不成的，工会可以依法申请仲裁、提起诉讼。

第二节 劳务派遣

第五十七条 经营劳务派遣业务应当具备下列条件：

（一）注册资本不得少于人民币二百万元；

（二）有与开展业务相适应的固定的经营场所和设施；

（三）有符合法律、行政法规规定的劳务派遣管理制度；

（四）法律、行政法规规定的其他条件。

经营劳务派遣业务，应当向劳动行政部门依法申请行政许可；经许可的，依法办理相应的公司登记。未经许可，任何单位和个人不得经营劳务派遣业务。

第五十八条 劳务派遣单位是本法所称用人单位，应当履行用人单位对劳动者的义务。劳务派遣单位与被派遣劳动者订立的劳动合同，除应当载明本法第十七条规定的事项外，还应当载明被派遣劳动者的用工单位以及派遣期限、工作岗位等情况。

劳务派遣单位应当与被派遣劳动者订立二年以上的固定期限劳动合同，按月支付劳动报酬；被派遣劳动者在无工作期间，劳务派遣单位应当按照所在地人民政府规定的最低工资标准，向其按月支付报酬。

第五十九条 劳务派遣单位派遣劳动者应当与接受以劳务派遣形式用工的单位（以下称用工单位）订立劳务派遣协议。劳务派遣协议应当约定派遣岗位和人员数量、派遣期限、劳动报酬和社会保险费的数额与支付方式以及违反协议的责任。

用工单位应当根据工作岗位的实际需要与劳务派遣单位确定派遣期限，不得将连续用工期限分割订立数个短期劳务派遣协议。

第六十条 劳务派遣单位应当将劳务派遣协议的内容告知被派遣劳动者。

劳务派遣单位不得克扣用工单位按照劳务派遣协议支付给被派遣劳动者的劳动报酬。

劳务派遣单位和用工单位不得向被派遣劳动者收取费用。

第六十一条 劳务派遣单位跨地区派遣劳动者的，被派遣劳动者享有的劳动报酬和劳动条件，按照用工单位所在地的标准执行。

第六十二条 用工单位应当履行下列义务：

（一）执行国家劳动标准，提供相应的劳动条件和劳动保护；

（二）告知被派遣劳动者的工作要求和劳动报酬；

（三）支付加班费、绩效奖金，提供与工作岗位相关的福利待遇；

（四）对在岗被派遣劳动者进行工作岗位所必需的培训；

（五）连续用工的，实行正常的工资调整机制。

用工单位不得将被派遣劳动者再派遣到其他用人单位。

第六十三条 被派遣劳动者享有与用工单位的劳动者同工同酬的权利。用工单位应当按照同工同酬原则，对被派遣劳动者与本单位同类岗位的劳动者实行相同的劳动报酬分配办法。用工单位无同类岗位劳动者的，参照用工单位所在地相同或者相近岗位劳动者的劳动报酬确定。

劳务派遣单位与被派遣劳动者订立的劳动合同和与用工单位订立的劳务派遣协议，载明或者约定的向被派遣劳动者支付的劳动报酬应当符合前款规定。

第六十四条 被派遣劳动者有权在劳务派遣单位或者用工单位依法参加或者组织工会，维护自身的合法权益。

第六十五条 被派遣劳动者可以依照本法第三十六条、第三十八条的规定与劳务派遣单位解除劳动合同。

被派遣劳动者有本法第三十九条和第四十条第一项、第二项规定情形的，用工单位可以将劳动者退回劳务派遣单位，劳务派遣单位依照本法有关规定，可以与劳动者解除劳动合同。

第六十六条　劳动合同用工是我国的企业基本用工形式。劳务派遣用工是补充形式，只能在临时性、辅助性或者替代性的工作岗位上实施。

前款规定的临时性工作岗位是指存续时间不超过六个月的岗位；辅助性工作岗位是指为主营业务岗位提供服务的非主营业务岗位；替代性工作岗位是指用工单位的劳动者因脱产学习、休假等原因无法工作的一定期间内，可以由其他劳动者替代工作的岗位。

用工单位应当严格控制劳务派遣用工数量，不得超过其用工总量的一定比例，具体比例由国务院劳动行政部门规定。

第六十七条　用人单位不得设立劳务派遣单位向本单位或者所属单位派遣劳动者。

第三节　非全日制用工

第六十八条　非全日制用工，是指以小时计酬为主，劳动者在同一用人单位一般平均每日工作时间不超过四小时，每周工作时间累计不超过二十四小时的用工形式。

第六十九条　非全日制用工双方当事人可以订立口头协议。

从事非全日制用工的劳动者可以与一个或者一个以上用人单位订立劳动合同；但是，后订立的劳动合同不得影响先订立的劳动合同的履行。

第七十条　非全日制用工双方当事人不得约定试用期。

第七十一条　非全日制用工双方当事人任何一方都可以随时通知对方终止用工。终止用工，用人单位不向劳动者支付经济补偿。

第七十二条　非全日制用工小时计酬标准不得低于用人单位所在地人民政府规定的最低小时工资标准。

非全日制用工劳动报酬结算支付周期最长不得超过十五日。

第六章　监督检查

第七十三条　国务院劳动行政部门负责全国劳动合同制度实施的监督管理。

县级以上地方人民政府劳动行政部门负责本行政区域内劳动合同制度实施的监督管理。

县级以上各级人民政府劳动行政部门在劳动合同制度实施的监督管理工作中，应当听取工会、企业方面代表以及有关行业主管部门的意见。

第七十四条　县级以上地方人民政府劳动行政部门依法对下列实施劳动合同制度的情况进行监督检查：

（一）用人单位制定直接涉及劳动者切身利益的规章制度及其执行的情况；

（二）用人单位与劳动者订立和解除劳动合同的情况；

（三）劳务派遣单位和用工单位遵守劳务派遣有关规定的情况；

（四）用人单位遵守国家关于劳动者工作时间和休息休假规定的情况；

（五）用人单位支付劳动合同约定的劳动报酬和执行最低工资标准的情况；

（六）用人单位参加各项社会保险和缴纳社会保险费的情况；

（七）法律、法规规定的其他劳动监察事项。

第七十五条 县级以上地方人民政府劳动行政部门实施监督检查时，有权查阅与劳动合同、集体合同有关的材料，有权对劳动场所进行实地检查，用人单位和劳动者都应当如实提供有关情况和材料。

劳动行政部门的工作人员进行监督检查，应当出示证件，依法行使职权，文明执法。

第七十六条 县级以上人民政府建设、卫生、安全生产监督管理等有关主管部门在各自职责范围内，对用人单位执行劳动合同制度的情况进行监督管理。

第七十七条 劳动者合法权益受到侵害的，有权要求有关部门依法处理，或者依法申请仲裁、提起诉讼。

第七十八条 工会依法维护劳动者的合法权益，对用人单位履行劳动合同、集体合同的情况进行监督。用人单位违反劳动法律、法规和劳动合同、集体合同的，工会有权提出意见或者要求纠正；劳动者申请仲裁、提起诉讼的，工会依法给予支持和帮助。

第七十九条 任何组织或者个人对违反本法的行为都有权举报，县级以上人民政府劳动行政部门应当及时核实、处理，并对举报有功人员给予奖励。

第七章　法律责任

第八十条 用人单位直接涉及劳动者切身利益的规章制度违反法律、法规规定的，由劳动行政部门责令改正，给予警告；给劳动者造成损害的，应当承担赔偿责任。

第八十一条 用人单位提供的劳动合同文本未载明本法规定的劳动合同必备条款或者用人单位未将劳动合同文本交付劳动者的，由劳动行政部门责令改正；给劳动者造成损害的，应当承担赔偿责任。

第八十二条 用人单位自用工之日起超过一个月不满一年未与劳动者订立书面劳动合同的，应当向劳动者每月支付二倍的工资。

用人单位违反本法规定不与劳动者订立无固定期限劳动合同的，自应当订立无固定期限劳动合同之日起向劳动者每月支付二倍的工资。

第八十三条 用人单位违反本法规定与劳动者约定试用期的，由劳动行政部门责令改正；违法约定的试用期已经履行的，由用人单位以劳动者试用期满月工资为标准，按已经履行的超过法定试用期的期间向劳动者支付赔偿金。

第八十四条 用人单位违反本法规定，扣押劳动者居民身份证等证件的，由劳动行政部门责令限期退还劳动者本人，并依照有关法律规定给予处罚。

用人单位违反本法规定，以担保或者其他名义向劳动者收取财物的，由劳动行政部门责令限期退还劳动者本人，并以每人五百元以上二千元以下的标准处以罚款；给劳动者造成损害的，应当承担赔偿责任。

劳动者依法解除或者终止劳动合同，用人单位扣押劳动者档案或者其他物品的，依照前款规定处罚。

第八十五条 用人单位有下列情形之一的，由劳动行政部门责令限期支付劳动报酬、加班费或者经济补偿；劳动报酬低于当地最低工资标准的，应当支付其差额部分；逾期不支付的，责令用人单位按应付金额百分之五十以上百分之一百以下的标准向劳动者加付赔偿金：

（一）未按照劳动合同的约定或者国家规定及时足额支付劳动者劳动报酬的；

（二）低于当地最低工资标准支付劳动者工资的；

（三）安排加班不支付加班费的；

（四）解除或者终止劳动合同，未依照本法规定向劳动者支付经济补偿的。

第八十六条 劳动合同依照本法第二十六条规定被确认无效，给对方造成损害的，有过错的一方应当承担赔偿责任。

第八十七条 用人单位违反本法规定解除或者终止劳动合同的，应当依照本法第四十七条规定的经济补偿标准的二倍向劳动者支付赔偿金。

第八十八条 用人单位有下列情形之一的，依法给予行政处罚；构成犯罪的，依法追究刑事责任；给劳动者造成损害的，应当承担赔偿责任：

（一）以暴力、威胁或者非法限制人身自由的手段强迫劳动的；

（二）违章指挥或者强令冒险作业危及劳动者人身安全的；

（三）侮辱、体罚、殴打、非法搜查或者拘禁劳动者的；

（四）劳动条件恶劣、环境污染严重，给劳动者身心健康造成严重损害的。

第八十九条 用人单位违反本法规定未向劳动者出具解除或者终止劳动合同的书面证明，由劳动行政部门责令改正；给劳动者造成损害的，应当承担赔偿责任。

第九十条 劳动者违反本法规定解除劳动合同，或者违反劳动合同中约定的保密义务或者竞业限制，给用人单位造成损失的，应当承担赔偿责任。

第九十一条 用人单位招用与其他用人单位尚未解除或者终止劳动合同的劳动者，给其他用人单位造成损失的，应当承担连带赔偿责任。

第九十二条 违反本法规定，未经许可，擅自经营劳务派遣业务的，由劳动行政部门责令停止违法行为，没收违法所得，并处违法所得一倍以上五倍以下的罚款；没有违法所得的，可以处五万元以下的罚款。

劳务派遣单位、用工单位违反本法有关劳务派遣规定的，由劳动行政部门责令限期改正；逾期不改正的，以每人五千元到一万元的标准处以罚款，对劳务派遣单位，吊销其劳务派遣业务经营许可证。用工单位给被派遣劳动者造成损害的，劳务派遣单位与用工单位承担连带赔偿责任。

第九十三条 对不具备合法经营资格的用人单位的违法犯罪行为，依法追究法律责任；劳动者已经付出劳动的，该单位或者其出资人应当依照本法有关规定向劳动者支付劳动报酬、经济补偿、赔偿金；给劳动者造成损害的，应当承担赔偿责任。

第九十四条 个人承包经营违反本法规定招用劳动者，给劳动者造成损害的，发包的组织与个人承包经营者承担连带赔偿责任。

第九十五条 劳动行政部门和其他有关主管部门及其工作人员玩忽职守、不履行法定职责，或者违法行使职权，给劳动者或者用人单位造成损害的，应当承担赔偿责任；对直接负责的主管人员和其他直接责任人员，依法给予行政处分；构成犯罪的，依法追究刑事责任。

第八章 附 则

第九十六条 事业单位与实行聘用制的工作人员订立、履行、变更、解除或者终止劳动合同，法律、行政法规或者国务院另有规定的，依照其规定；未作规定的，依照本法有关规定执行。

第九十七条 本法施行前已依法订立且在本法施行之日存续的劳动合同，继续履行；本法第十四条第二款第三项规定连续订立固定期限劳动合同的次数，自本法施行后续订固定期限劳动合同时开始计算。

本法施行前已建立劳动关系，尚未订立书面劳动合同的，应当自本法施行之日起一个月内订立。

本法施行之日存续的劳动合同在本法施行后解除或者终止，依照本法第四十六条规定应当支付经济补偿的，经济补偿年限自本法施行之日起计算；本法施行前按照当时有关规定，用人单位应当向劳动者支付经济补偿的，按照当时有关规定执行。

第九十八条 本法自 2008 年 1 月 1 日起施行。

附录5　中华人民共和国劳动法

第一章　总　则

第一条　为了保护劳动者的合法权益，调整劳动关系，建立和维护适应社会主义市场经济的劳动制度，促进经济发展和社会进步，根据宪法，制定本法。

第二条　在中华人民共和国境内的企业、个体经济组织（以下统称用人单位）和与之形成劳动关系的劳动者，适用本法。

国家机关、事业组织、社会团体和与之建立劳动合同关系的劳动者，依照本法执行。

第三条　劳动者享有平等就业和选择职业的权利、取得劳动报酬的权利、休息休假的权利、获得劳动安全卫生保护的权利、接受职业技能培训的权利、享受社会保险和福利的权利、提请劳动争议处理的权利以及法律规定的其他劳动权利。

劳动者应当完成劳动任务，提高职业技能，执行劳动安全卫生规程，遵守劳动纪律和职业道德。

第四条　用人单位应当依法建立和完善规章制度，保障劳动者享有劳动权利和履行劳动义务。

第五条　国家采取各种措施，促进劳动就业，发展职业教育，制定劳动标准，调节社会收入，完善社会保险，协调劳动关系，逐步提高劳动者的生活水平。

第六条　国家提倡劳动者参加社会义务劳动，开展劳动竞赛和合理化建议活动，鼓励和保护劳动者进行科学研究、技术革新和发明创造，表彰和奖励劳动模范和先进工作者。

第七条　劳动者有权依法参加和组织工会。

工会代表和维护劳动者的合法权益，依法独立自主地开展活动。

第八条　劳动者依照法律规定，通过职工大会、职工代表大会或者其他形式，参与民主管理或者就保护劳动者合法权益与用人单位进行平等协商。

第九条　国务院劳动行政部门主管全国劳动工作。

县级以上地方人民政府劳动行政部门主管本行政区域内的劳动工作。

第二章　促进就业

第十条　国家通过促进经济和社会发展，创造就业条件，扩大就业机会。

国家鼓励企业、事业组织、社会团体在法律、行政法规规定的范围内兴办产业或者拓展经营，增加就业。

国家支持劳动者自愿组织起来就业和从事个体经营实现就业。

第十一条 地方各级人民政府应当采取措施，发展多种类型的职业介绍机构，提供就业服务。

第十二条 劳动者就业，不因民族、种族、性别、宗教信仰不同而受歧视。

第十三条 妇女享有与男子平等的就业权利。在录用职工时，除国家规定的不适合妇女的工种或者岗位外，不得以性别为由拒绝录用妇女或者提高对妇女的录用标准。

第十四条 残疾人、少数民族人员、退出现役的军人的就业，法律、法规有特别规定的，从其规定。

第十五条 禁止用人单位招用未满十六周岁的未成年人。

文艺、体育和特种工艺单位招用未满十六周岁的未成年人，必须依照国家有关规定，履行审批手续，并保障其接受义务教育的权利。

第三章 劳动合同和集体合同

第十六条 劳动合同是劳动者与用人单位确立劳动关系、明确双方权利和义务的协议。

建立劳动关系应当订立劳动合同。

第十七条 订立和变更劳动合同，应当遵循平等自愿、协商一致的原则，不得违反法律、行政法规的规定。

劳动合同依法订立即具有法律约束力，当事人必须履行劳动合同规定的义务。

第十八条 下列劳动合同无效：

（一）违反法律、行政法规的劳动合同；

（二）采取欺诈、威胁等手段订立的劳动合同。

无效的劳动合同，从订立的时候起，就没有法律约束力。确认劳动合同部分无效的，如果不影响其余部分的效力，其余部分仍然有效。

劳动合同的无效，由劳动争议仲裁委员会或者人民法院确认。

第十九条 劳动合同应当以书面形式订立，并具备以下条款：

（一）劳动合同期限；

（二）工作内容；

（三）劳动保护和劳动条件；

（四）劳动报酬；

（五）劳动纪律；

（六）劳动合同终止的条件；

（七）违反劳动合同的责任。

劳动合同除前款规定的必备条款外，当事人可以协商约定其他内容。

第二十条 劳动合同的期限分为有固定期限、无固定期限和以完成一定的工作为期限。

劳动者在同一用人单位连续工作满十年以上，当事人双方同意续延劳动合同的，如果劳动者提出订立无固定期限的劳动合同，应当订立无固定期限的劳动合同。

第二十一条 劳动合同可以约定试用期。试用期最长不得超过六个月。

第二十二条 劳动合同当事人可以在劳动合同中约定保守用人单位商业秘密的有关事项。

第二十三条 劳动合同期满或者当事人约定的劳动合同终止条件出现，劳动合同即行终止。

第二十四条 经劳动合同当事人协商一致，劳动合同可以解除。

第二十五条 劳动者有下列情形之一的，用人单位可以解除劳动合同：

（一）在试用期间被证明不符合录用条件的；

（二）严重违反劳动纪律或者用人单位规章制度的；

（三）严重失职，营私舞弊，对用人单位利益造成重大损害的；

（四）被依法追究刑事责任的。

第二十六条 有下列情形之一的，用人单位可以解除劳动合同，但是应当提前三十日以书面形式通知劳动者本人：

（一）劳动者患病或者非因工负伤，医疗期满后，不能从事原工作也不能从事由用人单位另行安排的工作的；

（二）劳动者不能胜任工作，经过培训或者调整工作岗位，仍不能胜任工作的；

（三）劳动合同订立时所依据的客观情况发生重大变化，致使原劳动合同无法履行，经当事人协商不能就变更劳动合同达成协议的。

第二十七条 用人单位濒临破产进行法定整顿期间或者生产经营状况发生严重困难，确需裁减人员的，应当提前三十日向工会或者全体职工说明情况，听取工会或者职工的意见，经向劳动行政部门报告后，可以裁减人员。

用人单位依据本条规定裁减人员，在六个月内录用人员的，应当优先录用被裁减的人员。

第二十八条 用人单位依据本法第二十四条、第二十六条、第二十七条的规定解除劳动合同的，应当依照国家有关规定给予经济补偿。

第二十九条 劳动者有下列情形之一的，用人单位不得依据本法第二十六条、第二十七条的规定解除劳动合同：

（一）患职业病或者因工负伤并被确认丧失或者部分丧失劳动能力的；

（二）患病或者负伤，在规定的医疗期内的；

（三）女职工在孕期、产期、哺乳期内的；

（四）法律、行政法规规定的其他情形。

第三十条 用人单位解除劳动合同，工会认为不适当的，有权提出意见。如果用人单位违反法律、法规或者劳动合同，工会有权要求重新处理；劳动者申请仲裁或者提起诉讼的，工会应当依法给予支持和帮助。

第三十一条 劳动者解除劳动合同，应当提前三十日以书面形式通知用人单位。

第三十二条 有下列情形之一的，劳动者可以随时通知用人单位解除劳动合同：

（一）在试用期内的；

（二）用人单位以暴力、威胁或者非法限制人身自由的手段强迫劳动的；

（三）用人单位未按照劳动合同约定支付劳动报酬或者提供劳动条件的。

第三十三条 企业职工一方与企业可以就劳动报酬、工作时间、休息休假、劳动安全卫生、保险福利等事项，签订集体合同。集体合同草案应当提交职工代表大会或者全体职工讨论通过。

集体合同由工会代表职工与企业签订；没有建立工会的企业，由职工推举的代表与企业签订。

第三十四条 集体合同签订后应当报送劳动行政部门；劳动行政部门自收到集体合同文本之日起十五日内未提出异议的，集体合同即行生效。

第三十五条 依法签订的集体合同对企业和企业全体职工具有约束力。职工个人与企业订立的劳动合同中劳动条件和劳动报酬等标准不得低于集体合同的规定。

第四章　工作时间和休息休假

第三十六条 国家实行劳动者每日工作时间不超过八小时、平均每周工作时间不超过四十四小时的工时制度。

第三十七条 对实行计件工作的劳动者，用人单位应当根据本法第三十六条规定的工时制度合理确定其劳动定额和计件报酬标准。

第三十八条 用人单位应当保证劳动者每周至少休息一日。

第三十九条 企业因生产特点不能实行本法第三十六条、第三十八条规定的，经劳动行政部门批准，可以实行其他工作和休息办法。

第四十条 用人单位在下列节日期间应当依法安排劳动者休假：

（一）元旦；

（二）春节；

（三）国际劳动节；

（四）国庆节；

（五）法律、法规规定的其他休假节日。

第四十一条 用人单位由于生产经营需要，经与工会和劳动者协商后可以延长工作时间，一般每日不得超过一小时；因特殊原因需要延长工作时间的，在保障劳动者身体健康的条件下延长工作时间每日不得超过三小时，但是每月不得超过三十六小时。

第四十二条 有下列情形之一的，延长工作时间不受本法第四十一条的限制：

（一）发生自然灾害、事故或者因其他原因，威胁劳动者生命健康和财产安全，需要紧急处理的；

（二）生产设备、交通运输线路、公共设施发生故障，影响生产和公众利益，必须及时抢修的；

（三）法律、行政法规规定的其他情形。

第四十三条 用人单位不得违反本法规定延长劳动者的工作时间。

第四十四条 有下列情形之一的，用人单位应当按照下列标准支付高于劳动者正常工作时间工资的工资报酬：

（一）安排劳动者延长工作时间的，支付不低于工资的百分之一百五十的工资报酬；

（二）休息日安排劳动者工作又不能安排补休的，支付不低于工资的百分之二百的工资报酬；

（三）法定休假日安排劳动者工作的，支付不低于工资的百分之三百的工资报酬。

第四十五条 国家实行带薪年休假制度。

劳动者连续工作一年以上的，享受带薪年休假。具体办法由国务院规定。

第五章　工　资

第四十六条 工资分配应当遵循按劳分配原则，实行同工同酬。

工资水平在经济发展的基础上逐步提高。国家对工资总量实行宏观调控。

第四十七条 用人单位根据本单位的生产经营特点和经济效益，依法自主确定本单位的工资分配方式和工资水平。

第四十八条 国家实行最低工资保障制度。最低工资的具体标准由省、自治区、直辖市人民政府规定，报国务院备案。

用人单位支付劳动者的工资不得低于当地最低工资标准。

第四十九条 确定和调整最低工资标准应当综合参考下列因素：

（一）劳动者本人及平均赡养人口的最低生活费用；

（二）社会平均工资水平；

（三）劳动生产率；

（四）就业状况；

（五）地区之间经济发展水平的差异。

第五十条 工资应当以货币形式按月支付给劳动者本人。不得克扣或者无故拖欠劳动者的工资。

第五十一条 劳动者在法定休假日和婚丧假期间以及依法参加社会活动期间，用人单位应当依法支付工资。

第六章 劳动安全卫生

第五十二条 用人单位必须建立、健全劳动安全卫生制度，严格执行国家劳动安全卫生规程和标准，对劳动者进行劳动安全卫生教育，防止劳动过程中的事故，减少职业危害。

第五十三条 劳动安全卫生设施必须符合国家规定的标准。

新建、改建、扩建工程的劳动安全卫生设施必须与主体工程同时设计、同时施工、同时投入生产和使用。

第五十四条 用人单位必须为劳动者提供符合国家规定的劳动安全卫生条件和必要的劳动防护用品，对从事有职业危害作业的劳动者应当定期进行健康检查。

第五十五条 从事特种作业的劳动者必须经过专门培训并取得特种作业资格。

第五十六条 劳动者在劳动过程中必须严格遵守安全操作规程。

劳动者对用人单位管理人员违章指挥、强令冒险作业，有权拒绝执行；对危害生命安全和身体健康的行为，有权提出批评、检举和控告。

第五十七条 国家建立伤亡事故和职业病统计报告和处理制度。县级以上各级人民政府劳动行政部门、有关部门和用人单位应当依法对劳动者在劳动过程中发生的伤亡事故和劳动者的职业病状况，进行统计、报告和处理。

第七章 女职工和未成年工特殊保护

第五十八条 国家对女职工和未成年工实行特殊劳动保护。

未成年工是指年满十六周岁未满十八周岁的劳动者。

第五十九条 禁止安排女职工从事矿山井下、国家规定的第四级体力劳动强度的劳动和其他禁忌从事的劳动。

第六十条 不得安排女职工在经期从事高处、低温、冷水作业和国家规定的第三级体力劳动强度的劳动。

第六十一条 不得安排女职工在怀孕期间从事国家规定的第三级体力劳动强度的劳动和孕期禁忌从事的劳动。对怀孕七个月以上的女职工，不得安排其延长工作时间和夜班劳动。

第六十二条 女职工生育享受不少于九十天的产假。

第六十三条 不得安排女职工在哺乳未满一周岁的婴儿期间从事国家规定的第三

级体力劳动强度的劳动和哺乳期禁忌从事的其他劳动，不得安排其延长工作时间和夜班劳动。

第六十四条 不得安排未成年工从事矿山井下、有毒有害、国家规定的第四级体力劳动强度的劳动和其他禁忌从事的劳动。

第六十五条 用人单位应当对未成年工定期进行健康检查。

第八章 职业培训

第六十六条 国家通过各种途径，采取各种措施，发展职业培训事业，开发劳动者的职业技能，提高劳动者素质，增强劳动者的就业能力和工作能力。

第六十七条 各级人民政府应当把发展职业培训纳入社会经济发展的规划，鼓励和支持有条件的企业、事业组织、社会团体和个人进行各种形式的职业培训。

第六十八条 用人单位应当建立职业培训制度，按照国家规定提取和使用职业培训经费，根据本单位实际，有计划地对劳动者进行职业培训。

从事技术工种的劳动者，上岗前必须经过培训。

第六十九条 国家确定职业分类，对规定的职业制定职业技能标准，实行职业资格证书制度，由经过政府批准的考核鉴定机构负责对劳动者实施职业技能考核鉴定。

第九章 社会保险和福利

第七十条 国家发展社会保险事业，建立社会保险制度，设立社会保险基金，使劳动者在年老、患病、工伤、失业、生育等情况下获得帮助和补偿。

第七十一条 社会保险水平应当与社会经济发展水平和社会承受能力相适应。

第七十二条 社会保险基金按照保险类型确定资金来源，逐步实行社会统筹。用人单位和劳动者必须依法参加社会保险，缴纳社会保险费。

第七十三条 劳动者在下列情形下，依法享受社会保险待遇：

（一）退休；

（二）患病、负伤；

（三）因工伤残或者患职业病；

（四）失业；

（五）生育。

劳动者死亡后，其遗属依法享受遗属津贴。

劳动者享受社会保险待遇的条件和标准由法律、法规规定。

劳动者享受的社会保险金必须按时足额支付。

第七十四条 社会保险基金经办机构依照法律规定收支、管理和运营社会保险基金，并负有使社会保险基金保值增值的责任。

社会保险基金监督机构依照法律规定，对社会保险基金的收支、管理和运营实施监督。

社会保险基金经办机构和社会保险基金监督机构的设立和职能由法律规定。

任何组织和个人不得挪用社会保险基金。

第七十五条 国家鼓励用人单位根据本单位实际情况为劳动者建立补充保险。

国家提倡劳动者个人进行储蓄性保险。

第七十六条 国家发展社会福利事业，兴建公共福利设施，为劳动者休息、休养和疗养提供条件。

用人单位应当创造条件，改善集体福利，提高劳动者的福利待遇。

第十章 劳动争议

第七十七条 用人单位与劳动者发生劳动争议，当事人可以依法申请调解、仲裁、提起诉讼，也可以协商解决。

调解原则适用于仲裁和诉讼程序。

第七十八条 解决劳动争议，应当根据合法、公正、及时处理的原则，依法维护劳动争议当事人的合法权益。

第七十九条 劳动争议发生后，当事人可以向本单位劳动争议调解委员会申请调解；调解不成，当事人一方要求仲裁的，可以向劳动争议仲裁委员会申请仲裁。当事人一方也可以直接向劳动争议仲裁委员会申请仲裁。对仲裁裁决不服的，可以向人民法院提起诉讼。

第八十条 在用人单位内,可以设立劳动争议调解委员会。劳动争议调解委员会由职工代表、用人单位代表和工会代表组成。劳动争议调解委员会主任由工会代表担任。

劳动争议经调解达成协议的，当事人应当履行。

第八十一条 劳动争议仲裁委员会由劳动行政部门代表、同级工会代表、用人单位方面的代表组成。劳动争议仲裁委员会主任由劳动行政部门代表担任。

第八十二条 提出仲裁要求的一方应当自劳动争议发生之日起六十日内向劳动争议仲裁委员会提出书面申请。仲裁裁决一般应在收到仲裁申请的六十日内作出。对仲裁裁决无异议的，当事人必须履行。

第八十三条 劳动争议当事人对仲裁裁决不服的，可以自收到仲裁裁决书之日起十五日内向人民法院提起诉讼。一方当事人在法定期限内不起诉又不履行仲裁裁决的；另一方当事人可以申请人民法院强制执行。

第八十四条 因签订集体合同发生争议，当事人协商解决不成的，当地人民政府劳动行政部门可以组织有关各方协调处理。

因履行集体合同发生争议，当事人协商解决不成的，可以向劳动争议仲裁委员会申请仲裁；对仲裁裁决不服的，可以自收到仲裁裁决书之日起十五日内向人民法院提起诉讼。

第十一章 监督检查

第八十五条 县级以上各级人民政府劳动行政部门依法对用人单位遵守劳动法律、法规的情况进行监督检查，对违反劳动法律、法规的行为有权制止，并责令改正。

第八十六条 县级以上各级人民政府劳动行政部门监督检查人员执行公务，有权进入用人单位了解执行劳动法律、法规的情况，查阅必要的资料，并对劳动场所进行检查。

县级以上各级人民政府劳动行政部门监督检查人员执行公务，必须出示证件，秉公执法并遵守有关规定。

第八十七条 县级以上各级人民政府有关部门在各自职责范围内，对用人单位遵守劳动法律、法规的情况进行监督。

第八十八条 各级工会依法维护劳动者的合法权益，对用人单位遵守劳动法律、法规的情况进行监督。

任何组织和个人对于违反劳动法律、法规的行为有权检举和控告。

第十二章 法律责任

第八十九条 用人单位制定的劳动规章制度违反法律、法规规定的，由劳动行政部门给予警告，责令改正；对劳动者造成损害的，应当承担赔偿责任。

第九十条 用人单位违反本法规定，延长劳动者工作时间的，由劳动行政部门给予警告，责令改正，并可以处以罚款。

第九十一条 用人单位有下列侵害劳动者合法权益情形之一的，由劳动行政部门责令支付劳动者的工资报酬、经济补偿，并可以责令支付赔偿金：

（一）克扣或者无故拖欠劳动者工资的；

（二）拒不支付劳动者延长工作时间工资报酬的；

（三）低于当地最低工资标准支付劳动者工资的；

（四）解除劳动合同后，未依照本法规定给予劳动者经济补偿的。

第九十二条 用人单位的劳动安全设施和劳动卫生条件不符合国家规定或者未向劳动者提供必要的劳动防护用品和劳动保护设施的，由劳动行政部门或者有关部门责令改正，可以处以罚款；情节严重的，提请县级以上人民政府决定责令停产整顿；对事故隐患不采取措施，致使发生重大事故，造成劳动者生命和财产损失的，对责任人员比照刑法第一百八十七条的规定追究刑事责任。

第九十三条 用人单位强令劳动者违章冒险作业，发生重大伤亡事故，造成严重后果的，对责任人员依法追究刑事责任。

第九十四条 用人单位非法招用未满十六周岁的未成年人的，由劳动行政部门责令改正，处以罚款；情节严重的，由工商行政管理部门吊销营业执照。

第九十五条 用人单位违反本法对女职工和未成年工的保护规定，侵害其合法权益的，由劳动行政部门责令改正，处以罚款；对女职工或者未成年工造成损害的，应当承担赔偿责任。

第九十六条 用人单位有下列行为之一，由公安机关对责任人员处以十五日以下拘留、罚款或者警告；构成犯罪的，对责任人员依法追究刑事责任：

（一）以暴力、威胁或者非法限制人身自由的手段强迫劳动的；

（二）侮辱、体罚、殴打、非法搜查和拘禁劳动者的。

第九十七条 由于用人单位的原因订立的无效合同，对劳动者造成损害的，应当承担赔偿责任。

第九十八条 用人单位违反本法规定的条件解除劳动合同或者故意拖延不订立劳动合同的，由劳动行政部门责令改正；对劳动者造成损害的，应当承担赔偿责任。

第九十九条 用人单位招用尚未解除劳动合同的劳动者，对原用人单位造成经济损失的，该用人单位应当依法承担连带赔偿责任。

第一百条 用人单位无故不缴纳社会保险费的，由劳动行政部门责令其限期缴纳，逾期不缴的，可以加收滞纳金。

第一百零一条 用人单位无理阻挠劳动行政部门、有关部门及其工作人员行使监督检查权，打击报复举报人员的，由劳动行政部门或者有关部门处以罚款；构成犯罪的，对责任人员依法追究刑事责任。

第一百零二条 劳动者违反本法规定的条件解除劳动合同或者违反劳动合同中约定的保密事项，对用人单位造成经济损失的，应当依法承担赔偿责任。

第一百零三条 劳动行政部门或者有关部门的工作人员滥用职权、玩忽职守、徇私舞弊，构成犯罪的，依法追究刑事责任；不构成犯罪的，给予行政处分。

第一百零四条 国家工作人员和社会保险基金经办机构的工作人员挪用社会保险基金，构成犯罪的，依法追究刑事责任。

第一百零五条 违反本法规定侵害劳动者合法权益，其他法律、法规已规定处罚的，依照该法律、行政法规的规定处罚。

第十三章 附 则

第一百零六条 省、自治区、直辖市人民政府根据本法和本地区的实际情况，规定劳动合同制度的实施步骤，报国务院备案。

第一百零七条 本法自 1995 年 1 月 1 日起施行。

附录 6　中华人民共和国种子法

第一章　总　则

第一条　为了保护和合理利用种质资源，规范品种选育、种子生产经营和管理行为，保护植物新品种权，维护种子生产经营者、使用者的合法权益，提高种子质量，推动种子产业化，发展现代种业，保障国家粮食安全，促进农业和林业的发展，制定本法。

第二条　在中华人民共和国境内从事品种选育、种子生产经营和管理等活动，适用本法。

本法所称种子，是指农作物和林木的种植材料或者繁殖材料，包括籽粒、果实、根、茎、苗、芽、叶、花等。

第三条　国务院农业、林业主管部门分别主管全国农作物种子和林木种子工作；县级以上地方人民政府农业、林业主管部门分别主管本行政区域内农作物种子和林木种子工作。

各级人民政府及其有关部门应当采取措施，加强种子执法和监督，依法惩处侵害农民权益的种子违法行为。

第四条　国家扶持种质资源保护工作和选育、生产、更新、推广使用良种，鼓励品种选育和种子生产经营相结合，奖励在种质资源保护工作和良种选育、推广等工作中成绩显著的单位和个人。

第五条　省级以上人民政府应当根据科教兴农方针和农业、林业发展的需要制定种业发展规划并组织实施。

第六条　省级以上人民政府建立种子储备制度，主要用于发生灾害时的生产需要及余缺调剂，保障农业和林业生产安全。对储备的种子应当定期检验和更新。种子储备的具体办法由国务院规定。

第七条　转基因植物品种的选育、试验、审定和推广应当进行安全性评价，并采取严格的安全控制措施。国务院农业、林业主管部门应当加强跟踪监管并及时公告有关转基因植物品种审定和推广的信息。具体办法由国务院规定。

第二章　种质资源保护

第八条　国家依法保护种质资源，任何单位和个人不得侵占和破坏种质资源。

禁止采集或者采伐国家重点保护的天然种质资源。因科研等特殊情况需要采集或者采伐的，应当经国务院或者省、自治区、直辖市人民政府的农业、林业主管部门批准。

第九条 国家有计划地普查、收集、整理、鉴定、登记、保存、交流和利用种质资源，定期公布可供利用的种质资源目录。具体办法由国务院农业、林业主管部门规定。

第十条 国务院农业、林业主管部门应当建立种质资源库、种质资源保护区或者种质资源保护地。省、自治区、直辖市人民政府农业、林业主管部门可以根据需要建立种质资源库、种质资源保护区、种质资源保护地。种质资源库、种质资源保护区、种质资源保护地的种质资源属公共资源，依法开放利用。

占用种质资源库、种质资源保护区或者种质资源保护地的，需经原设立机关同意。

第十一条 国家对种质资源享有主权。任何单位和个人向境外提供种质资源，或者与境外机构、个人开展合作研究利用种质资源的，应当报国务院农业农村、林业草原主管部门批准，并同时提交国家共享惠益的方案。国务院农业农村、林业草原主管部门可以委托省、自治区、直辖市人民政府农业农村、林业草原主管部门接收申请材料。国务院农业农村、林业草原主管部门应当将批准情况通报国务院生态环境主管部门。

从境外引进种质资源的，依照国务院农业、林业主管部门的有关规定办理。

第三章 品种选育、审定与登记

第十二条 国家支持科研院所及高等院校重点开展育种的基础性、前沿性和应用技术研究，以及常规作物、主要造林树种育种和无性繁殖材料选育等公益性研究。

国家鼓励种子企业充分利用公益性研究成果，培育具有自主知识产权的优良品种；鼓励种子企业与科研院所及高等院校构建技术研发平台，建立以市场为导向、资本为纽带、利益共享、风险共担的产学研相结合的种业技术创新体系。

国家加强种业科技创新能力建设，促进种业科技成果转化，维护种业科技人员的合法权益。

第十三条 由财政资金支持形成的育种发明专利权和植物新品种权，除涉及国家安全、国家利益和重大社会公共利益的外，授权项目承担者依法取得。

由财政资金支持为主形成的育种成果的转让、许可等应当依法公开进行，禁止私自交易。

第十四条 单位和个人因林业主管部门为选育林木良种建立测定林、试验林、优树收集区、基因库等而减少经济收入的，批准建立的林业主管部门应当按照国家有关规定给予经济补偿。

第十五条 国家对主要农作物和主要林木实行品种审定制度。主要农作物品种和主要林木品种在推广前应当通过国家级或者省级审定。由省、自治区、直辖市人民政府林业主管部门确定的主要林木品种实行省级审定。

申请审定的品种应当符合特异性、一致性、稳定性要求。

主要农作物品种和主要林木品种的审定办法由国务院农业、林业主管部门规定。审定办法应当体现公正、公开、科学、效率的原则，有利于产量、品质、抗性等的提高与协调，有利于适应市场和生活消费需要的品种的推广。在制定、修改审定办法时，应当充分听取育种者、种子使用者、生产经营者和相关行业代表意见。

第十六条 国务院和省、自治区、直辖市人民政府的农业、林业主管部门分别设立由专业人员组成的农作物品种和林木品种审定委员会。品种审定委员会承担主要农作物品种和主要林木品种的审定工作，建立包括申请文件、品种审定试验数据、种子样品、审定意见和审定结论等内容的审定档案，保证可追溯。在审定通过的品种依法公布的相关信息中应当包括审定意见情况，接受监督。

品种审定实行回避制度。品种审定委员会委员、工作人员及相关测试、试验人员应当忠于职守，公正廉洁。对单位和个人举报或者监督检查发现的上述人员的违法行为，省级以上人民政府农业、林业主管部门和有关机关应当及时依法处理。

第十七条 实行选育生产经营相结合，符合国务院农业、林业主管部门规定条件的种子企业，对其自主研发的主要农作物品种、主要林木品种可以按照审定办法自行完成试验，达到审定标准的，品种审定委员会应当颁发审定证书。种子企业对试验数据的真实性负责，保证可追溯，接受省级以上人民政府农业、林业主管部门和社会的监督。

第十八条 审定未通过的农作物品种和林木品种，申请人有异议的，可以向原审定委员会或者国家级审定委员会申请复审。

第十九条 通过国家级审定的农作物品种和林木良种由国务院农业、林业主管部门公告，可以在全国适宜的生态区域推广。通过省级审定的农作物品种和林木良种由省、自治区、直辖市人民政府农业、林业主管部门公告，可以在本行政区域内适宜的生态区域推广；其他省、自治区、直辖市属于同一适宜生态区的地域引种农作物品种、林木良种的，引种者应当将引种的品种和区域报所在省、自治区、直辖市人民政府农业、林业主管部门备案。

引种本地区没有自然分布的林木品种，应当按照国家引种标准通过试验。

第二十条 省、自治区、直辖市人民政府农业、林业主管部门应当完善品种选育、审定工作的区域协作机制，促进优良品种的选育和推广。

第二十一条 审定通过的农作物品种和林木良种出现不可克服的严重缺陷等情形不宜继续推广、销售的，经原审定委员会审核确认后，撤销审定，由原公告部门发布公告，停止推广、销售。

第二十二条 国家对部分非主要农作物实行品种登记制度。列入非主要农作物登记目录的品种在推广前应当登记。

实行品种登记的农作物范围应当严格控制，并根据保护生物多样性、保证消费安全和用种安全的原则确定。登记目录由国务院农业主管部门制定和调整。

申请者申请品种登记应当向省、自治区、直辖市人民政府农业主管部门提交申请文件和种子样品，并对其真实性负责，保证可追溯，接受监督检查。申请文件包括品种的种类、名称、来源、特性、育种过程以及特异性、一致性、稳定性测试报告等。

省、自治区、直辖市人民政府农业主管部门自受理品种登记申请之日起二十个工作日内，对申请者提交的申请文件进行书面审查，符合要求的，报国务院农业主管部门予以登记公告。

对已登记品种存在申请文件、种子样品不实的，由国务院农业主管部门撤销该品种登记，并将该申请者的违法信息记入社会诚信档案，向社会公布；给种子使用者和其他种子生产经营者造成损失的，依法承担赔偿责任。

对已登记品种出现不可克服的严重缺陷等情形的，由国务院农业主管部门撤销登记，并发布公告，停止推广。

非主要农作物品种登记办法由国务院农业主管部门规定。

第二十三条 应当审定的农作物品种未经审定的，不得发布广告、推广、销售。

应当审定的林木品种未经审定通过的，不得作为良种推广、销售，但生产确需使用的，应当经林木品种审定委员会认定。

应当登记的农作物品种未经登记的，不得发布广告、推广，不得以登记品种的名义销售。

第二十四条 在中国境内没有经常居所或者营业场所的境外机构、个人在境内申请品种审定或者登记的，应当委托具有法人资格的境内种子企业代理。

第四章 新品种保护

第二十五条 国家实行植物新品种保护制度。对国家植物品种保护名录内经过人工选育或者发现的野生植物加以改良，具备新颖性、特异性、一致性、稳定性和适当命名的植物品种，由国务院农业、林业主管部门授予植物新品种权，保护植物新品种权所有人的合法权益。植物新品种权的内容和归属、授予条件、申请和受理、审查与批准，以及期限、终止和无效等依照本法、有关法律和行政法规规定执行。

国家鼓励和支持种业科技创新、植物新品种培育及成果转化。取得植物新品种权的品种得到推广应用的，育种者依法获得相应的经济利益。

第二十六条 一个植物新品种只能授予一项植物新品种权。两个以上的申请人分别就同一个品种申请植物新品种权的，植物新品种权授予最先申请的人；同时申请的，植物新品种权授予最先完成该品种育种的人。

对违反法律，危害社会公共利益、生态环境的植物新品种，不授予植物新品种权。

第二十七条 授予植物新品种权的植物新品种名称，应当与相同或者相近的植物属或者种中已知品种的名称相区别。该名称经授权后即为该植物新品种的通用名称。

下列名称不得用于授权品种的命名：

（一）仅以数字表示的；

（二）违反社会公德的；

（三）对植物新品种的特征、特性或者育种者身份等容易引起误解的。

同一植物品种在申请新品种保护、品种审定、品种登记、推广、销售时只能使用同一个名称。生产推广、销售的种子应当与申请植物新品种保护、品种审定、品种登记时提供的样品相符。

第二十八条 完成育种的单位或者个人对其授权品种，享有排他的独占权。任何单位或者个人未经植物新品种权所有人许可，不得生产、繁殖或者销售该授权品种的繁殖材料，不得为商业目的将该授权品种的繁殖材料重复使用于生产另一品种的繁殖材料；但是本法、有关法律、行政法规另有规定的除外。

第二十九条 在下列情况下使用授权品种的，可以不经植物新品种权所有人许可，不向其支付使用费，但不得侵犯植物新品种权所有人依照本法、有关法律、行政法规享有的其他权利：

（一）利用授权品种进行育种及其他科研活动；

（二）农民自繁自用授权品种的繁殖材料。

第三十条 为了国家利益或者社会公共利益，国务院农业、林业主管部门可以作出实施植物新品种权强制许可的决定，并予以登记和公告。

取得实施强制许可的单位或者个人不享有独占的实施权，并且无权允许他人实施。

第五章　种子生产经营

第三十一条 从事种子进出口业务的种子生产经营许可证，由省、自治区、直辖市人民政府农业、林业主管部门审核，国务院农业、林业主管部门核发。

从事主要农作物杂交种子及其亲本种子、林木良种种子的生产经营以及实行选育生产经营相结合，符合国务院农业、林业主管部门规定条件的种子企业的种子生产经营许可证，由生产经营者所在地县级人民政府农业、林业主管部门审核，省、自治区、直辖市人民政府农业、林业主管部门核发。

前两款规定以外的其他种子的生产经营许可证，由生产经营者所在地县级以上地方人民政府农业、林业主管部门核发。

只从事非主要农作物种子和非主要林木种子生产的，不需要办理种子生产经营许可证。

第三十二条 申请取得种子生产经营许可证的，应当具有与种子生产经营相适应的生产经营设施、设备及专业技术人员，以及法规和国务院农业、林业主管部门规定的其他条件。

从事种子生产的，还应当同时具有繁殖种子的隔离和培育条件，具有无检疫性有害生物的种子生产地点或者县级以上人民政府林业主管部门确定的采种林。

申请领取具有植物新品种权的种子生产经营许可证的，应当征得植物新品种权所有人的书面同意。

第三十三条 种子生产经营许可证应当载明生产经营者名称、地址、法定代表人、生产种子的品种、地点和种子经营的范围、有效期限、有效区域等事项。

前款事项发生变更的，应当自变更之日起三十日内，向原核发许可证机关申请变更登记。

除本法另有规定外，禁止任何单位和个人无种子生产经营许可证或者违反种子生产经营许可证的规定生产、经营种子。禁止伪造、变造、买卖、租借种子生产经营许可证。

第三十四条 种子生产应当执行种子生产技术规程和种子检验、检疫规程。

县级以上人民政府农业农村、林业草原主管部门应当指导、支持种子生产经营者采用先进的种子生产技术，改进生产工艺，提高种子质量。

第三十五条 在林木种子生产基地内采集种子的，由种子生产基地的经营者组织进行，采集种子应当按照国家有关标准进行。

禁止抢采掠青、损坏母树，禁止在劣质林内、劣质母树上采集种子。

第三十六条 种子生产经营者应当建立和保存包括种子来源、产地、数量、质量、销售去向、销售日期和有关责任人员等内容的生产经营档案，保证可追溯。种子生产经营档案的具体载明事项，种子生产经营档案及种子样品的保存期限由国务院农业、林业主管部门规定。

第三十七条 农民个人自繁自用的常规种子有剩余的，可以在当地集贸市场上出售、串换，不需要办理种子生产经营许可证。

第三十八条 种子生产经营许可证的有效区域由发证机关在其管辖范围内确定。种子生产经营者在种子生产经营许可证载明的有效区域设立分支机构的，专门经营不再分装的包装种子的，或者受具有种子生产经营许可证的种子生产经营者以书面委托生产、代销其种子的，不需要办理种子生产经营许可证，但应当向当地农业、林业主管部门备案。

实行选育生产经营相结合，符合国务院农业、林业主管部门规定条件的种子企业的生产经营许可证的有效区域为全国。

第三十九条 销售的种子应当加工、分级、包装。但是不能加工、包装的除外。

大包装或者进口种子可以分装；实行分装的，应当标注分装单位，并对种子质量负责。

第四十条 销售的种子应当符合国家或者行业标准，附有标签和使用说明。标签和使用说明标注的内容应当与销售的种子相符。种子生产经营者对标注内容的真实性和种子质量负责。

标签应当标注种子类别、品种名称、品种审定或者登记编号、品种适宜种植区域及季节、生产经营者及注册地、质量指标、检疫证明编号、种子生产经营许可证编号和信息代码，以及国务院农业农村、林业草原主管部门规定的其他事项。

销售授权品种种子的，应当标注品种权号。

销售进口种子的，应当附有进口审批文号和中文标签。

销售转基因植物品种种子的，必须用明显的文字标注，并应当提示使用时的安全控制措施。

种子生产经营者应当遵守有关法律、法规的规定，诚实守信，向种子使用者提供种子生产者信息、种子的主要性状、主要栽培措施、适应性等使用条件的说明、风险提示与有关咨询服务，不得作虚假或者引人误解的宣传。

任何单位和个人不得非法干预种子生产经营者的生产经营自主权。

第四十一条 种子广告的内容应当符合本法和有关广告的法律、法规的规定，主要性状描述等应当与审定、登记公告一致。

第四十二条 运输或者邮寄种子应当依照有关法律、行政法规的规定进行检疫。

第四十三条 种子使用者有权按照自己的意愿购买种子，任何单位和个人不得非法干预。

第四十四条 国家对推广使用林木良种造林给予扶持。国家投资或者国家投资为主的造林项目和国有林业单位造林，应当根据林业草原主管部门制定的计划使用林木良种。

第四十五条 种子使用者因种子质量问题或者因种子的标签和使用说明标注的内容不真实，遭受损失的，种子使用者可以向出售种子的经营者要求赔偿，也可以向种子生产者或者其他经营者要求赔偿。赔偿额包括购种价款、可得利益损失和其他损失。属于种子生产者或者其他经营者责任的，出售种子的经营者赔偿后，有权向种子生产者或者其他经营者追偿；属于出售种子的经营者责任的，种子生产者或者其他经营者赔偿后，有权向出售种子的经营者追偿。

第六章 种子监督管理

第四十六条 农业农村、林业草原主管部门应当加强对种子质量的监督检查。种子质量管理办法、行业标准和检验方法，由国务院农业农村、林业草原主管部门制定。

农业农村、林业草原主管部门可以采用国家规定的快速检测方法对生产经营的种子品种进行检测，检测结果可以作为行政处罚依据。被检查人对检测结果有异议的，可以申请复检，复检不得采用同一检测方法。因检测结果错误给当事人造成损失的，依法承担赔偿责任。

第四十七条 农业农村、林业草原主管部门可以委托种子质量检验机构对种子质量进行检验。

承担种子质量检验的机构应当具备相应的检测条件、能力，并经省级以上人民政府有关主管部门考核合格。

种子质量检验机构应当配备种子检验员。种子检验员应当具有中专以上有关专业学历，具备相应的种子检验技术能力和水平。

第四十八条 禁止生产经营假、劣种子。农业农村、林业草原主管部门和有关部门依法打击生产经营假、劣种子的违法行为，保护农民合法权益，维护公平竞争的市场秩序。

下列种子为假种子：

（一）以非种子冒充种子或者以此种品种种子冒充其他品种种子的；

（二）种子种类、品种与标签标注的内容不符或者没有标签的。

下列种子为劣种子：

（一）质量低于国家规定标准的；

（二）质量低于标签标注指标的；

（三）带有国家规定的检疫性有害生物的。

第四十九条 农业农村、林业草原主管部门是种子行政执法机关。种子执法人员依法执行公务时应当出示行政执法证件。农业农村、林业草原主管部门依法履行种子监督检查职责时，有权采取下列措施：

（一）进入生产经营场所进行现场检查；

（二）对种子进行取样测试、试验或者检验；

（三）查阅、复制有关合同、票据、账簿、生产经营档案及其他有关资料；

（四）查封、扣押有证据证明违法生产经营的种子，以及用于违法生产经营的工具、设备及运输工具等；

（五）查封违法从事种子生产经营活动的场所。

农业农村、林业草原主管部门依照本法规定行使职权，当事人应当协助、配合，不得拒绝、阻挠。

农业农村、林业草原主管部门所属的综合执法机构或者受其委托的种子管理机构，可以开展种子执法相关工作。

第五十条 种子生产经营者依法自愿成立种子行业协会，加强行业自律管理，维护成员合法权益，为成员和行业发展提供信息交流、技术培训、信用建设、市场营销和咨询等服务。

第五十一条 种子生产经营者可自愿向具有资质的认证机构申请种子质量认证。经认证合格的，可以在包装上使用认证标识。

第五十二条 由于不可抗力原因，为生产需要必须使用低于国家或者地方规定标准的农作物种子的，应当经用种地县级以上地方人民政府批准。

第五十三条 从事品种选育和种子生产经营以及管理的单位和个人应当遵守有关植物检疫法律、行政法规的规定，防止植物危险性病、虫、杂草及其他有害生物的传播和蔓延。

禁止任何单位和个人在种子生产基地从事检疫性有害生物接种试验。

第五十四条 省级以上人民政府农业农村、林业草原主管部门应当在统一的政府信息发布平台上发布品种审定、品种登记、新品种保护、种子生产经营许可、监督管理等信息。

国务院农业农村、林业草原主管部门建立植物品种标准样品库，为种子监督管理提供依据。

第五十五条 农业农村、林业草原主管部门及其工作人员，不得参与和从事种子生产经营活动。

第七章 种子进出口和对外合作

第五十六条 进口种子和出口种子必须实施检疫，防止植物危险性病、虫、杂草及其他有害生物传入境内和传出境外，具体检疫工作按照有关植物进出境检疫法律、行政法规的规定执行。

第五十七条 从事种子进出口业务的，应当具备种子生产经营许可证；其中，从事农作物种子进出口业务的，还应当按照国家有关规定取得种子进出口许可。

从境外引进农作物、林木种子的审定权限，农作物种子的进口审批办法，引进转基因植物品种的管理办法，由国务院规定。

第五十八条 进口种子的质量，应当达到国家标准或者行业标准。没有国家标准或者行业标准的，可以按照合同约定的标准执行。

第五十九条 为境外制种进口种子的，可以不受本法第五十七条第一款的限制，但应当具有对外制种合同，进口的种子只能用于制种，其产品不得在境内销售。

从境外引进农作物或者林木试验用种，应当隔离栽培，收获物也不得作为种子销售。

第六十条 禁止进出口假、劣种子以及属于国家规定不得进出口的种子。

第六十一条 国家建立种业国家安全审查机制。境外机构、个人投资、并购境内种子企业，或者与境内科研院所、种子企业开展技术合作，从事品种研发、种子生产经营的审批管理依照有关法律、行政法规的规定执行。

第八章 扶持措施

第六十二条 国家加大对种业发展的支持。对品种选育、生产、示范推广、种质资源保护、种子储备以及制种大县给予扶持。

国家鼓励推广使用高效、安全制种采种技术和先进适用的制种采种机械，将先进适用的制种采种机械纳入农机具购置补贴范围。

国家积极引导社会资金投资种业。

第六十三条 国家加强种业公益性基础设施建设。

对优势种子繁育基地内的耕地，划入永久基本农田。优势种子繁育基地由国务院农业农村主管部门商所在省、自治区、直辖市人民政府确定。

第六十四条 对从事农作物和林木品种选育、生产的种子企业，按照国家有关规定给予扶持。

第六十五条 国家鼓励和引导金融机构为种子生产经营和收储提供信贷支持。

第六十六条 国家支持保险机构开展种子生产保险。省级以上人民政府可以采取保险费补贴等措施，支持发展种业生产保险。

第六十七条 国家鼓励科研院所及高等院校与种子企业开展育种科技人员交流，支持本单位的科技人员到种子企业从事育种成果转化活动；鼓励育种科研人才创新创业。

第六十八条 国务院农业农村、林业草原主管部门和异地繁育种子所在地的省、自治区、直辖市人民政府应当加强对异地繁育种子工作的管理和协调，交通运输部门应当优先保证种子的运输。

第九章 法律责任

第六十九条 农业农村、林业草原主管部门不依法作出行政许可决定，发现违法行为或者接到对违法行为的举报不予查处，或者有其他未依照本法规定履行职责的行为的，由本级人民政府或者上级人民政府有关部门责令改正，对负有责任的主管人员和其他直接责任人员依法给予处分。

违反本法第五十五条规定，农业农村、林业草原主管部门工作人员从事种子生产经营活动的，依法给予处分。

第七十条 违反本法第十六条规定，品种审定委员会委员和工作人员不依法履行职责，弄虚作假、徇私舞弊的，依法给予处分；自处分决定作出之日起五年内不得从事品种审定工作。

第七十一条 品种测试、试验和种子质量检验机构伪造测试、试验、检验数据或者出具虚假证明的，由县级以上人民政府农业农村、林业草原主管部门责令改正，对单位处五万元以上十万元以下罚款，对直接负责的主管人员和其他直接责任人员处一万元以上五万元以下罚款；有违法所得的，并处没收违法所得；给种子使用者和其他种子生产经营者造成损失的，与种子生产经营者承担连带责任；情节严重的，由省级以上人民政府有关主管部门取消种子质量检验资格。

第七十二条 违反本法第二十八条规定，有侵犯植物新品种权行为的，由当事人协商解决，不愿协商或者协商不成的，植物新品种权所有人或者利害关系人可以请求县级以上人民政府农业农村、林业草原主管部门进行处理，也可以直接向人民法院提起诉讼。

县级以上人民政府农业农村、林业草原主管部门，根据当事人自愿的原则，对侵犯植物新品种权所造成的损害赔偿可以进行调解。调解达成协议的，当事人应当履行；当事人不履行协议或者调解未达成协议的，植物新品种权所有人或者利害关系人可以依法向人民法院提起诉讼。

侵犯植物新品种权的赔偿数额按照权利人因被侵权所受到的实际损失确定；实际损失难以确定的，可以按照侵权人因侵权所获得的利益确定。权利人的损失或者侵权人获得的利益难以确定的，可以参照该植物新品种权许可使用费的倍数合理确定。故意侵犯植物新品种权，情节严重的，可以在按照上述方法确定数额的一倍以上五倍以下确定赔偿数额。

权利人的损失、侵权人获得的利益和植物新品种权许可使用费均难以确定的，人民法院可以根据植物新品种权的类型、侵权行为的性质和情节等因素，确定给予五百万元以下的赔偿。

赔偿数额应当包括权利人为制止侵权行为所支付的合理开支。

县级以上人民政府农业农村、林业草原主管部门处理侵犯植物新品种权案件时，为了维护社会公共利益，责令侵权人停止侵权行为，没收违法所得和种子；货值金额不足五万元的，并处一万元以上二十五万元以下罚款；货值金额五万元以上的，并处货值金额五倍以上十倍以下罚款。

假冒授权品种的，由县级以上人民政府农业农村、林业草原主管部门责令停止假冒行为，没收违法所得和种子；货值金额不足五万元的，并处一万元以上二十五万元以下罚款；货值金额五万元以上的，并处货值金额五倍以上十倍以下罚款。

第七十三条 当事人就植物新品种的申请权和植物新品种权的权属发生争议的，可以向人民法院提起诉讼。

第七十四条 违反本法第四十八条规定，生产经营假种子的，由县级以上人民政府农业农村、林业草原主管部门责令停止生产经营，没收违法所得和种子，吊销种子生产经营许可证；违法生产经营的货值金额不足二万元的，并处二万元以上二十万元以下罚款；货值金额二万元以上的，并处货值金额十倍以上二十倍以下罚款。

因生产经营假种子犯罪被判处有期徒刑以上刑罚的，种子企业或者其他单位的法定代表人、直接负责的主管人员自刑罚执行完毕之日起五年内不得担任种子企业的法定代表人、高级管理人员。

第七十五条 违反本法第四十八条规定，生产经营劣种子的，由县级以上人民政府农业农村、林业草原主管部门责令停止生产经营，没收违法所得和种子；违法生产经营的货值金额不足万元的，并处五千元以上五万元以下罚款；货值金额一万元以上的，并处货值金额五倍以上十倍以下罚款；情节严重的，吊销种子生产经营许可证。

因生产经营劣种子犯罪被判处有期徒刑以上刑罚的，种子企业或者其他单位的法定代表人、直接负责的主管人员自刑罚执行完毕之日起五年内不得担任种子企业的法定代表人、高级管理人员。

第七十六条 违反本法第三十二条、第三十三条，有下列行为之一的，由县级以上人民政府农业农村、林业草原主管部门责令改正，没收违法所得和种子；违法生产经营的货值金额不足一万元的，并处三千元以上三万元以下罚款；货值金额一万元以上的，并处货值金额三倍以上五倍以下罚款；可以吊销种子生产经营许可证：

（一）未取得种子生产经营许可证生产经营种子的；

（二）以欺骗、贿赂等不正当手段取得种子生产经营许可证的；

（三）未按照种子生产经营许可证的规定生产经营种子的；

（四）伪造、变造、买卖、租借种子生产经营许可证的；

（五）不再具有繁殖种子的隔离和培育条件，或者不再具有无检疫性有害生物的种子生产地点或者县级以上人民政府林业草原主管部门确定的采种林，继续从事种子生产的；

（六）未执行种子检验、检疫规程生产种子的。

被吊销种子生产经营许可证的单位，其法定代表人、直接负责的主管人员自处罚决定作出之日起五年内不得担任种子企业的法定代表人、高级管理人员。

第七十七条 违反本法第二十一条、第二十二条、第二十三条规定，有下列行为之一的，由县级以上人民政府农业农村、林业草原主管部门责令停止违法行为，没收违法所得和种子，并处二万元以上二十万元以下罚款：

（一）对应当审定未经审定的农作物品种进行推广、销售的；

（二）作为良种推广、销售应当审定未经审定的林木品种的；

（三）推广、销售应当停止推广、销售的农作物品种或者林木良种的；

（四）对应当登记未经登记的农作物品种进行推广，或者以登记品种的名义进行销售的；

（五）对已撤销登记的农作物品种进行推广，或者以登记品种的名义进行销售的。

违反本法第二十三条、第四十一条规定，对应当审定未经审定或者应当登记未经登记的农作物品种发布广告，或者广告中有关品种的主要性状描述的内容与审定、登记公告不一致的，依照《中华人民共和国广告法》的有关规定追究法律责任。

第七十八条　违反本法第五十七条、第五十九条、第六十条规定，有下列行为之一的，由县级以上人民政府农业农村、林业草原主管部门责令改正，没收违法所得和种子；违法生产经营的货值金额不足一万元的，并处三千元以上三万元以下罚款；货值金额一万元以上的，并处货值金额三倍以上五倍以下罚款；情节严重的，吊销种子生产经营许可证：

（一）未经许可进出口种子的；

（二）为境外制种的种子在境内销售的；

（三）从境外引进农作物或者林木种子进行引种试验的收获物作为种子在境内销售的；

（四）进出口假、劣种子或者属于国家规定不得进出口的种子的。

第七十九条　违反本法第三十六条、第三十八条、第三十九条、第四十条规定，有下列行为之一的，由县级以上人民政府农业农村、林业草原主管部门责令改正，处二千元以上二万元以下罚款：

（一）销售的种子应当包装而没有包装的；

（二）销售的种子没有使用说明或者标签内容不符合规定的；

（三）涂改标签的；

（四）未按规定建立、保存种子生产经营档案的；

（五）种子生产经营者在异地设立分支机构、专门经营不再分装的包装种子或者受委托生产、代销种子，未按规定备案的。

第八十条　违反本法第八条规定，侵占、破坏种质资源，私自采集或者采伐国家重点保护的天然种质资源的，由县级以上人民政府农业农村、林业草原主管部门责令停止违法行为，没收种质资源和违法所得，并处五千元以上五万元以下罚款；造成损失的，依法承担赔偿责任。

第八十一条　违反本法第十一条规定，向境外提供或者从境外引进种质资源，或者与境外机构、个人开展合作研究利用种质资源的，由国务院或者省、自治区、直辖市人民政府的农业农村、林业草原主管部门没收种质资源和违法所得，并处二万元以上二十万元以下罚款。

未取得农业农村、林业草原主管部门的批准文件携带、运输种质资源出境的，海关应当将该种质资源扣留，并移送省、自治区、直辖市人民政府农业农村、林业草原主管部门处理。

第八十二条 违反本法第三十五条规定，抢采掠青、损坏母树或者在劣质林内、劣质母树上采种的，由县级以上人民政府林业草原主管部门责令停止采种行为，没收所采种子，并处所采种子货值金额二倍以上五倍以下罚款。

第八十三条 违反本法第十七条规定，种子企业有造假行为的，由省级以上人民政府农业农村、林业草原主管部门处一百万元以上五百万元以下罚款；不得再依照本法第十七条的规定申请品种审定；给种子使用者和其他种子生产经营者造成损失的，依法承担赔偿责任。

第八十四条 违反本法第四十四条规定，未根据林业草原主管部门制定的计划使用林木良种的，由同级人民政府林业草原主管部门责令限期改正；逾期未改正的，处三千元以上三万元以下罚款。

第八十五条 违反本法第五十三条规定，在种子生产基地进行检疫性有害生物接种试验的，由县级以上人民政府农业农村、林业草原主管部门责令停止试验，处五千元以上五万元以下罚款。

第八十六条 违反本法第四十九条规定，拒绝、阻挠农业农村、林业草原主管部门依法实施监督检查的，处二千元以上五万元以下罚款，可以责令停产停业整顿；构成违反治安管理行为的，由公安机关依法给予治安管理处罚。

第八十七条 违反本法第十三条规定，私自交易育种成果，给本单位造成经济损失的，依法承担赔偿责任。

第八十八条 违反本法第四十三条规定，强迫种子使用者违背自己的意愿购买、使用种子，给使用者造成损失的，应当承担赔偿责任。

第八十九条 违反本法规定，构成犯罪的，依法追究刑事责任。

第十章 附 则

第九十条 本法下列用语的含义是：

（一）种质资源是指选育植物新品种的基础材料，包括各种植物的栽培种、野生种的繁殖材料以及利用上述繁殖材料人工创造的各种植物的遗传材料；

（二）品种是指经过人工选育或者发现并经过改良，形态特征和生物学特性一致，遗传性状相对稳定的植物群体；

（三）主要农作物是指稻、小麦、玉米、棉花、大豆；

（四）主要林木由国务院林业草原主管部门确定并公布；省、自治区、直辖市人民政府林业草原主管部门可以在国务院林业草原主管部门确定的主要林木之外确定其他八种以下的主要林木；

（五）林木良种是指通过审定的主要林木品种，在一定的区域内，其产量、适应性、抗性等方面明显优于当前主栽材料的繁殖材料和种植材料；

（六）新颖性是指申请植物新品种权的品种在申请日前，经申请权人自行或者同意销售、推广其种子，在中国境内未超过一年；在境外，木本或者藤本植物未超过六年，其他植物未超过四年。

本法施行后新列入国家植物品种保护名录的植物的属或者种，从名录公布之日起一年内提出植物新品种权申请的，在境内销售、推广该品种种子未超过四年的，具备新颖性。

除销售、推广行为丧失新颖性外，下列情形视为已丧失新颖性：

1. 品种经省、自治区、直辖市人民政府农业农村、林业草原主管部门依据播种面积确认已经形成事实扩散的；

2. 农作物品种已审定或者登记两年以上未申请植物新品种权的。

（七）特异性是指一个植物品种有一个以上性状明显区别于已知品种。

（八）一致性是指一个植物品种的特性除可预期的自然变异外，群体内个体间相关的特征或者特性表现一致。

（九）稳定性是指一个植物品种经过反复繁殖后或者在特定繁殖周期结束时，其主要性状保持不变。

（十）实质性派生品种是指由原始品种实质性派生，或者由该原始品种的实质性派生品种派生出来的品种，与原始品种有明显区别，并且除派生引起的性状差异外，在表达由原始品种基因型或者基因型组合产生的基本性状方面与原始品种相同。

（十一）已知品种是指已受理申请或者已通过品种审定、品种登记、新品种保护，或者已经销售、推广的植物品种。

（十二）标签是指印制、粘贴、固定或者附着在种子、种子包装物表面的特定图案及文字说明。

第九十一条 国家加强中药材种质资源保护，支持开展中药材育种科学技术研究。

草种、烟草种、中药材种、食用菌菌种的种质资源管理和选育、生产经营、管理等活动，参照本法执行。

第九十二条 本法自 2016 年 1 月 1 日起施行。

附录7 植物检疫条例

第一条 为了防止为害植物的危险性病、虫、杂草传播蔓延，保护农业、林业生产安全，制定本条例。

第二条 国务院农业主管部门、林业主管部门主管全国的植物检疫工作，各省、自治区、直辖市农业主管部门、林业主管部门主管本地区的植物检疫工作。

第三条 县级以上地方和各级农业主管部门、林业主管部门所属的植物检疫机构，负责执行国家的植物检疫任务。

植物检疫人员进入车站、机场、港口、仓库以及其他有关场所执行植物检疫任务，应穿着检疫制服和佩带检疫标志。

第四条 凡局部地区发生的危险性大、能随植物及其产品传播的病、虫、杂草，应定为植物检疫对象。农业、林业植物检疫对象和应施检疫的植物、植物产品名单，由国务院农业主管部门、林业主管部门制定。各省、自治区、直辖市农业主管部门、林业主管部门可以根据本地区的需要，制定本省、自治区、直辖市的补充名单，并报国务院农业主管部门、林业主管部门备案。

第五条 局部地区发生植物检疫对象的，应划为疫区，采取封锁、消灭措施，防止植物检疫对象传出；发生地区已比较普遍的，则应将未发生地区划为保护区，防止植物检疫对象传入。

疫区应根据植物检疫对象的传播情况、当地的地理环境、交通状况以及采取封锁、消灭措施的需要来划定，其范围应严格控制。

在发生疫情的地区，植物检疫机构可以派人参加当地的道路联合检查站或者木材检查站；发生特大疫情时，经省、自治区、直辖市人民政府批准，可以设立植物检疫检查站，开展植物检疫工作。

第六条 疫区和保护区的划定，由省、自治区、直辖市农业主管部门、林业主管部门提出，报省、自治区、直辖市人民政府批准，并报国务院农业主管部门、林业主管部门备案。

疫区和保护区的范围涉及两省、自治区、直辖市以上的，由有关省、自治区、直辖市农业主管部门、林业主管部门共同提出，报国务院农业主管部门、林业主管部门批准后划定。

疫区、保护区的改变和撤销的程序，与划定时同。

第七条 调运植物和植物产品，属于下列情况的，必须经过检疫：

（一）列入应施检疫的植物、植物产品名单的，运出发生疫情的县级行政区域之前，必须经过检疫；

（二）凡种子、苗木和其他繁殖材料，不论是否列入应施检疫的植物、植物产品名单和运往何地，在调运之前，都必须经过检疫。

第八条 按照本条例第七条的规定必须检疫的植物和植物产品，经检疫未发现植物检疫对象的，发给植物检疫证书。发现有植物检疫对象、但能彻底消毒处理的，托运人应按植物检疫机构的要求，在指定地点做消毒处理，经检查合格后发给植物检疫证书；无法消毒处理的，应停止调运。

植物检疫证书的格式由国务院农业主管部门、林业主管部门制定。

对可能被植物检疫对象污染的包装材料、运载工具、场地、仓库等，也应实施检疫。如已被污染，托运人应按植物检疫机构的要求处理。

因实施检疫需要的车船停留、货物搬运、开拆、取样、储存、消毒处理等费用，由托运人负责。

第九条 按照本条例第七条的规定必须检疫的植物和植物产品，交通运输部门和邮政部门一律凭植物检疫证书承运或收寄。植物检疫证书应随货运寄。具体办法由国务院农业主管部门、林业主管部门会同铁道、交通、民航、邮政部门制定。

第十条 省、自治区、直辖市间调运本条例第七条规定必须经过检疫的植物和植物产品的，调入单位必须事先征得所在地的省、自治区、直辖市植物检疫机构的同意，并向调出单位提出检疫要求；调出单位必须根据该检疫要求向所在地的省、自治区、直辖市植物检疫机构申请检疫。对调入的植物和植物产品，调入单位所在地的省、自治区、直辖市的植物检疫机构应当查验检疫证书，必要时可以复检。

省、自治区、直辖市内调运植物和植物产品的检疫办法，由省、自治区、直辖市人民政府规定。

第十一条 种子、苗木和其他繁殖材料的繁育单位，必须有计划地建立无植物检疫对象的种苗繁育基地、母树林基地。试验、推广的种子、苗木和其他繁殖材料，不得带有植物检疫对象。植物检疫机构应实施产地检疫。

第十二条 从国外引进种子、苗木，引进单位应当向所在地的省、自治区、直辖市植物检疫机构提出申请，办理检疫审批手续。但是，国务院有关部门所属的在京单位从国外引进种子、苗木，应当向国务院农业主管部门、林业主管部门所属的植物检疫机构提出申请，办理检疫审批手续。具体方法由国务院农业主管部门、林业主管部门制定。

从国外引进、可能潜伏有危险性病、虫的种子、苗木和其他繁殖材料，必须隔离试种，植物检疫机构应进行调查、观察和检疫，证明确实不带危险性病、虫的，方可分散种植。

第十三条 农林院校和试验研究单位对植物检疫对象的研究，不得在检疫对象的非疫区进行。因教学、科研确需在非疫区进行时，应当遵守国务院农业主管部门、林业主管部门的规定。

第十四条 植物检疫机构对于新发现的检疫对象和其他危险性病、虫、杂草，必须及时查清情况，立即报告省、自治区、直辖市农业主管部门、林业主管部门，采取措施，彻底消灭，并报告国务院农业主管部门、林业主管部门。

第十五条 疫情由国务院农业主管部门、林业主管部门发布。

第十六条 按照本条例第五条第一款和第十四条的规定，进行疫情调查和采取消灭措施所需的紧急防治费和补助费，由省、自治区、直辖市在每年的植物保护费、森林保护费或者国有农场的生产费中安排。特大疫情的防治费，国家酌情给予补助。

第十七条 在植物检疫工作中作出显著成绩的单位和个人，由人民政府给予奖励。

第十八条 有下列行为之一的，植物检疫机构应当责令纠正，可以处以罚款；造成损失的，应当负责赔偿；构成犯罪的，由司法机关依法追究刑事责任：

（一）未依照本条例规定办理植物检疫证书或者在报检过程中弄虚作假的；

（二）伪造、涂改、买卖、转让植物检疫单证、印章、标志、封识的；

（三）未依照本条例规定调运、隔离试种或者生产应施检疫的植物、植物产品的；

（四）违反本条例规定，擅自开拆植物、植物产品包装，调换植物、植物产品，或者擅自改变植物、植物产品的规定用途的；

（五）违反本条例规定，引起疫情扩散的。

有前款第（一）、（二）、（三）、（四）项所列情形之一，尚不构成犯罪的，植物检疫机构可以没收非法所得。

对违反本条例规定调运的植物和植物产品，植物检疫机构有权予以封存、没收、销毁或者责令改变用途。销毁所需费用由责任人承担。

第十九条 植物检疫人员在植物检疫工作中，交通运输部门和邮政部门有关工作人员在植物、植物产品的运输、邮寄工作中，徇私舞弊、玩忽职守的，由其所在单位或者上级主管机关给予行政处分；构成犯罪的，由司法机关依法追究刑事责任。

第二十条 当事人对植物检疫机构的行政处罚决定不服的，可以自接到处罚决定通知书之日起十五日内，向作出行政处罚决定的植物检疫机构的上级机构申请复议；对复议决定不服的，可以自接到复议决定书之日起十五日内向人民法院提起诉讼。当事人逾期不申请复议或者不起诉又不履行行政处罚决定的，植物检疫机构可以申请人民院强制执行或者依法强制执行。

第二十一条 植物检疫机构执行任务可以收取检疫费，具体办法由国务院农业主管部门、林业主管部门制定。

第二十二条 进出口植物的检疫，按照《中华人民共和国进出境动植物检疫法》的规定执行。

第二十三条　本条例的实施细则由国务院农业主管部门、林业主管部门制定。各省、自治区、直辖市可根据本条例及其实施细则，结合当地具体情况，制定实施办法。

第二十四条　本条例自发布之日起施行。国务院批准，农业部一九五七年十二月四日发布的《国内植物检疫试行办法》同时废止。

附录 8　植物检疫条例实施细则（农业部分）

第一章　总　则

第一条　根据《植物检疫条例》第二十三条的规定，制定本细则。

第二条　本细则适用于国内农业植物检疫，不包括林业和进出境植物检疫。

第三条　农业部主管全国农业植物检疫工作，其执行机构是所属的植物检疫机构；各省、自治区、直辖市农业主管部门主管本地区的农业植物检疫工作；县级以上地方各级农业主管部门所属的植物检疫机构负责执行本地区的植物检疫任务。

第四条　各级植物检疫机构的职责范围：

（一）农业部所属植物检疫机构的主要职责：

1. 提出有关植物检疫法规、规章及检疫工作长远规划的建议；

2. 贯彻执行《植物检疫条例》，协助解决执行中出现的问题；

3. 调查研究和总结推广植物检疫工作经验，汇编全国植物检疫资料，拟定全国重点植物检疫对象的普查、疫区划定、封锁和防治消灭措施的实施方案；

4. 负责国外引进种子、苗木和其他繁殖材料（国家禁止进境的除外）的检疫审批；

5. 组织植物检疫技术的研究和示范；

6. 培训、管理植物检疫干部及技术人员。

（二）省级植物检疫机构的主要职责：

1. 贯彻《植物检疫条例》及国家发布的各项植物检疫法令、规章制度，制定本省的实施计划和措施；

2. 检查并指导地、县级植物检疫机构的工作；

3. 拟订本省的《植物检疫实施办法》《补充的植物检疫对象及应施检疫的植物、植物产品名单》和其他植物检疫规章制度；

4. 拟订省内划定疫区和保护区的方案，提出全省检疫对象的普查、封锁和控制消灭措施，组织开展植物检疫技术的研究和推广；

5. 培训、管理地、县级检疫干部和技术人员，总结、交流检疫工作经验，汇编检疫技术资料；

6. 签发植物检疫证书，承办授权范围内的国外引种检疫审批和省间调运应施检疫的植物、植物产品的检疫手续，监督检查引种单位进行消毒处理和隔离试种；

7. 在车站、机场、港口、仓库及其他有关场所执行植物检疫任务。

（三）地（市）、县级植物检疫机构的主要职责：

1. 贯彻《植物检疫条例》及国家、地方各级政府发布的植物检疫法令和规章制度，向基层干部和农民宣传普及检疫知识；

2. 拟订和实施当地的植物检疫工作计划；

3. 开展检疫对象调查，编制当地的检疫对象分布资料，负责检疫对象的封锁、控制和消灭工作；

4. 在种子、苗木和其他繁殖材料的繁育基地执行产地检疫。按照规定承办应施检疫的植物、植物产品的调运检疫手续。对调入的应施检疫的植物、植物产品，必要时进行复检。监督和指导引种单位进行消毒处理和隔离试种；

5. 监督指导有关部门建立无检疫对象的种子、苗木繁育、生产基地；

6. 在当地车站、机场、港口、仓库及其他有关场所执行植物检疫任务。

第五条各级植物检疫机构必须配备一定数量的专职植物检疫人员，并逐步建立健全相应的检疫实验室和检验室。

专职植物检疫员应当是具有助理农艺师以上技术职务、或者虽无技术职务而具有中等专业学历、从事植保工作三年以上的技术人员，并经培训考核合格，由省级农业主管部门批准，报农业部备案后，发给专职植物检疫员证。各级植物检疫机构可根据工作需要，在种苗繁育、生产及科研等有关单位聘请兼职植物检疫员或特邀植物检疫员协助开展工作。兼职检疫员由所在单位推荐，经聘请单位审查合格后，发给聘书。

省级植物检疫机构应充实、健全植物检疫实验室，地（市）、县级植物检疫机构应根据情况逐步建立健全检验室，按照《植物检疫操作规程》进行检验，为植物检疫签证提供科学依据。

第六条植物检疫证书的签发：

（一）省间调运种子、苗木等繁殖材料及其他应施检疫的植物、植物产品，由省级植物检疫机构及其授权的地（市）、县级植物检疫机构签发植物检疫证书；省内种子、苗木及其他应施检疫的植物、植物产品的调运，由地（市）、县级植物检疫机构签发检疫证书；

（二）植物检疫证书应加盖签证机关植物检疫专用章，并由专职植物检疫员署名签发；授权签发的省间调运植物检疫证书还应当盖有省级植物检疫机构的植物检疫专用章；

（三）植物检疫证书式样由农业部统一制定。证书一式四份，正本一份，副本三份。正本交货主随货单寄运，副本一份由货主交收寄、托运单位留存，一份交收货单位或个人所在地（县）植物检疫机构（省间调运寄给调入省植物检疫机构），一份留签证的植物检疫机构。

第七条　植物检疫机构应当自受理检疫申请之日起20日内作出审批决定，检疫和专家评审所需时间除外。

第八条 植物检疫人员着装办法以及服装、标志式样等由农业部、财政部统一制定。

第二章 检疫范围

第九条 农业植物检疫范围包括粮、棉、油、麻、桑、茶、糖、菜、烟、果（干果除外）、药材、花卉、牧草、绿肥、热带作物等植物、植物的各部分，包括种子、块根、块茎、球茎、鳞茎、接穗、砧木、试管苗、细胞繁殖体等繁殖材料，以及来源于上述植物、未经加工或者虽经加工但仍有可能传播疫情的植物产品。

全国植物检疫对象和应施检疫的植物、植物产品名单，由农业部统一制定；各省、自治区、直辖市补充的植物检疫对象和应施检疫的植物、植物产品名单，由各省、自治区、直辖市农业主管部门制定，并报农业部备案。

第十条 根据《植物检疫条例》第七条和第八条第三款的规定，省间调运植物、植物产品，属于下列情况的必须实施检疫：

（一）凡种子、苗木和其他繁殖材料，不论是否列入应施检疫的植物、植物产品名单和运往何地，在调运之前，都必须经过检疫；

（二）列入全国和省、自治区、直辖市应施检疫的植物、植物产品名单的植物产品，运出发生疫情的县级行政区域之前，必须经过检疫；

（三）对可能受疫情污染的包装材料、运载工具、场地、仓库等也应实施检疫。

第三章 植物检疫对象的划区控制和消灭

第十一条 各级植物检疫机构对本辖区的植物检疫对象原则上每隔三至五年调查一次，重点对象要每年调查。根据调查结果编制检疫对象分布资料，并报上一级植物检疫机构。

农业部编制全国农业植物检疫对象分布至县的资料，各省、自治区、直辖市编制分布至乡的资料，并报农业部备案。

第十二条 全国植物检疫对象、国外新传入和国内突发性的危险性病、虫、杂草的疫情，由农业部发布；各省、自治区、直辖市补充的植物检疫对象的疫情，由各省、自治区、直辖市农业主管部门发布，并报农业部备案。

第十三条 划定疫区和保护区，要同时制定相反的封锁、控制、消灭或保护措施。在发生疫情的地区，植物检疫机构可以按照《植物检疫条例》第五条第三款的规定，派人参加道路联合检查站或者经省、自治区、直辖市人民政府批准，设立植物检疫检查站，开展植物检疫工作。各省、自治区、直辖市植物检疫机构应当就本辖区内设立或者撤销的植物检疫检查站名称、地点等报农业部备案。

疫区内的种子、苗木及其他繁殖材料和应施检疫的植物、植物产品，只限在疫区内种植、使用，禁止运出疫区；如因特殊情况需要运出疫区的，必须事先征得所在地省级植物检疫机构批准，调出省外的，应经农业部批准。

第十四条 疫区内的检疫对象，在达到基本消灭或已取得控制蔓延的有效办法以后，应按照疫区划定时的程序，办理撤销手续，经批准后明文公布。

第四章 调运检疫

第十五条 根据《植物检疫条例》第九条和第十条规定，省间调运应施检疫的植物、植物产品，按照下列程序实施检疫：

（一）调入单位或个人必须事先征得所在地的省、自治区、直辖市植物检疫机构或其受权的地（市）、县级植物检疫机构同意，并取得检疫要求书；

（二）调出地的省、自治区、直辖市植物检疫机构或其授权的当地植物检疫机构，凭调出单位或个人提供的调入地检疫要求书受理报检，并实施检疫；

（三）邮寄、承运单位一律凭有效的植物检疫证书正本收寄、承运应施检疫的植物、植物产品。

第十六条 调出单位所在地的省、自治区、直辖市植物检疫机构或其授权的地（市）、县级植物检疫机构，按下列不同情况签发植物检疫证书：

（一）在无植物检疫对象发生地区调运植物、植物产品，经核实后签发植物检疫证书；

（二）在零星发生植物检疫对象的地区调运种子、苗木等繁殖材料时，应凭产地检疫合格证签发植物检疫证书；

（三）对产地植物检疫对象发生情况不清楚的植物、植物产品，必须按照《调运检疫操作规程》进行检疫，证明不带植物检疫对象后，签发植物检疫证书。

在上述调运检疫过程中，发现有检疫对象时，必须严格进行除害处理，合格后，签发植物检疫证书；未经除害处理或处理不合格的，不准放行。

第十七条 调入地植物检疫机构，对来自发生疫情的县级行政区域的应检植物、植物产品，或者其他可能带有检疫对象的应检植物、植物产品可以进行复检。复检中发现问题的，应当与原签证植物检疫机构共同查清事实，分清责任，由复检的植物检疫机构按照《植物检疫条例》的规定予以处理。

第五章 产地检疫

第十八条 各级植物检疫机构对本辖区的原种场、良种场、苗圃以及其他繁育基地，按照国家和地方制定的《植物检疫操作规程》实施产地检疫，有关单位或个人应给予必要的配合和协助。

第十九条 种苗繁育单位或个人必须有计划地在无植物检疫对象分布的地区建立种苗繁育基地。新建的良种场、原种场、苗圃等，在选址以前，应征求当地植物检疫机构的意见；植物检疫机构应帮助种苗繁育单位选择符合检疫要求的地方建立繁育基地。

已经发生检疫对象的良种场、原种场、苗圃等，应立即采取有效措施封锁消灭。在检疫对象未消灭以前，所繁育的材料不准调入无病区；经过严格除害处理并经植物检疫机构检疫合格的，可以调运。

第二十条 试验、示范、推广的种子、苗木和其他繁殖材料，必须事先经过植物检疫机构检疫，查明确实不带植物检疫对象的，发给植物检疫证书后，方可进行试验、示范和推广。

第六章 国外引种检疫

第二十一条 从国外引进种子、苗木和其他繁殖材料（国家禁止进境的除外），实行农业部和省、自治区、直辖市农业主管部门两级审批。

种苗的引进单位或者代理进口单位应当在对外签订贸易合同、协议三十日前向种苗种植地的省、自治区、直辖市植物检疫机构提出申请，办理国外引种检疫审批手续。引种数量较大的，由种苗种植地的省、自治区、直辖市植物检疫机构审核并签署意见后，报农业部农业司或其授权单位审批。

国务院有关部门所属的在京单位、驻京部队单位、外国驻京机构等引种，应当在对外签订贸易合同、协议三十日前向农业部农业司或其授权单位提出申请，办理国外引种检疫审批手续。

国外引种检疫审批管理办法由农业部另行制定。

第二十二条 从国外引进种子、苗木等繁殖材料，必须符合下列检疫要求：

（一）引进种子、苗木和其他繁殖材料的单位或者代理单位必须在对外贸易合同或者协议中订明中国法定的检疫要求，并订明输出国家或者地区政府植物检疫机关出具检疫证书，证明符合中国的检疫要求；

（二）引进单位在申请引种前，应当安排好试种计划。引进后，必须在指定的地点集中进行隔离试种，隔离试种的时间，一年生作物不得少于一个生育周期，多年生作物不得少于二年。在隔离试种期内，经当地植物检疫机关检疫，证明确实不带检疫对象的，方可分散种植。如发现检疫对象或者其他危险性病、虫、杂草，应认真按植物检疫机构的意见处理。

第二十三条 各省、自治区、直辖市农业主管部门应根据需要逐步建立植物检疫隔离试种场（圃）。

第七章　奖励和处罚

第二十四条　凡执行《植物检疫条例》有下列突出成绩之一的单位和个人，由农业部、各省、自治区、直辖市人民政府或者农业主管部门给予奖励：

（一）在开展植物检疫对象和危险性病、虫、杂草普查方面有显著成绩的；

（二）在植物检疫对象的封锁、控制、消灭方面有显著成绩的；

（三）在积极宣传和模范执行《植物检疫条例》、植物检疫规章制度、与违反《植物检疫条例》行为作斗争等方面成绩突出的；

（四）在植物检疫技术的研究和应用上有重大突破的；

（五）铁路、交通、邮政、民航等部门和当地植物检疫机构密切配合，贯彻执行《植物检疫条例》成绩显著的。

第二十五条　有下列违法行为之一，尚未构成犯罪的，由植物检疫机构处以罚款：

（一）在报检过程中故意谎报受检物品种类、品种，隐瞒受检物品数量、受检作物面积，提供虚假证明材料的；

（二）在调运过程中擅自开拆检讫的植物、植物产品，调换或者夹带其他未经检疫的植物、植物产品，或者擅自将非种用植物、植物产品作种用的；

（三）伪造、涂改、买卖、转让植物检疫单证、印章、标志、封识的；

（四）违反《植物检疫条例》第七条、第八条第一款、第十条规定之一，擅自调运植物、植物产品的；

（五）违反《植物检疫条例》第十一条规定，试验、生产、推广带有植物检疫对象的种子、苗木和其他繁殖材料，或者违反《植物检疫条例》第十三条规定，未经批准在非疫区进行检疫对象活体试验研究的；

（六）违反《植物检疫条例》第十二条第二款规定，不在指定地点种植或者不按要求隔离试种，或者隔离试种期间擅自分散种子、苗木和其他繁殖材料的；

罚款按以下标准执行：

对于非经营活动中的违法行为，处以 1 000 元以下罚款；对于经营活动中的违法行为，有违法所得的，处以违法所得 3 倍以下罚款，但最高不得超过 30 000 元；没有违法所得的，处以 10 000 元以下罚款。

有本条第一款（二）、（三）、（四）、（五）、（六）项违法行为之一，引起疫情扩散的，责令当事人销毁或者除害处理。

有本条第一款违法行为之一，造成损失的，植物检疫机构可以责令其赔偿损失。

有本条第一款（二）、（三）、（四）、（五）、（六）项违法行为之一，以营利为目的的，植物检疫机构可以没收当事人的非法所得。

第八章 附 则

第二十六条 国内植物检疫收费按照国家有关规定执行。

第二十七条 本实施细则所称“以上”“以下”，均包括本数在内。

本实施细则所称“疫情”，是指全国植物检疫对象、各省、自治区、直辖市补充的植物检疫对象、国外新传入的和国内突发性的危险性病、虫、杂草以及植物检疫对象和危险性病、虫、杂草的发生、分布情况。

第二十八条 植物检疫规章和规范性文件的制定，必须以国务院发布的《植物检疫条例》为准，任何与《植物检疫条例》相违背的规章和规范性文件，均属无效。

第二十九条 本实施细则由农业部负责解释。

第三十条 本实施细则自公布之日起施行。1983 年 10 月 20 日农牧渔业部发布的《植物检疫条例实施细则（农业部分）》同时废止。

附录9　中华人民共和国农产品质量安全法

第一章　总　则

第一条　为了保障农产品质量安全，维护公众健康，促进农业和农村经济发展，制定本法。

第二条　本法所称农产品，是指来源于种植业、林业、畜牧业和渔业等的初级产品，即在农业活动中获得的植物、动物、微生物及其产品。

本法所称农产品质量安全，是指农产品质量达到农产品质量安全标准，符合保障人的健康、安全的要求。

第三条　与农产品质量安全有关的农产品生产经营及其监督管理活动，适用本法。

《中华人民共和国食品安全法》对食用农产品的市场销售、有关质量安全标准的制定、有关安全信息的公布和农业投入品已经作出规定的，应当遵守其规定。

第四条　国家加强农产品质量安全工作，实行源头治理、风险管理、全程控制，建立科学、严格的监督管理制度，构建协同、高效的社会共治体系。

第五条　国务院农业农村主管部门、市场监督管理部门依照本法和规定的职责，对农产品质量安全实施监督管理。

国务院其他有关部门依照本法和规定的职责承担农产品质量安全的有关工作。

第六条　县级以上地方人民政府对本行政区域的农产品质量安全工作负责，统一领导、组织、协调本行政区域的农产品质量安全工作，建立健全农产品质量安全工作机制，提高农产品质量安全水平。

县级以上地方人民政府应当依照本法和有关规定，确定本级农业农村主管部门、市场监督管理部门和其他有关部门的农产品质量安全监督管理工作职责。各有关部门在职责范围内负责本行政区域的农产品质量安全监督管理工作。

乡镇人民政府应当落实农产品质量安全监督管理责任，协助上级人民政府及其有关部门做好农产品质量安全监督管理工作。

第七条　农产品生产经营者应当对其生产经营的农产品质量安全负责。

农产品生产经营者应当依照法律、法规和农产品质量安全标准从事生产经营活动，诚信自律，接受社会监督，承担社会责任。

第八条　县级以上人民政府应当将农产品质量安全管理工作纳入本级国民经济和社会发展规划，所需经费列入本级预算，加强农产品质量安全监督管理能力建设。

第九条　国家引导、推广农产品标准化生产，鼓励和支持生产绿色优质农产品，禁止生产、销售不符合国家规定的农产品质量安全标准的农产品。

第十条 国家支持农产品质量安全科学技术研究，推行科学的质量安全管理方法，推广先进安全的生产技术。国家加强农产品质量安全科学技术国际交流与合作。

第十一条 各级人民政府及有关部门应当加强农产品质量安全知识的宣传，发挥基层群众性自治组织、农村集体经济组织的优势和作用，指导农产品生产经营者加强质量安全管理，保障农产品消费安全。

新闻媒体应当开展农产品质量安全法律、法规和农产品质量安全知识的公益宣传，对违法行为进行舆论监督。有关农产品质量安全的宣传报道应当真实、公正。

第十二条 农民专业合作社和农产品行业协会等应当及时为其成员提供生产技术服务，建立农产品质量安全管理制度，健全农产品质量安全控制体系，加强自律管理。

第二章　农产品质量安全风险管理和标准制定

第十三条 国家建立农产品质量安全风险监测制度。

国务院农业农村主管部门应当制定国家农产品质量安全风险监测计划，并对重点区域、重点农产品品种进行质量安全风险监测。省、自治区、直辖市人民政府农业农村主管部门应当根据国家农产品质量安全风险监测计划，结合本行政区域农产品生产经营实际，制定本行政区域的农产品质量安全风险监测实施方案，并报国务院农业农村主管部门备案。县级以上地方人民政府农业农村主管部门负责组织实施本行政区域的农产品质量安全风险监测。

县级以上人民政府市场监督管理部门和其他有关部门获知有关农产品质量安全风险信息后，应当立即核实并向同级农业农村主管部门通报。接到通报的农业农村主管部门应当及时上报。制定农产品质量安全风险监测计划、实施方案的部门应当及时研究分析，必要时进行调整。

第十四条 国家建立农产品质量安全风险评估制度。

国务院农业农村主管部门应当设立农产品质量安全风险评估专家委员会，对可能影响农产品质量安全的潜在危害进行风险分析和评估。国务院卫生健康、市场监督管理等部门发现需要对农产品进行质量安全风险评估的，应当向国务院农业农村主管部门提出风险评估建议。

农产品质量安全风险评估专家委员会由农业、食品、营养、生物、环境、医学、化工等方面的专家组成。

第十五条 国务院农业农村主管部门应当根据农产品质量安全风险监测、风险评估结果采取相应的管理措施，并将农产品质量安全风险监测、风险评估结果及时通报国务院市场监督管理、卫生健康等部门和有关省、自治区、直辖市人民政府农业农村主管部门。

县级以上人民政府农业农村主管部门开展农产品质量安全风险监测和风险评估工作时，可以根据需要进入农产品产地、储存场所及批发、零售市场。采集样品应当按照市场价格支付费用。

第十六条 国家建立健全农产品质量安全标准体系，确保严格实施。农产品质量安全标准是强制执行的标准，包括以下与农产品质量安全有关的要求：

（一）农业投入品质量要求、使用范围、用法、用量、安全间隔期和休药期规定；

（二）农产品产地环境、生产过程管控、储存、运输要求；

（三）农产品关键成分指标等要求；

（四）与屠宰畜禽有关的检验规程；

（五）其他与农产品质量安全有关的强制性要求。

《中华人民共和国食品安全法》对食用农产品的有关质量安全标准作出规定的，依照其规定执行。

第十七条 农产品质量安全标准的制定和发布，依照法律、行政法规的规定执行。

制定农产品质量安全标准应当充分考虑农产品质量安全风险评估结果，并听取农产品生产经营者、消费者、有关部门、行业协会等的意见，保障农产品消费安全。

第十八条 农产品质量安全标准应当根据科学技术发展水平以及农产品质量安全的需要，及时修订。

第十九条 农产品质量安全标准由农业农村主管部门商有关部门推进实施。

第三章 农产品产地

第二十条 国家建立健全农产品产地监测制度。

县级以上地方人民政府农业农村主管部门应当会同同级生态环境、自然资源等部门制定农产品产地监测计划，加强农产品产地安全调查、监测和评价工作。

第二十一条 县级以上地方人民政府农业农村主管部门应当会同同级生态环境、自然资源等部门按照保障农产品质量安全的要求，根据农产品品种特性和产地安全调查、监测、评价结果，依照土壤污染防治等法律、法规的规定提出划定特定农产品禁止生产区域的建议，报本级人民政府批准后实施。

任何单位和个人不得在特定农产品禁止生产区域种植、养殖、捕捞、采集特定农产品和建立特定农产品生产基地。

特定农产品禁止生产区域划定和管理的具体办法由国务院农业农村主管部门商国务院生态环境、自然资源等部门制定。

第二十二条 任何单位和个人不得违反有关环境保护法律、法规的规定向农产品产地排放或者倾倒废水、废气、固体废物或者其他有毒有害物质。

农业生产用水和用作肥料的固体废物，应当符合法律、法规和国家有关强制性标准的要求。

第二十三条 农产品生产者应当科学合理使用农药、兽药、肥料、农用薄膜等农业投入品，防止对农产品产地造成污染。

农药、肥料、农用薄膜等农业投入品的生产者、经营者、使用者应当按照国家有关规定回收并妥善处置包装物和废弃物。

第二十四条 县级以上人民政府应当采取措施，加强农产品基地建设，推进农业标准化示范建设，改善农产品的生产条件。

第四章 农产品生产

第二十五条 县级以上地方人民政府农业农村主管部门应当根据本地区的实际情况，制定保障农产品质量安全的生产技术要求和操作规程，并加强对农产品生产经营者的培训和指导。

农业技术推广机构应当加强对农产品生产经营者质量安全知识和技能的培训。国家鼓励科研教育机构开展农产品质量安全培训。

第二十六条 农产品生产企业、农民专业合作社、农业社会化服务组织应当加强农产品质量安全管理。

农产品生产企业应当建立农产品质量安全管理制度，配备相应的技术人员；不具备配备条件的，应当委托具有专业技术知识的人员进行农产品质量安全指导。

国家鼓励和支持农产品生产企业、农民专业合作社、农业社会化服务组织建立和实施危害分析和关键控制点体系，实施良好农业规范，提高农产品质量安全管理水平。

第二十七条 农产品生产企业、农民专业合作社、农业社会化服务组织应当建立农产品生产记录，如实记载下列事项：

（一）使用农业投入品的名称、来源、用法、用量和使用、停用的日期；

（二）动物疫病、农作物病虫害的发生和防治情况；

（三）收获、屠宰或者捕捞的日期。

农产品生产记录应当至少保存二年。禁止伪造、变造农产品生产记录。

国家鼓励其他农产品生产者建立农产品生产记录。

第二十八条 对可能影响农产品质量安全的农药、兽药、饲料和饲料添加剂、肥料、兽医器械，依照有关法律、行政法规的规定实行许可制度。

省级以上人民政府农业农村主管部门应当定期或者不定期组织对可能危及农产品质量安全的农药、兽药、饲料和饲料添加剂、肥料等农业投入品进行监督抽查，并公布抽查结果。

农药、兽药经营者应当依照有关法律、行政法规的规定建立销售台账，记录购买者、销售日期和药品施用范围等内容。

第二十九条 农产品生产经营者应当依照有关法律、行政法规和国家有关强制性标准、国务院农业农村主管部门的规定，科学合理使用农药、兽药、饲料和饲料添加剂、肥料等农业投入品，严格执行农业投入品使用安全间隔期或者休药期的规定；不得超范围、超剂量使用农业投入品危及农产品质量安全。

禁止在农产品生产经营过程中使用国家禁止使用的农业投入品以及其他有毒有害物质。

第三十条 农产品生产场所以及生产活动中使用的设施、设备、消毒剂、洗涤剂等应当符合国家有关质量安全规定，防止污染农产品。

第三十一条 县级以上人民政府农业农村主管部门应当加强对农业投入品使用的监督管理和指导，建立健全农业投入品的安全使用制度，推广农业投入品科学使用技术，普及安全、环保农业投入品的使用。

第三十二条 国家鼓励和支持农产品生产经营者选用优质特色农产品品种，采用绿色生产技术和全程质量控制技术，生产绿色优质农产品，实施分等分级，提高农产品品质，打造农产品品牌。

第三十三条 国家支持农产品产地冷链物流基础设施建设，健全有关农产品冷链物流标准、服务规范和监管保障机制，保障冷链物流农产品畅通高效、安全便捷，扩大高品质市场供给。

从事农产品冷链物流的生产经营者应当依照法律、法规和有关农产品质量安全标准，加强冷链技术创新与应用、质量安全控制，执行对冷链物流农产品及其包装、运输工具、作业环境等的检验检测检疫要求，保证冷链农产品质量安全。

第五章　农产品销售

第三十四条 销售的农产品应当符合农产品质量安全标准。

农产品生产企业、农民专业合作社应当根据质量安全控制要求自行或者委托检测机构对农产品质量安全进行检测；经检测不符合农产品质量安全标准的农产品，应当及时采取管控措施，且不得销售。

农业技术推广等机构应当为农户等农产品生产经营者提供农产品检测技术服务。

第三十五条 农产品在包装、保鲜、储存、运输中所使用的保鲜剂、防腐剂、添加剂、包装材料等，应当符合国家有关强制性标准以及其他农产品质量安全规定。

储存、运输农产品的容器、工具和设备应当安全、无害。禁止将农产品与有毒有害物质一同储存、运输，防止污染农产品。

第三十六条 有下列情形之一的农产品，不得销售：

（一）含有国家禁止使用的农药、兽药或者其他化合物；

（二）农药、兽药等化学物质残留或者含有的重金属等有毒有害物质不符合农产品质量安全标准；

（三）含有的致病性寄生虫、微生物或者生物毒素不符合农产品质量安全标准；

（四）未按照国家有关强制性标准以及其他农产品质量安全规定使用保鲜剂、防腐剂、添加剂、包装材料等，或者使用的保鲜剂、防腐剂、添加剂、包装材料等不符合国家有关强制性标准以及其他质量安全规定；

（五）病死、毒死或者死因不明的动物及其产品；

（六）其他不符合农产品质量安全标准的情形。

对前款规定不得销售的农产品，应当依照法律、法规的规定进行处置。

第三十七条 农产品批发市场应当按照规定设立或者委托检测机构，对进场销售的农产品质量安全状况进行抽查检测；发现不符合农产品质量安全标准的，应当要求销售者立即停止销售，并向所在地市场监督管理、农业农村等部门报告。

农产品销售企业对其销售的农产品，应当建立健全进货检查验收制度；经查验不符合农产品质量安全标准的，不得销售。

食品生产者采购农产品等食品原料，应当依照《中华人民共和国食品安全法》的规定查验许可证和合格证明，对无法提供合格证明的，应当按照规定进行检验。

第三十八条 农产品生产企业、农民专业合作社以及从事农产品收购的单位或者个人销售的农产品，按照规定应当包装或者附加承诺达标合格证等标识的，须经包装或者附加标识后方可销售。包装物或者标识上应当按照规定标明产品的品名、产地、生产者、生产日期、保质期、产品质量等级等内容；使用添加剂的，还应当按照规定标明添加剂的名称。具体办法由国务院农业农村主管部门制定。

第三十九条 农产品生产企业、农民专业合作社应当执行法律、法规的规定和国家有关强制性标准，保证其销售的农产品符合农产品质量安全标准，并根据质量安全控制、检测结果等开具承诺达标合格证，承诺不使用禁用的农药、兽药及其他化合物且使用的常规农药、兽药残留不超标等。鼓励和支持农户销售农产品时开具承诺达标合格证。法律、行政法规对畜禽产品的质量安全合格证明有特别规定的，应当遵守其规定。

从事农产品收购的单位或者个人应当按照规定收取、保存承诺达标合格证或者其他质量安全合格证明，对其收购的农产品进行混装或者分装后销售的，应当按照规定开具承诺达标合格证。

农产品批发市场应当建立健全农产品承诺达标合格证查验等制度。

县级以上人民政府农业农村主管部门应当做好承诺达标合格证有关工作的指导服务，加强日常监督检查。

农产品质量安全承诺达标合格证管理办法由国务院农业农村主管部门会同国务院有关部门制定。

第四十条 农产品生产经营者通过网络平台销售农产品的，应当依照本法和《中华人民共和国电子商务法》、《中华人民共和国食品安全法》等法律、法规的规定，严格落实质量安全责任，保证其销售的农产品符合质量安全标准。网络平台经营者应当依法加强对农产品生产经营者的管理。

第四十一条 国家对列入农产品质量安全追溯目录的农产品实施追溯管理。国务院农业农村主管部门应当会同国务院市场监督管理等部门建立农产品质量安全追溯协作机制。农产品质量安全追溯管理办法和追溯目录由国务院农业农村主管部门会同国务院市场监督管理等部门制定。

国家鼓励具备信息化条件的农产品生产经营者采用现代信息技术手段采集、留存生产记录、购销记录等生产经营信息。

第四十二条 农产品质量符合国家规定的有关优质农产品标准的，农产品生产经营者可以申请使用农产品质量标志。禁止冒用农产品质量标志。

国家加强地理标志农产品保护和管理。

第四十三条 属于农业转基因生物的农产品，应当按照农业转基因生物安全管理的有关规定进行标识。

第四十四条 依法需要实施检疫的动植物及其产品，应当附具检疫标志、检疫证明。

第六章 监督管理

第四十五条 县级以上人民政府农业农村主管部门和市场监督管理等部门应当建立健全农产品质量安全全程监督管理协作机制，确保农产品从生产到消费各环节的质量安全。

县级以上人民政府农业农村主管部门和市场监督管理部门应当加强收购、储存、运输过程中农产品质量安全监督管理的协调配合和执法衔接，及时通报和共享农产品质量安全监督管理信息，并按照职责权限，发布有关农产品质量安全日常监督管理信息。

第四十六条 县级以上人民政府农业农村主管部门应当根据农产品质量安全风险监测、风险评估结果和农产品质量安全状况等，制定监督抽查计划，确定农产品质量安全监督抽查的重点、方式和频次，并实施农产品质量安全风险分级管理。

第四十七条 县级以上人民政府农业农村主管部门应当建立健全随机抽查机制，按照监督抽查计划，组织开展农产品质量安全监督抽查。

农产品质量安全监督抽查检测应当委托符合本法规定条件的农产品质量安全检测机构进行。监督抽查不得向被抽查人收取费用，抽取的样品应当按照市场价格支付费用，并不得超过国务院农业农村主管部门规定的数量。

上级农业农村主管部门监督抽查的同批次农产品，下级农业农村主管部门不得另行重复抽查。

第四十八条 农产品质量安全检测应当充分利用现有的符合条件的检测机构。

从事农产品质量安全检测的机构，应当具备相应的检测条件和能力，由省级以上人民政府农业农村主管部门或者其授权的部门考核合格。具体办法由国务院农业农村主管部门制定。

农产品质量安全检测机构应当依法经资质认定。

第四十九条 从事农产品质量安全检测工作的人员，应当具备相应的专业知识和实际操作技能，遵纪守法，恪守职业道德。

农产品质量安全检测机构对出具的检测报告负责。检测报告应当客观公正，检测数据应当真实可靠，禁止出具虚假检测报告。

第五十条 县级以上地方人民政府农业农村主管部门可以采用国务院农业农村主管部门会同国务院市场监督管理等部门认定的快速检测方法，开展农产品质量安全监督抽查检测。抽查检测结果确定有关农产品不符合农产品质量安全标准的，可以作为行政处罚的证据。

第五十一条 农产品生产经营者对监督抽查检测结果有异议的，可以自收到检测结果之日起五个工作日内，向实施农产品质量安全监督抽查的农业农村主管部门或者其上一级农业农村主管部门申请复检。复检机构与初检机构不得为同一机构。

采用快速检测方法进行农产品质量安全监督抽查检测，被抽查人对检测结果有异议的，可以自收到检测结果时起四小时内申请复检。复检不得采用快速检测方法。

复检机构应当自收到复检样品之日起七个工作日内出具检测报告。

因检测结果错误给当事人造成损害的，依法承担赔偿责任。

第五十二条 县级以上地方人民政府农业农村主管部门应当加强对农产品生产的监督管理，开展日常检查，重点检查农产品产地环境、农业投入品购买和使用、农产品生产记录、承诺达标合格证开具等情况。

国家鼓励和支持基层群众性自治组织建立农产品质量安全信息员工作制度，协助开展有关工作。

第五十三条 开展农产品质量安全监督检查，有权采取下列措施：

（一）进入生产经营场所进行现场检查，调查了解农产品质量安全的有关情况；

（二）查阅、复制农产品生产记录、购销台账等与农产品质量安全有关的资料；

（三）抽样检测生产经营的农产品和使用的农业投入品以及其他有关产品；

（四）查封、扣押有证据证明存在农产品质量安全隐患或者经检测不符合农产品质量安全标准的农产品；

（五）查封、扣押有证据证明可能危及农产品质量安全或者经检测不符合产品质量标准的农业投入品以及其他有毒有害物质；

（六）查封、扣押用于违法生产经营农产品的设施、设备、场所以及运输工具；

（七）收缴伪造的农产品质量标志。

农产品生产经营者应当协助、配合农产品质量安全监督检查，不得拒绝、阻挠。

第五十四条 县级以上人民政府农业农村等部门应当加强农产品质量安全信用体系建设，建立农产品生产经营者信用记录，记载行政处罚等信息，推进农产品质量安全信用信息的应用和管理。

第五十五条 农产品生产经营过程中存在质量安全隐患，未及时采取措施消除的，县级以上地方人民政府农业农村主管部门可以对农产品生产经营者的法定代表人或者主要负责人进行责任约谈。农产品生产经营者应当立即采取措施，进行整改，消除隐患。

第五十六条 国家鼓励消费者协会和其他单位或者个人对农产品质量安全进行社会监督，对农产品质量安全监督管理工作提出意见和建议。任何单位和个人有权对违反本法的行为进行检举控告、投诉举报。

县级以上人民政府农业农村主管部门应当建立农产品质量安全投诉举报制度，公开投诉举报渠道，收到投诉举报后，应当及时处理。对不属于本部门职责的，应当移交有权处理的部门并书面通知投诉举报人。

第五十七条 县级以上地方人民政府农业农村主管部门应当加强对农产品质量安全执法人员的专业技术培训并组织考核。不具备相应知识和能力的，不得从事农产品质量安全执法工作。

第五十八条 上级人民政府应当督促下级人民政府履行农产品质量安全职责。对农产品质量安全责任落实不力、问题突出的地方人民政府，上级人民政府可以对其主要负责人进行责任约谈。被约谈的地方人民政府应当立即采取整改措施。

第五十九条 国务院农业农村主管部门应当会同国务院有关部门制定国家农产品质量安全突发事件应急预案，并与国家食品安全事故应急预案相衔接。

县级以上地方人民政府应当根据有关法律、行政法规的规定和上级人民政府的农产品质量安全突发事件应急预案，制定本行政区域的农产品质量安全突发事件应急预案。

发生农产品质量安全事故时，有关单位和个人应当采取控制措施，及时向所在地乡镇人民政府和县级人民政府农业农村等部门报告；收到报告的机关应当按照农产品质量安全突发事件应急预案及时处理并报本级人民政府、上级人民政府有关部门。发生重大农产品质量安全事故时，按照规定上报国务院及其有关部门。

任何单位和个人不得隐瞒、谎报、缓报农产品质量安全事故，不得隐匿、伪造、毁灭有关证据。

第六十条 县级以上地方人民政府市场监督管理部门依照本法和《中华人民共和国食品安全法》等法律、法规的规定，对农产品进入批发、零售市场或者生产加工企业后的生产经营活动进行监督检查。

第六十一条 县级以上人民政府农业农村、市场监督管理等部门发现农产品质量安全违法行为涉嫌犯罪的，应当及时将案件移送公安机关。对移送的案件，公安机关应当及时审查；认为有犯罪事实需要追究刑事责任的，应当立案侦查。

公安机关对依法不需要追究刑事责任但应当给予行政处罚的，应当及时将案件移送农业农村、市场监督管理等部门，有关部门应当依法处理。

公安机关商请农业农村、市场监督管理、生态环境等部门提供检验结论、认定意见以及对涉案农产品进行无害化处理等协助的，有关部门应当及时提供、予以协助。

第七章　法律责任

第六十二条 违反本法规定，地方各级人民政府有下列情形之一的，对直接负责的主管人员和其他直接责任人员给予警告、记过、记大过处分；造成严重后果的，给予降级或者撤职处分：

（一）未确定有关部门的农产品质量安全监督管理工作职责，未建立健全农产品质量安全工作机制，或者未落实农产品质量安全监督管理责任；

（二）未制定本行政区域的农产品质量安全突发事件应急预案，或者发生农产品质量安全事故后未按照规定启动应急预案。

第六十三条 违反本法规定，县级以上人民政府农业农村等部门有下列行为之一的，对直接负责的主管人员和其他直接责任人员给予记大过处分；情节较重的，给予降级或者撤职处分；情节严重的，给予开除处分；造成严重后果的，其主要负责人还应当引咎辞职：

（一）隐瞒、谎报、缓报农产品质量安全事故或者隐匿、伪造、毁灭有关证据；

（二）未按照规定查处农产品质量安全事故，或者接到农产品质量安全事故报告未及时处理，造成事故扩大或者蔓延；

（三）发现农产品质量安全重大风险隐患后，未及时采取相应措施，造成农产品质量安全事故或者不良社会影响；

（四）不履行农产品质量安全监督管理职责，导致发生农产品质量安全事故。

第六十四条 县级以上地方人民政府农业农村、市场监督管理等部门在履行农产品质量安全监督管理职责过程中，违法实施检查、强制等执法措施，给农产品生产经营者造成损失的，应当依法予以赔偿，对直接负责的主管人员和其他直接责任人员依法给予处分。

第六十五条 农产品质量安全检测机构、检测人员出具虚假检测报告的，由县级以上人民政府农业农村主管部门没收所收取的检测费用，检测费用不足一万元的，并处五万元以上十万元以下罚款，检测费用一万元以上的，并处检测费用五倍以上十倍以下罚款；对直接负责的主管人员和其他直接责任人员处一万元以上五万元以下罚款；使消费者的合法权益受到损害的，农产品质量安全检测机构应当与农产品生产经营者承担连带责任。

因农产品质量安全违法行为受到刑事处罚或者因出具虚假检测报告导致发生重大农产品质量安全事故的检测人员，终身不得从事农产品质量安全检测工作。农产品质量安全检测机构不得聘用上述人员。

农产品质量安全检测机构有前两款违法行为的，由授予其资质的主管部门或者机构吊销该农产品质量安全检测机构的资质证书。

第六十六条 违反本法规定，在特定农产品禁止生产区域种植、养殖、捕捞、采集特定农产品或者建立特定农产品生产基地的，由县级以上地方人民政府农业农村主管部门责令停止违法行为，没收农产品和违法所得，并处违法所得一倍以上三倍以下罚款。

违反法律、法规规定，向农产品产地排放或者倾倒废水、废气、固体废物或者其他有毒有害物质的，依照有关环境保护法律、法规的规定处理、处罚；造成损害的，依法承担赔偿责任。

第六十七条 农药、肥料、农用薄膜等农业投入品的生产者、经营者、使用者未按照规定回收并妥善处置包装物或者废弃物的，由县级以上地方人民政府农业农村主管部门依照有关法律、法规的规定处理、处罚。

第六十八条 违反本法规定，农产品生产企业有下列情形之一的，由县级以上地方人民政府农业农村主管部门责令限期改正；逾期不改正的，处五千元以上五万元以下罚款：

（一）未建立农产品质量安全管理制度；

（二）未配备相应的农产品质量安全管理技术人员，且未委托具有专业技术知识的人员进行农产品质量安全指导。

第六十九条 农产品生产企业、农民专业合作社、农业社会化服务组织未依照本法规定建立、保存农产品生产记录，或者伪造、变造农产品生产记录的，由县级以上地方人民政府农业农村主管部门责令限期改正；逾期不改正的，处二千元以上二万元以下罚款。

第七十条 违反本法规定，农产品生产经营者有下列行为之一，尚不构成犯罪的，由县级以上地方人民政府农业农村主管部门责令停止生产经营、追回已经销售的农产品，对违法生产经营的农产品进行无害化处理或者予以监督销毁，没收违法所得，并可以没收用于违法生产经营的工具、设备、原料等物品；违法生产经营的农产品货值金额不足一万元的，并处十万元以上十五万元以下罚款，货值金额一万元以上的，并处货值金额十五倍以上三十倍以下罚款；对农户，并处一千元以上一万元以下罚款；情节严重的，有许可证的吊销许可证，并可以由公安机关对其直接负责的主管人员和其他直接责任人员处五日以上十五日以下拘留：

（一）在农产品生产经营过程中使用国家禁止使用的农业投入品或者其他有毒有害物质；

（二）销售含有国家禁止使用的农药、兽药或者其他化合物的农产品；

（三）销售病死、毒死或者死因不明的动物及其产品。

明知农产品生产经营者从事前款规定的违法行为，仍为其提供生产经营场所或者其他条件的，由县级以上地方人民政府农业农村主管部门责令停止违法行为，没收违法所得，并处十万元以上二十万元以下罚款；使消费者的合法权益受到损害的，应当与农产品生产经营者承担连带责任。

第七十一条 违反本法规定，农产品生产经营者有下列行为之一，尚不构成犯罪的，由县级以上地方人民政府农业农村主管部门责令停止生产经营、追回已经销售的农产品，对违法生产经营的农产品进行无害化处理或者予以监督销毁，没收违法所得，并可以没收用于违法生产经营的工具、设备、原料等物品；违法生产经营的农产品货值金额不足一万元的，并处五万元以上十万元以下罚款，货值金额一万元以上的，并处货值金额十倍以上二十倍以下罚款；对农户，并处五百元以上五千元以下罚款：

（一）销售农药、兽药等化学物质残留或者含有的重金属等有毒有害物质不符合农产品质量安全标准的农产品；

（二）销售含有的致病性寄生虫、微生物或者生物毒素不符合农产品质量安全标准的农产品；

（三）销售其他不符合农产品质量安全标准的农产品。

第七十二条 违反本法规定，农产品生产经营者有下列行为之一的，由县级以上地方人民政府农业农村主管部门责令停止生产经营、追回已经销售的农产品，对违法生产经营的农产品进行无害化处理或者予以监督销毁，没收违法所得，并可以没收用于违法生产经营的工具、设备、原料等物品；违法生产经营的农产品货值金额不足一万元的，并处五千元以上五万元以下罚款，货值金额一万元以上的，并处货值金额五倍以上十倍以下罚款；对农户，并处三百元以上三千元以下罚款：

（一）在农产品生产场所以及生产活动中使用的设施、设备、消毒剂、洗涤剂等不符合国家有关质量安全规定；

（二）未按照国家有关强制性标准或者其他农产品质量安全规定使用保鲜剂、防腐剂、添加剂、包装材料等，或者使用的保鲜剂、防腐剂、添加剂、包装材料等不符合国家有关强制性标准或者其他质量安全规定；

（三）将农产品与有毒有害物质一同储存、运输。

第七十三条 违反本法规定，有下列行为之一的，由县级以上地方人民政府农业农村主管部门按照职责给予批评教育，责令限期改正；逾期不改正的，处一百元以上一千元以下罚款：

（一）农产品生产企业、农民专业合作社、从事农产品收购的单位或者个人未按照规定开具承诺达标合格证；

（二）从事农产品收购的单位或者个人未按照规定收取、保存承诺达标合格证或者其他合格证明。

第七十四条 农产品生产经营者冒用农产品质量标志，或者销售冒用农产品质量标志的农产品的，由县级以上地方人民政府农业农村主管部门按照职责责令改正，没收违法所得；违法生产经营的农产品货值金额不足五千元的，并处五千元以上五万元以下罚款，货值金额五千元以上的，并处货值金额十倍以上二十倍以下罚款。

第七十五条 违反本法关于农产品质量安全追溯规定的，由县级以上地方人民政府农业农村主管部门按照职责责令限期改正；逾期不改正的，可以处一万元以下罚款。

第七十六条 违反本法规定，拒绝、阻挠依法开展的农产品质量安全监督检查、事故调查处理、抽样检测和风险评估的，由有关主管部门按照职责责令停产停业，并处二千元以上五万元以下罚款；构成违反治安管理行为的，由公安机关依法给予治安管理处罚。

第七十七条 《中华人民共和国食品安全法》对食用农产品进入批发、零售市场或者生产加工企业后的违法行为和法律责任有规定的，由县级以上地方人民政府市场监督管理部门依照其规定进行处罚。

第七十八条 违反本法规定，构成犯罪的，依法追究刑事责任。

第七十九条 违反本法规定，给消费者造成人身、财产或者其他损害的，依法承担民事赔偿责任。生产经营者财产不足以同时承担民事赔偿责任和缴纳罚款、罚金时，先承担民事赔偿责任。

食用农产品生产经营者违反本法规定，污染环境、侵害众多消费者合法权益，损害社会公共利益的，人民检察院可以依照《中华人民共和国民事诉讼法》、《中华人民共和国行政诉讼法》等法律的规定向人民法院提起诉讼。

第八章 附 则

第八十条 粮食收购、储存、运输环节的质量安全管理，依照有关粮食管理的法律、行政法规执行。

第八十一条 本法自2023年1月1日起施行。

附录10　农药管理条例

第一章　总　则

第一条　为了加强农药管理，保证农药质量，保障农产品质量安全和人畜安全，保护农业、林业生产和生态环境，制定本条例。

第二条　本条例所称农药，是指用于预防、控制危害农业、林业的病、虫、草、鼠和其他有害生物以及有目的地调节植物、昆虫生长的化学合成或者来源于生物、其他天然物质的一种物质或者几种物质的混合物及其制剂。

前款规定的农药包括用于不同目的、场所的下列各类：

（一）预防、控制危害农业、林业的病、虫（包括昆虫、蜱、螨）、草、鼠、软体动物和其他有害生物；

（二）预防、控制仓储以及加工场所的病、虫、鼠和其他有害生物；

（三）调节植物、昆虫生长；

（四）农业、林业产品防腐或者保鲜；

（五）预防、控制蚊、蝇、蜚蠊、鼠和其他有害生物；

（六）预防、控制危害河流堤坝、铁路、码头、机场、建筑物和其他场所的有害生物。

第三条　国务院农业主管部门负责全国的农药监督管理工作。

县级以上地方人民政府农业主管部门负责本行政区域的农药监督管理工作。

县级以上人民政府其他有关部门在各自职责范围内负责有关的农药监督管理工作。

第四条　县级以上地方人民政府应当加强对农药监督管理工作的组织领导，将农药监督管理经费列入本级政府预算，保障农药监督管理工作的开展。

第五条　农药生产企业、农药经营者应当对其生产、经营的农药的安全性、有效性负责，自觉接受政府监管和社会监督。

农药生产企业、农药经营者应当加强行业自律，规范生产、经营行为。

第六条　国家鼓励和支持研制、生产、使用安全、高效、经济的农药，推进农药专业化使用，促进农药产业升级。

对在农药研制、推广和监督管理等工作中作出突出贡献的单位和个人，按照国家有关规定予以表彰或者奖励。

第二章　农药登记

第七条　国家实行农药登记制度。农药生产企业、向中国出口农药的企业应当依照本条例的规定申请农药登记，新农药研制者可以依照本条例的规定申请农药登记。

国务院农业主管部门所属的负责农药检定工作的机构负责农药登记具体工作。省、自治区、直辖市人民政府农业主管部门所属的负责农药检定工作的机构协助做好本行政区域的农药登记具体工作。

第八条 国务院农业主管部门组织成立农药登记评审委员会，负责农药登记评审。

农药登记评审委员会由下列人员组成：

（一）国务院农业、林业、卫生、环境保护、粮食、工业行业管理、安全生产监督管理等有关部门和供销合作总社等单位推荐的农药产品化学、药效、毒理、残留、环境、质量标准和检测等方面的专家；

（二）国家食品安全风险评估专家委员会的有关专家；

（三）国务院农业、林业、卫生、环境保护、粮食、工业行业管理、安全生产监督管理等有关部门和供销合作总社等单位的代表。

农药登记评审规则由国务院农业主管部门制定。

第九条 申请农药登记的，应当进行登记试验。

农药的登记试验应当报所在地省、自治区、直辖市人民政府农业主管部门备案。

第十条 登记试验应当由国务院农业主管部门认定的登记试验单位按照国务院农业主管部门的规定进行。

与已取得中国农药登记的农药组成成分、使用范围和使用方法相同的农药，免予残留、环境试验，但已取得中国农药登记的农药依照本条例第十五条的规定在登记资料保护期内的，应当经农药登记证持有人授权同意。

登记试验单位应当对登记试验报告的真实性负责。

第十一条 登记试验结束后，申请人应当向所在地省、自治区、直辖市人民政府农业主管部门提出农药登记申请，并提交登记试验报告、标签样张和农药产品质量标准及其检验方法等申请资料；申请新农药登记的，还应当提供农药标准品。

省、自治区、直辖市人民政府农业主管部门应当自受理申请之日起 20 个工作日内提出初审意见，并报送国务院农业主管部门。

向中国出口农药的企业申请农药登记的，应当持本条第一款规定的资料、农药标准品以及在有关国家（地区）登记、使用的证明材料，向国务院农业主管部门提出申请。

第十二条 国务院农业主管部门受理申请或者收到省、自治区、直辖市人民政府农业主管部门报送的申请资料后，应当组织审查和登记评审，并自收到评审意见之日起 20 个工作日内作出审批决定，符合条件的，核发农药登记证；不符合条件的，书面通知申请人并说明理由。

第十三条 农药登记证应当载明农药名称、剂型、有效成分及其含量、毒性、使用范围、使用方法和剂量、登记证持有人、登记证号以及有效期等事项。

农药登记证有效期为5年。有效期届满，需要继续生产农药或者向中国出口农药的，农药登记证持有人应当在有效期届满90日前向国务院农业主管部门申请延续。

农药登记证载明事项发生变化的，农药登记证持有人应当按照国务院农业主管部门的规定申请变更农药登记证。

国务院农业主管部门应当及时公告农药登记证核发、延续、变更情况以及有关的农药产品质量标准号、残留限量规定、检验方法、经核准的标签等信息。

第十四条 新农药研制者可以转让其已取得登记的新农药的登记资料；农药生产企业可以向具有相应生产能力的农药生产企业转让其已取得登记的农药的登记资料。

第十五条 国家对取得首次登记的、含有新化合物的农药的申请人提交的其自己所取得且未披露的试验数据和其他数据实施保护。

自登记之日起6年内，对其他申请人未经已取得登记的申请人同意，使用前款规定的数据申请农药登记的，登记机关不予登记；但是，其他申请人提交其自己所取得的数据的除外。

除下列情况外，登记机关不得披露本条第一款规定的数据：

（一）公共利益需要；

（二）已采取措施确保该类信息不会被不正当地进行商业使用。

第三章　农药生产

第十六条 农药生产应当符合国家产业政策。国家鼓励和支持农药生产企业采用先进技术和先进管理规范，提高农药的安全性、有效性。

第十七条 国家实行农药生产许可制度。农药生产企业应当具备下列条件，并按照国务院农业主管部门的规定向省、自治区、直辖市人民政府农业主管部门申请农药生产许可证：

（一）有与所申请生产农药相适应的技术人员；

（二）有与所申请生产农药相适应的厂房、设施；

（三）有对所申请生产农药进行质量管理和质量检验的人员、仪器和设备；

（四）有保证所申请生产农药质量的规章制度。

省、自治区、直辖市人民政府农业主管部门应当自受理申请之日起20个工作日内作出审批决定，必要时应当进行实地核查。符合条件的，核发农药生产许可证；不符合条件的，书面通知申请人并说明理由。

安全生产、环境保护等法律、行政法规对企业生产条件有其他规定的，农药生产企业还应当遵守其规定。

第十八条 农药生产许可证应当载明农药生产企业名称、住所、法定代表人（负责人)、生产范围、生产地址以及有效期等事项。

农药生产许可证有效期为 5 年。有效期届满，需要继续生产农药的，农药生产企业应当在有效期届满 90 日前向省、自治区、直辖市人民政府农业主管部门申请延续。

农药生产许可证载明事项发生变化的，农药生产企业应当按照国务院农业主管部门的规定申请变更农药生产许可证。

第十九条 委托加工、分装农药的，委托人应当取得相应的农药登记证，受托人应当取得农药生产许可证。

委托人应当对委托加工、分装的农药质量负责。

第二十条 农药生产企业采购原材料，应当查验产品质量检验合格证和有关许可证明文件，不得采购、使用未依法附具产品质量检验合格证、未依法取得有关许可证明文件的原材料。

农药生产企业应当建立原材料进货记录制度，如实记录原材料的名称、有关许可证明文件编号、规格、数量、供货人名称及其联系方式、进货日期等内容。原材料进货记录应当保存 2 年以上。

第二十一条 农药生产企业应当严格按照产品质量标准进行生产，确保农药产品与登记农药一致。农药出厂销售，应当经质量检验合格并附具产品质量检验合格证。

农药生产企业应当建立农药出厂销售记录制度，如实记录农药的名称、规格、数量、生产日期和批号、产品质量检验信息、购货人名称及其联系方式、销售日期等内容。农药出厂销售记录应当保存 2 年以上。

第二十二条 农药包装应当符合国家有关规定，并印制或者贴有标签。国家鼓励农药生产企业使用可回收的农药包装材料。

农药标签应当按照国务院农业主管部门的规定，以中文标注农药的名称、剂型、有效成分及其含量、毒性及其标识、使用范围、使用方法和剂量、使用技术要求和注意事项、生产日期、可追溯电子信息码等内容。

剧毒、高毒农药以及使用技术要求严格的其他农药等限制使用农药的标签还应当标注“限制使用”字样，并注明使用的特别限制和特殊要求。用于食用农产品的农药的标签还应当标注安全间隔期。

第二十三条 农药生产企业不得擅自改变经核准的农药的标签内容，不得在农药的标签中标注虚假、误导使用者的内容。

农药包装过小，标签不能标注全部内容的，应当同时附具说明书，说明书的内容应当与经核准的标签内容一致。

第四章 农药经营

第二十四条 国家实行农药经营许可制度，但经营卫生用农药的除外。农药经营者应当具备下列条件，并按照国务院农业主管部门的规定向县级以上地方人民政府农业主管部门申请农药经营许可证：

（一）有具备农药和病虫害防治专业知识，熟悉农药管理规定，能够指导安全合理使用农药的经营人员；

（二）有与其他商品以及饮用水水源、生活区域等有效隔离的营业场所和仓储场所，并配备与所申请经营农药相适应的防护设施；

（三）有与所申请经营农药相适应的质量管理、台账记录、安全防护、应急处置、仓储管理等制度。

经营限制使用农药的，还应当配备相应的用药指导和病虫害防治专业技术人员，并按照所在地省、自治区、直辖市人民政府农业主管部门的规定实行定点经营。

县级以上地方人民政府农业主管部门应当自受理申请之日起20个工作日内作出审批决定。符合条件的，核发农药经营许可证；不符合条件的，书面通知申请人并说明理由。

第二十五条 农药经营许可证应当载明农药经营者名称、住所、负责人、经营范围以及有效期等事项。

农药经营许可证有效期为5年。有效期届满，需要继续经营农药的，农药经营者应当在有效期届满90日前向发证机关申请延续。

农药经营许可证载明事项发生变化的，农药经营者应当按照国务院农业主管部门的规定申请变更农药经营许可证。

取得农药经营许可证的农药经营者设立分支机构的，应当依法申请变更农药经营许可证，并向分支机构所在地县级以上地方人民政府农业主管部门备案，其分支机构免予办理农药经营许可证。农药经营者应当对其分支机构的经营活动负责。

第二十六条 农药经营者采购农药应当查验产品包装、标签、产品质量检验合格证以及有关许可证明文件，不得向未取得农药生产许可证的农药生产企业或者未取得农药经营许可证的其他农药经营者采购农药。

农药经营者应当建立采购台账，如实记录农药的名称、有关许可证明文件编号、规格、数量、生产企业和供货人名称及其联系方式、进货日期等内容。采购台账应当保存2年以上。

第二十七条 农药经营者应当建立销售台账，如实记录销售农药的名称、规格、数量、生产企业、购买人、销售日期等内容。销售台账应当保存2年以上。

农药经营者应当向购买人询问病虫害发生情况并科学推荐农药，必要时应当实地查看病虫害发生情况，并正确说明农药的使用范围、使用方法和剂量、使用技术要求和注意事项，不得误导购买人。

经营卫生用农药的，不适用本条第一款、第二款的规定。

第二十八条 农药经营者不得加工、分装农药，不得在农药中添加任何物质，不得采购、销售包装和标签不符合规定，未附具产品质量检验合格证，未取得有关许可证明文件的农药。经营卫生用农药的，应当将卫生用农药与其他商品分柜销售；经营其他农药的，不得在农药经营场所内经营食品、食用农产品、饲料等。

第二十九条 境外企业不得直接在中国销售农药。境外企业在中国销售农药的，应当依法在中国设立销售机构或者委托符合条件的中国代理机构销售。

向中国出口的农药应当附具中文标签、说明书，符合产品质量标准，并经出入境检验检疫部门依法检验合格。禁止进口未取得农药登记证的农药。

办理农药进出口海关申报手续，应当按照海关总署的规定出示相关证明文件。

第五章　农药使用

第三十条 县级以上人民政府农业主管部门应当加强农药使用指导、服务工作，建立健全农药安全、合理使用制度，并按照预防为主、综合防治的要求，组织推广农药科学使用技术，规范农药使用行为。林业、粮食、卫生等部门应当加强对林业、储粮、卫生用农药安全、合理使用的技术指导，环境保护主管部门应当加强对农药使用过程中环境保护和污染防治的技术指导。

第三十一条 县级人民政府农业主管部门应当组织植物保护、农业技术推广等机构向农药使用者提供免费技术培训，提高农药安全、合理使用水平。

国家鼓励农业科研单位、有关学校、农民专业合作社、供销合作社、农业社会化服务组织和专业人员为农药使用者提供技术服务。

第三十二条 国家通过推广生物防治、物理防治、先进施药器械等措施，逐步减少农药使用量。

县级人民政府应当制定并组织实施本行政区域的农药减量计划；对实施农药减量计划、自愿减少农药使用量的农药使用者，给予鼓励和扶持。

县级人民政府农业主管部门应当鼓励和扶持设立专业化病虫害防治服务组织，并对专业化病虫害防治和限制使用农药的配药、用药进行指导、规范和管理，提高病虫害防治水平。

县级人民政府农业主管部门应当指导农药使用者有计划地轮换使用农药，减缓危害农业、林业的病、虫、草、鼠和其他有害生物的抗药性。

乡、镇人民政府应当协助开展农药使用指导、服务工作。

第三十三条 农药使用者应当遵守国家有关农药安全、合理使用制度，妥善保管农药，并在配药、用药过程中采取必要的防护措施，避免发生农药使用事故。

限制使用农药的经营者应当为农药使用者提供用药指导，并逐步提供统一用药服务。

第三十四条 农药使用者应当严格按照农药的标签标注的使用范围、使用方法和剂量、使用技术要求和注意事项使用农药，不得扩大使用范围、加大用药剂量或者改变使用方法。

农药使用者不得使用禁用的农药。

标签标注安全间隔期的农药，在农产品收获前应当按照安全间隔期的要求停止使用。

剧毒、高毒农药不得用于防治卫生害虫，不得用于蔬菜、瓜果、茶叶、菌类、中草药材的生产，不得用于水生植物的病虫害防治。

第三十五条 农药使用者应当保护环境，保护有益生物和珍稀物种，不得在饮用水水源保护区、河道内丢弃农药、农药包装物或者清洗施药器械。

严禁在饮用水水源保护区内使用农药，严禁使用农药毒鱼、虾、鸟、兽等。

第三十六条 农产品生产企业、食品和食用农产品仓储企业、专业化病虫害防治服务组织和从事农产品生产的农民专业合作社等应当建立农药使用记录，如实记录使用农药的时间、地点、对象以及农药名称、用量、生产企业等。农药使用记录应当保存 2 年以上。

国家鼓励其他农药使用者建立农药使用记录。

第三十七条 国家鼓励农药使用者妥善收集农药包装物等废弃物；农药生产企业、农药经营者应当回收农药废弃物，防止农药污染环境和农药中毒事故的发生。具体办法由国务院环境保护主管部门会同国务院农业主管部门、国务院财政部门等部门制定。

第三十八条 发生农药使用事故，农药使用者、农药生产企业、农药经营者和其他有关人员应当及时报告当地农业主管部门。

接到报告的农业主管部门应当立即采取措施，防止事故扩大，同时通知有关部门采取相应措施。造成农药中毒事故的，由农业主管部门和公安机关依照职责权限组织调查处理，卫生主管部门应当按照国家有关规定立即对受到伤害的人员组织医疗救治；造成环境污染事故的，由环境保护等有关部门依法组织调查处理；造成储粮药剂使用事故和农作物药害事故的，分别由粮食、农业等部门组织技术鉴定和调查处理。

第三十九条 因防治突发重大病虫害等紧急需要，国务院农业主管部门可以决定临时生产、使用规定数量的未取得登记或者禁用、限制使用的农药，必要时应当会同国务院对外贸易主管部门决定临时限制出口或者临时进口规定数量、品种的农药。

前款规定的农药，应当在使用地县级人民政府农业主管部门的监督和指导下使用。

第六章 监督管理

第四十条 县级以上人民政府农业主管部门应当定期调查统计农药生产、销售、使用情况，并及时通报本级人民政府有关部门。

县级以上地方人民政府农业主管部门应当建立农药生产、经营诚信档案并予以公布；发现违法生产、经营农药的行为涉嫌犯罪的，应当依法移送公安机关查处。

第四十一条 县级以上人民政府农业主管部门履行农药监督管理职责，可以依法采取下列措施：

（一）进入农药生产、经营、使用场所实施现场检查；

（二）对生产、经营、使用的农药实施抽查检测；

（三）向有关人员调查了解有关情况；

（四）查阅、复制合同、票据、账簿以及其他有关资料；

（五）查封、扣押违法生产、经营、使用的农药，以及用于违法生产、经营、使用农药的工具、设备、原材料等；

（六）查封违法生产、经营、使用农药的场所。

第四十二条 国家建立农药召回制度。农药生产企业发现其生产的农药对农业、林业、人畜安全、农产品质量安全、生态环境等有严重危害或者较大风险的，应当立即停止生产，通知有关经营者和使用者，向所在地农业主管部门报告，主动召回产品，并记录通知和召回情况。农药经营者发现其经营的农药有前款规定的情形的，应当立即停止销售，通知有关生产企业、供货人和购买人，向所在地农业主管部门报告，并记录停止销售和通知情况。

农药使用者发现其使用的农药有本条第一款规定的情形的，应当立即停止使用，通知经营者，并向所在地农业主管部门报告。

第四十三条 国务院农业主管部门和省、自治区、直辖市人民政府农业主管部门应当组织负责农药检定工作的机构、植物保护机构对已登记农药的安全性和有效性进行监测。

发现已登记农药对农业、林业、人畜安全、农产品质量安全、生态环境等有严重危害或者较大风险的，国务院农业主管部门应当组织农药登记评审委员会进行评审，根据评审结果撤销、变更相应的农药登记证，必要时应当决定禁用或者限制使用并予以公告。

第四十四条 有下列情形之一的，认定为假农药：

（一）以非农药冒充农药；

（二）以此种农药冒充他种农药；

（三）农药所含有效成分种类与农药的标签、说明书标注的有效成分不符。

禁用的农药，未依法取得农药登记证而生产、进口的农药，以及未附具标签的农药，按照假农药处理。

第四十五条 有下列情形之一的，认定为劣质农药：

（一）不符合农药产品质量标准；

（二）混有导致药害等有害成分。

超过农药质量保证期的农药，按照劣质农药处理。

第四十六条 假农药、劣质农药和回收的农药废弃物等应当交由具有危险废物经营资质的单位集中处置，处置费用由相应的农药生产企业、农药经营者承担；农药生产企业、农药经营者不明确的，处置费用由所在地县级人民政府财政列支。

第四十七条 禁止伪造、变造、转让、出租、出借农药登记证、农药生产许可证、农药经营许可证等许可证明文件。

第四十八条 县级以上人民政府农业主管部门及其工作人员和负责农药检定工作的机构及其工作人员，不得参与农药生产、经营活动。

第七章 法律责任

第四十九条 县级以上人民政府农业主管部门及其工作人员有下列行为之一的，由本级人民政府责令改正；对负有责任的领导人员和直接责任人员，依法给予处分；负有责任的领导人员和直接责任人员构成犯罪的，依法追究刑事责任：

（一）不履行监督管理职责，所辖行政区域的违法农药生产、经营活动造成重大损失或者恶劣社会影响；

（二）对不符合条件的申请人准予许可或者对符合条件的申请人拒不准予许可；

（三）参与农药生产、经营活动；

（四）有其他徇私舞弊、滥用职权、玩忽职守行为。

第五十条 农药登记评审委员会组成人员在农药登记评审中谋取不正当利益的，由国务院农业主管部门从农药登记评审委员会除名；属于国家工作人员的，依法给予处分；构成犯罪的，依法追究刑事责任。

第五十一条 登记试验单位出具虚假登记试验报告的，由省、自治区、直辖市人民政府农业主管部门没收违法所得，并处5万元以上10万元以下罚款；由国务院农业主管部门从登记试验单位中除名，5年内不再受理其登记试验单位认定申请；构成犯罪的，依法追究刑事责任。

第五十二条 未取得农药生产许可证生产农药或者生产假农药的，由县级以上地方人民政府农业主管部门责令停止生产，没收违法所得、违法生产的产品和用于违法生产的工具、设备、原材料等，违法生产的产品货值金额不足1万元的，并处5万元以上10万元以下罚款，货值金额1万元以上的，并处货值金额10倍以上20倍以下罚款，由发证机关吊销农药生产许可证和相应的农药登记证；构成犯罪的，依法追究刑事责任。

取得农药生产许可证的农药生产企业不再符合规定条件继续生产农药的，由县级以上地方人民政府农业主管部门责令限期整改；逾期拒不整改或者整改后仍不符合规定条件的，由发证机关吊销农药生产许可证。

农药生产企业生产劣质农药的，由县级以上地方人民政府农业主管部门责令停止生产，没收违法所得、违法生产的产品和用于违法生产的工具、设备、原材料等，违法生产的产品货值金额不足1万元的，并处1万元以上5万元以下罚款，货值金额1万元以上的，并处货值金额5倍以上10倍以下罚款；情节严重的，由发证机关吊销农药生产许可证和相应的农药登记证；构成犯罪的，依法追究刑事责任。

委托未取得农药生产许可证的受托人加工、分装农药，或者委托加工、分装假农药、劣质农药的，对委托人和受托人均依照本条第一款、第三款的规定处罚。

第五十三条 农药生产企业有下列行为之一的，由县级以上地方人民政府农业主管部门责令改正，没收违法所得、违法生产的产品和用于违法生产的原材料等，违法生产的产品货值金额不足1万元的，并处1万元以上2万元以下罚款，货值金额1万元以上的，并处货值金额2倍以上5倍以下罚款；拒不改正或者情节严重的，由发证机关吊销农药生产许可证和相应的农药登记证：

（一）采购、使用未依法附具产品质量检验合格证、未依法取得有关许可证明文件的原材料；

（二）出厂销售未经质量检验合格并附具产品质量检验合格证的农药；

（三）生产的农药包装、标签、说明书不符合规定；

（四）不召回依法应当召回的农药。

第五十四条 农药生产企业不执行原材料进货、农药出厂销售记录制度，或者不履行农药废弃物回收义务的，由县级以上地方人民政府农业主管部门责令改正，处1万元以上5万元以下罚款；拒不改正或者情节严重的，由发证机关吊销农药生产许可证和相应的农药登记证。

第五十五条 农药经营者有下列行为之一的，由县级以上地方人民政府农业主管部门责令停止经营，没收违法所得、违法经营的农药和用于违法经营的工具、设备等，违法经营的农药货值金额不足1万元的，并处5 000元以上5万元以下罚款，货值金额1万元以上的，并处货值金额5倍以上10倍以下罚款；构成犯罪的，依法追究刑事责任：

（一）违反本条例规定，未取得农药经营许可证经营农药；

（二）经营假农药；

（三）在农药中添加物质。

有前款第二项、第三项规定的行为，情节严重的，还应当由发证机关吊销农药经营许可证。取得农药经营许可证的农药经营者不再符合规定条件继续经营农药的，由县级以上地方人民政府农业主管部门责令限期整改；逾期拒不整改或者整改后仍不符合规定条件的，由发证机关吊销农药经营许可证。

第五十六条 农药经营者经营劣质农药的，由县级以上地方人民政府农业主管部门责令停止经营，没收违法所得、违法经营的农药和用于违法经营的工具、设备等，违法经营的农药货值金额不足 1 万元的，并处 2 000 元以上 2 万元以下罚款，货值金额 1 万元以上的，并处货值金额 2 倍以上 5 倍以下罚款；情节严重的，由发证机关吊销农药经营许可证；构成犯罪的，依法追究刑事责任。

第五十七条 农药经营者有下列行为之一的，由县级以上地方人民政府农业主管部门责令改正，没收违法所得和违法经营的农药，并处 5 000 元以上 5 万元以下罚款；拒不改正或者情节严重的，由发证机关吊销农药经营许可证：

（一）设立分支机构未依法变更农药经营许可证，或者未向分支机构所在地县级以上地方人民政府农业主管部门备案；

（二）向未取得农药生产许可证的农药生产企业或者未取得农药经营许可证的其他农药经营者采购农药；

（三）采购、销售未附具产品质量检验合格证或者包装、标签不符合规定的农药；

（四）不停止销售依法应当召回的农药。

第五十八条 农药经营者有下列行为之一的，由县级以上地方人民政府农业主管部门责令改正；拒不改正或者情节严重的，处 2 000 元以上 2 万元以下罚款，并由发证机关吊销农药经营许可证：

（一）不执行农药采购台账、销售台账制度；

（二）在卫生用农药以外的农药经营场所内经营食品、食用农产品、饲料等；

（三）未将卫生用农药与其他商品分柜销售；

（四）不履行农药废弃物回收义务。

第五十九条 境外企业直接在中国销售农药的，由县级以上地方人民政府农业主管部门责令停止销售，没收违法所得、违法经营的农药和用于违法经营的工具、设备等，违法经营的农药货值金额不足 5 万元的，并处 5 万元以上 50 万元以下罚款，货值金额 5 万元以上的，并处货值金额 10 倍以上 20 倍以下罚款，由发证机关吊销农药登记证。

取得农药登记证的境外企业向中国出口劣质农药情节严重或者出口假农药的，由国务院农业主管部门吊销相应的农药登记证。

第六十条 农药使用者有下列行为之一的，由县级人民政府农业主管部门责令改正，农药使用者为农产品生产企业、食品和食用农产品仓储企业、专业化病虫害防治服务组织和从事农产品生产的农民专业合作社等单位的，处 5 万元以上 10 万元以下罚款，农药使用者为个人的，处 1 万元以下罚款；构成犯罪的，依法追究刑事责任：

（一）不按照农药的标签标注的使用范围、使用方法和剂量、使用技术要求和注意事项、安全间隔期使用农药；

（二）使用禁用的农药；

（三）将剧毒、高毒农药用于防治卫生害虫，用于蔬菜、瓜果、茶叶、菌类、中草药材生产或者用于水生植物的病虫害防治；

（四）在饮用水水源保护区内使用农药；

（五）使用农药毒鱼、虾、鸟、兽等；

（六）在饮用水水源保护区、河道内丢弃农药、农药包装物或者清洗施药器械。

有前款第二项规定的行为的，县级人民政府农业主管部门还应当没收禁用的农药。

第六十一条 农产品生产企业、食品和食用农产品仓储企业、专业化病虫害防治服务组织和从事农产品生产的农民专业合作社等不执行农药使用记录制度的，由县级人民政府农业主管部门责令改正；拒不改正或者情节严重的，处 2 000 元以上 2 万元以下罚款。

第六十二条 伪造、变造、转让、出租、出借农药登记证、农药生产许可证、农药经营许可证等许可证明文件的，由发证机关收缴或者予以吊销，没收违法所得，并处 1 万元以上 5 万元以下罚款；构成犯罪的，依法追究刑事责任。

第六十三条 未取得农药生产许可证生产农药，未取得农药经营许可证经营农药，或者被吊销农药登记证、农药生产许可证、农药经营许可证的，其直接负责的主管人员 10 年内不得从事农药生产、经营活动。

农药生产企业、农药经营者招用前款规定的人员从事农药生产、经营活动的，由发证机关吊销农药生产许可证、农药经营许可证。

被吊销农药登记证的，国务院农业主管部门 5 年内不再受理其农药登记申请。

第六十四条 生产、经营的农药造成农药使用者人身、财产损害的，农药使用者可以向农药生产企业要求赔偿，也可以向农药经营者要求赔偿。属于农药生产企业责任的，农药经营者赔偿后有权向农药生产企业追偿；属于农药经营者责任的，农药生产企业赔偿后有权向农药经营者追偿。

第八章 附 则

第六十五条 申请农药登记的，申请人应当按照自愿有偿的原则，与登记试验单位协商确定登记试验费用。

第六十六条 本条例自 2017 年 6 月 1 日起施行。

附录 11　农作物病虫害防治条例

第一章　总　则

第一条　为了防治农作物病虫害，保障国家粮食安全和农产品质量安全，保护生态环境，促进农业可持续发展，制定本条例。

第二条　本条例所称农作物病虫害防治，是指对危害农作物及其产品的病、虫、草、鼠等有害生物的监测与预报、预防与控制、应急处置等防治活动及其监督管理。

第三条　农作物病虫害防治实行预防为主、综合防治的方针，坚持政府主导、属地负责、分类管理、科技支撑、绿色防控。

第四条　根据农作物病虫害的特点及其对农业生产的危害程度，将农作物病虫害分为下列三类：

（一）一类农作物病虫害，是指常年发生面积特别大或者可能给农业生产造成特别重大损失的农作物病虫害，其名录由国务院农业农村主管部门制定、公布；

（二）二类农作物病虫害，是指常年发生面积大或者可能给农业生产造成重大损失的农作物病虫害，其名录由省、自治区、直辖市人民政府农业农村主管部门制定、公布，并报国务院农业农村主管部门备案；

（三）三类农作物病虫害，是指一类农作物病虫害和二类农作物病虫害以外的其他农作物病虫害。

新发现的农作物病虫害可能给农业生产造成重大或者特别重大损失的，在确定其分类前，按照一类农作物病虫害管理。

第五条　县级以上人民政府应当加强对农作物病虫害防治工作的组织领导，将防治工作经费纳入本级政府预算。

第六条　国务院农业农村主管部门负责全国农作物病虫害防治的监督管理工作。县级以上地方人民政府农业农村主管部门负责本行政区域农作物病虫害防治的监督管理工作。

县级以上人民政府其他有关部门按照职责分工，做好农作物病虫害防治相关工作。

乡镇人民政府应当协助上级人民政府有关部门做好本行政区域农作物病虫害防治宣传、动员、组织等工作。

第七条　县级以上人民政府农业农村主管部门组织植物保护工作机构开展农作物病虫害防治有关技术工作。

第八条　农业生产经营者等有关单位和个人应当做好生产经营范围内的农作物病

虫害防治工作，并对各级人民政府及有关部门开展的防治工作予以配合。

农村集体经济组织、村民委员会应当配合各级人民政府及有关部门做好农作物病虫害防治工作。

第九条 国家鼓励和支持开展农作物病虫害防治科技创新、成果转化和依法推广应用，普及应用信息技术、生物技术，推进农作物病虫害防治的智能化、专业化、绿色化。

国家鼓励和支持农作物病虫害防治国际合作与交流。

第十条 国家鼓励和支持使用生态治理、健康栽培、生物防治、物理防治等绿色防控技术和先进施药机械以及安全、高效、经济的农药。

第十一条 对在农作物病虫害防治工作中作出突出贡献的单位和个人，按照国家有关规定予以表彰。

第二章 监测与预报

第十二条 国家建立农作物病虫害监测制度。国务院农业农村主管部门负责编制全国农作物病虫害监测网络建设规划并组织实施。省、自治区、直辖市人民政府农业农村主管部门负责编制本行政区域农作物病虫害监测网络建设规划并组织实施。

县级以上人民政府农业农村主管部门应当加强对农作物病虫害监测网络的管理。

第十三条 任何单位和个人不得侵占、损毁、拆除、擅自移动农作物病虫害监测设施设备，或者以其他方式妨害农作物病虫害监测设施设备正常运行。

新建、改建、扩建建设工程应当避开农作物病虫害监测设施设备；确实无法避开、需要拆除农作物病虫害监测设施设备的，应当由县级以上人民政府农业农村主管部门按照有关技术要求组织迁建，迁建费用由建设单位承担。

农作物病虫害监测设施设备毁损的，县级以上人民政府农业农村主管部门应当及时组织修复或者重新建设。

第十四条 县级以上人民政府农业农村主管部门应当组织开展农作物病虫害监测。农作物病虫害监测包括下列内容：

（一）农作物病虫害发生的种类、时间、范围、程度；

（二）害虫主要天敌种类、分布与种群消长情况；

（三）影响农作物病虫害发生的田间气候；

（四）其他需要监测的内容。

农作物病虫害监测技术规范由省级以上人民政府农业农村主管部门制定。

农业生产经营者等有关单位和个人应当配合做好农作物病虫害监测。

第十五条 县级以上地方人民政府农业农村主管部门应当按照国务院农业农村主管部门的规定及时向上级人民政府农业农村主管部门报告农作物病虫害监测信息。

任何单位和个人不得瞒报、谎报农作物病虫害监测信息，不得授意他人编造虚假信息，不得阻挠他人如实报告。

第十六条 县级以上人民政府农业农村主管部门应当在综合分析监测结果的基础上，按照国务院农业农村主管部门的规定发布农作物病虫害预报，其他组织和个人不得向社会发布农作物病虫害预报。

农作物病虫害预报包括农作物病虫害发生以及可能发生的种类、时间、范围、程度以及预防控制措施等内容。

第十七条 境外组织和个人不得在我国境内开展农作物病虫害监测活动。确需开展的，应当由省级以上人民政府农业农村主管部门组织境内有关单位与其联合进行，并遵守有关法律、法规的规定。

任何单位和个人不得擅自向境外组织和个人提供未发布的农作物病虫害监测信息。

第三章 预防与控制

第十八条 国务院农业农村主管部门组织制定全国农作物病虫害预防控制方案，县级以上地方人民政府农业农村主管部门组织制定本行政区域农作物病虫害预防控制方案。

农作物病虫害预防控制方案根据农业生产情况、气候条件、农作物病虫害常年发生情况、监测预报情况以及发生趋势等因素制定，其内容包括预防控制目标、重点区域、防治阈值、预防控制措施和保障措施等方面。

第十九条 县级以上人民政府农业农村主管部门应当健全农作物病虫害防治体系，并组织开展农作物病虫害抗药性监测评估，为农业生产经营者提供农作物病虫害预防控制技术培训、指导、服务。

国家鼓励和支持科研单位、有关院校、农民专业合作社、企业、行业协会等单位和个人研究、依法推广绿色防控技术。

对在农作物病虫害防治工作中接触有毒有害物质的人员，有关单位应当组织做好安全防护，并按照国家有关规定发放津贴补贴。

第二十条 县级以上人民政府农业农村主管部门应当在农作物病虫害孳生地、源头区组织开展作物改种、植被改造、环境整治等生态治理工作，调整种植结构，防止农作物病虫害孳生和蔓延。

第二十一条 县级以上人民政府农业农村主管部门应当指导农业生产经营者选用抗病、抗虫品种，采用包衣、拌种、消毒等种子处理措施，采取合理轮作、深耕除草、覆盖除草、土壤消毒、清除农作物病残体等健康栽培管理措施，预防农作物病虫害。

第二十二条 从事农作物病虫害研究、饲养、繁殖、运输、展览等活动的，应当采取措施防止其逃逸、扩散。

第二十三条 农作物病虫害发生时，农业生产经营者等有关单位和个人应当及时采取防止农作物病虫害扩散的控制措施。发现农作物病虫害严重发生或者暴发的，应当及时报告所在地县级人民政府农业农村主管部门。

第二十四条 有关单位和个人开展农作物病虫害防治使用农药时，应当遵守农药安全、合理使用制度，严格按照农药标签或者说明书使用农药。

农田除草时，应当防止除草剂危害当季和后茬作物；农田灭鼠时，应当防止杀鼠剂危害人畜安全。

第二十五条 农作物病虫害严重发生时，县级以上地方人民政府农业农村主管部门应当按照农作物病虫害预防控制方案以及监测预报情况，及时组织、指导农业生产经营者、专业化病虫害防治服务组织等有关单位和个人采取统防统治等控制措施。

一类农作物病虫害严重发生时，国务院农业农村主管部门应当对控制工作进行综合协调、指导。二类、三类农作物病虫害严重发生时，省、自治区、直辖市人民政府农业农村主管部门应当对控制工作进行综合协调、指导。

国有荒地上发生的农作物病虫害由县级以上地方人民政府组织控制。

第二十六条 农田鼠害严重发生时，县级以上地方人民政府应当组织采取统一灭鼠措施。

第二十七条 县级以上地方人民政府农业农村主管部门应当组织做好农作物病虫害灾情调查汇总工作，将灾情信息及时报告本级人民政府和上一级人民政府农业农村主管部门，并抄送同级人民政府应急管理部门。

农作物病虫害灾情信息由县级以上人民政府农业农村主管部门商同级人民政府应急管理部门发布，其他组织和个人不得向社会发布。

第二十八条 国家鼓励和支持保险机构开展农作物病虫害防治相关保险业务，鼓励和支持农业生产经营者等有关单位和个人参加保险。

第四章 应急处置

第二十九条 国务院农业农村主管部门应当建立农作物病虫害防治应急响应和处置机制，制定应急预案。

县级以上地方人民政府及其有关部门应当根据本行政区域农作物病虫害应急处置需要，组织制定应急预案，开展应急业务培训和演练，储备必要的应急物资。

第三十条 农作物病虫害暴发时，县级以上地方人民政府应当立即启动应急响应，采取下列措施：

（一）划定应急处置的范围和面积；

（二）组织和调集应急处置队伍；

（三）启用应急备用药剂、机械等物资；

（四）组织应急处置行动。

第三十一条 县级以上地方人民政府有关部门应当在各自职责范围内做好农作物病虫害应急处置工作。

公安、交通运输等主管部门应当为应急处置所需物资的调度、运输提供便利条件，民用航空主管部门应当为应急处置航空作业提供优先保障，气象主管机构应当为应急处置提供气象信息服务。

第三十二条 农作物病虫害应急处置期间，县级以上地方人民政府可以根据需要依法调集必需的物资、运输工具以及相关设施设备。应急处置结束后，应当及时归还并对毁损、灭失的给予补偿。

第五章 专业化服务

第三十三条 国家通过政府购买服务等方式鼓励和扶持专业化病虫害防治服务组织，鼓励专业化病虫害防治服务组织使用绿色防控技术。

县级以上人民政府农业农村主管部门应当加强对专业化病虫害防治服务组织的规范和管理，并为专业化病虫害防治服务组织提供技术培训、指导、服务。

第三十四条 专业化病虫害防治服务组织应当具备相应的设施设备、技术人员、田间作业人员以及规范的管理制度。

依照有关法律、行政法规需要办理登记的专业化病虫害防治服务组织，应当依法向县级以上人民政府有关部门申请登记。

第三十五条 专业化病虫害防治服务组织的田间作业人员应当能够正确识别服务区域的农作物病虫害，正确掌握农药适用范围、施用方法、安全间隔期等专业知识以及田间作业安全防护知识，正确使用施药机械以及农作物病虫害防治相关用品。专业化病虫害防治服务组织应当定期组织田间作业人员参加技术培训。

第三十六条 专业化病虫害防治服务组织应当与服务对象共同商定服务方案或者签订服务合同。

专业化病虫害防治服务组织应当遵守国家有关农药安全、合理使用制度，建立服务档案，如实记录服务的时间、地点、内容以及使用农药的名称、用量、生产企业、农药包装废弃物处置方式等信息。服务档案应当保存 2 年以上。

第三十七条 专业化病虫害防治服务组织应当按照国家有关规定为田间作业人员参加工伤保险缴纳工伤保险费。国家鼓励专业化病虫害防治服务组织为田间作业人员投保人身意外伤害保险。

专业化病虫害防治服务组织应当为田间作业人员配备必要的防护用品。

第三十八条 专业化病虫害防治服务组织开展农作物病虫害预防控制航空作业，应当按照国家有关规定向公众公告作业范围、时间、施药种类以及注意事项；需要办理飞行计划或者备案手续的，应当按照国家有关规定办理。

第六章　法律责任

第三十九条　地方各级人民政府和县级以上人民政府有关部门及其工作人员有下列行为之一的，对负有责任的领导人员和直接责任人员依法给予处分；构成犯罪的，依法追究刑事责任：

（一）未依照本条例规定履行职责；

（二）瞒报、谎报农作物病虫害监测信息，授意他人编造虚假信息或者阻挠他人如实报告；

（三）擅自向境外组织和个人提供未发布的农作物病虫害监测信息；

（四）其他滥用职权、玩忽职守、徇私舞弊行为。

第四十条　违反本条例规定，侵占、损毁、拆除、擅自移动农作物病虫害监测设施设备或者以其他方式妨害农作物病虫害监测设施设备正常运行的，由县级以上人民政府农业农村主管部门责令停止违法行为，限期恢复原状或者采取其他补救措施，可以处 5 万元以下罚款；造成损失的，依法承担赔偿责任；构成犯罪的，依法追究刑事责任。

第四十一条　违反本条例规定，有下列行为之一的，由县级以上人民政府农业农村主管部门处 5 000 元以上 5 万元以下罚款；情节严重的，处 5 万元以上 10 万元以下罚款；造成损失的，依法承担赔偿责任；构成犯罪的，依法追究刑事责任：

（一）擅自向社会发布农作物病虫害预报或者灾情信息；

（二）从事农作物病虫害研究、饲养、繁殖、运输、展览等活动未采取有效措施，造成农作物病虫害逃逸、扩散；

（三）开展农作物病虫害预防控制航空作业未按照国家有关规定进行公告。

第四十二条　专业化病虫害防治服务组织有下列行为之一的，由县级以上人民政府农业农村主管部门责令改正；拒不改正或者情节严重的，处 2 000 元以上 2 万元以下罚款；造成损失的，依法承担赔偿责任：

（一）不具备相应的设施设备、技术人员、田间作业人员以及规范的管理制度；

（二）其田间作业人员不能正确识别服务区域的农作物病虫害，或者不能正确掌握农药适用范围、施用方法、安全间隔期等专业知识以及田间作业安全防护知识，或者不能正确使用施药机械以及农作物病虫害防治相关用品；

（三）未按规定建立或者保存服务档案；

（四）未为田间作业人员配备必要的防护用品。

第四十三条　境外组织和个人违反本条例规定，在我国境内开展农作物病虫害监测活动的，由县级以上人民政府农业农村主管部门责令其停止监测活动，没收监测数据和工具，并处 10 万元以上 50 万元以下罚款；情节严重的，并处 50 万元以上 100 万元以下罚款；构成犯罪的，依法追究刑事责任。

第七章　附　则

第四十四条　储存粮食的病虫害防治依照有关法律、行政法规的规定执行。

第四十五条　本条例自 2020 年 5 月 1 日起施行。

附录 12　技能测试题

技能测试题（一）

一、名词解释

1. 昆虫变态：

2. 植物病害：

3. 孤雌生殖：

4. 羽化：

5. 昆虫的趋性：

二、填空题

1. 各种甲虫属于______，前翅为______，后翅为____。

2. 植物生病以后所表现出的不正常的状态，叫______。一般病害的症状包括______和______两个方面。

3. 完全变态的昆虫，一生经过______、______、______和成虫四个虫态。

4. 植物的病害，按病原性质分为____________和____________两大类。

5. 植物侵染性病害的病原生物包括真菌、______、______、______和寄生性种子等。

三、单项选择题

1. 全变态类昆虫具有不同虫期，它们分别是（　　）。

A. 卵、幼虫、若虫和成虫期　　B. 卵、幼虫、蛹和成虫期

C. 卵、幼虫、稚虫和成虫期　　D. 卵、幼虫、离蛹和围蛹期

2. 下列哪项不是植物非侵染性病害的病原？（　　）

A. 植物营养元素　　B. 雹害、风害等

C. 真菌、细菌等　　D. 温度、湿度、光照

3. 下列昆虫的口器是咀嚼式口器的是（　　）。

A. 金龟子、蚜虫　　B. 金龟子、蓟马

C. 金龟子、菜粉蝶　　D. 金龟子、蝗虫

4. 昆虫的龄期指的是（　　）。

A. 一年中发生的代数　　B. 一生中蜕皮的次数

C. 从卵发育至老熟幼虫所需的时间

D. 在相邻的两次蜕皮之间所经历的时间

5. （　　）对昆虫生命活动的影响较其他任何生态因子都显得更为重要。

A. 温度　　B. 天敌　　C. 药防　　D. 犁地

6. 翅两对，鳞翅，常有鳞毛形成斑纹的昆虫属于（　　）。

A. 膜翅目　　B. 鞘翅目　　C. 同翅目　　D. 鳞翅目

7. 新疆棉铃虫一年发生几代？（　　）

A. 1～2 代　　B. 5～6 代　　C. 3～4 代　　D. 十几代

8. 可以用来防治瓜类病毒病的药剂是（　　）。

A. 三唑酮　　B. 腈菌唑　　C. 霜霉威　　D. 盐酸吗啉胍

9. 下列属于孤雌生殖的有（　　）。

A. 蚜虫、蓟马　　B. 红蜘蛛、甲虫

C. 食心虫、马甲　　D. 双斑莹叶甲

10. 下列可以用胃毒剂来防治的害虫是（　　）。

A. 蚜虫　　B. 红蜘蛛　　C. 蓟马　　D. 双斑莹叶甲

四、判断题

1. 蜘蛛是一种有害昆虫。（　　）

2. “预防为主，综合防治”是我国的植保方针，但不一定适用于指导每一种病虫害的防治法。（　　）

3. 昆虫的头有眼、口器和跗节。（　　）

4. 红蜘蛛的口器是咀吸式口器。（　　）

5. 辣椒“日灼病”，西红柿“脐腐病”是侵染性病害。（　　）

技能测试题（一）　答案

一、名词解释

1. 昆虫变态：是指昆虫从幼虫发育为成虫的过程中，其外部形态、内部结构、生理机能、生活习性及行为本能上发生一系列变化的总和。

2. 植物病害：是指由细菌、真菌、病毒、藻类、不适宜的气候或土壤等因素引起的植物体发育不良、枯萎或死亡。

3. 孤雌生殖：也称单性生殖，是指卵不经过受精也能发育成正常的新个体。孤雌生殖现象是一种普遍存在于一些较原始动物种类身上的生殖现象。

4. 羽化：昆虫发育变态成虫的最后过程。由蛹变成虫的过程称作羽化。完全变态昆虫由蛹羽化成成虫叫羽化。不完全变态昆虫由若虫经过蜕皮变为成虫的过程也称作羽化。

5. 昆虫的趋性：是指昆虫通过神经活动对外界环境的刺激所表现的“趋”“避”行为。

二、填空题

1. 鞘翅目，角质，膜质。

2. 症状。病征，病状。

3. 卵、幼虫、蛹。

4. 侵染性病害，非侵染性病害。

5. 细菌、线虫、病毒。

三、单项选择题

1.B 2.C 3.D 4.D 5.A 6.D 7.C 8.D 9.A 10.D

四、判断题

1—5 × × × × ×。

技能测试题（二）

一、名词解释

1. 生物防治：

2. 昆虫滞育：

3. 物理机械防治：

4. 世代重叠：

5. 抗药性：

二、填空题

1. 植物保护工作的方针是____。

2. 真菌具有维持其生长发育需要的______和繁衍后代的______；真菌繁殖的基本单位是______。

3. 病毒病害的症状有______、坏死、畸形；真菌病害的症状一般是______和______的死亡，常见症状为______、______、______等。

4. 细菌中的生理小种一般称______，病毒中的生理小种称______。

5. 寄主植物对病原物侵入的反应，依据其抗性的强弱分______、______、______、______四种表现。

三、选择题

1. 下列哪项不是越冬期病虫害防治主要采用的防治措施？（ ）

A. 清除枯枝烂叶并集中销毁　　B. 秸秆还田

C. 挂黄板　　D. 秋翻冬灌

2. 常用杀菌剂包括（ ）。

A. 石硫合剂　　B. 多菌灵

C. 吡虫啉　　D. 氯虫苯甲酰胺

3. 下列哪种植物病害不属于传染性病害？（　　）

A. 瓜类霜霉病　　B. 瓜类病毒病　　C. 小麦散黑穗病　　D. 玉米日灼病

4. 下列哪些不是新疆农作物常见主要虫害？（　　）

A. 蚜虫　　B. 棉铃虫　　C. 棉盲蝽　　D. 螨虫

5. 蚜虫又称腻虫，在农作物发生危害十分普遍，下列哪些作物不容易受蚜虫的危害？（　　）

A. 韭菜　　B. 豇豆　　C. 棉花　　D. 玉米

6. 以下说法正确的有（　　）。

A. 在瓜类病害防治过程中，田间枯枝落叶尽量留在田间，增加土壤有机质

B. 发病农作物田块在进行防病虫害防治时，不需要病虫兼顾

C. 腐烂病菌是一种强寄生菌，一般生长健壮的作物很容易被感染

D. 患病的病株田少施氮肥，多施磷钾肥

7. 下列不是农作物常见病虫害的识别症状的有（　　）。

A. 变色、斑点　　B. 缺刻和穿孔

C. 卷叶、缀叶　　D. 老叶枯黄、新叶发黄

8. 哪项不是病虫害防治原则？（　　）

A. 坚持预防为主，综合防治的原则

B. 病虫害发生时及时给予有效防治，尽可能防止扩散与蔓延的原则

C. 病虫害防治采用高效、低毒、低残留的安全农药

D. 田间只要看见病虫害就进行化学防治

9. 下列哪项不属于用于生物进行生物防治方法？（　　）

A. 利用草蛉、瓢虫防治蚜虫

B. 利用苏云金杆菌防治玉米螟

C. 选育抗马铃薯晚疫病的马铃薯品种

D. 利用黄板诱杀蚜虫

10. 下列那种情况不需要进行植物检疫？（　　）

A. 列入应施检疫的植物、植物产品名单的，运出发生疫情的县级行政区域之前

B. 被列入检疫植物名单的种子繁育基地

C. 被列入检疫植物名单的种子，需要调运到外地

D. 农户生产的食用葵花籽销往外地

四、判断题

1. 专业化病虫害防治服务组织应当具备相应的设施设备、技术人员、田间作业人员以及规范的管理制度。（　　）

2. 夏季是做好病虫害预防的关键时期。（　　）

3. 做土壤消毒时，对培养土需加热消毒 2 h。（　　）

4. 药剂使用后包装材料等不需要统一收回、集中处理，但不得随意放置或二次使用。（　　）

5. 生物防治大致分为以虫治虫、以鸟治虫和以菌治虫三大类。（　　）

技能测试题（二） 答案

一、名词解释

1. 生物防治：是指利用一种生物对付另外一种生物的方法。通常是指利用有益生物或其他生物来抑制或消灭有害生物的一种防治方法。

2. 昆虫滞育：是指昆虫受环境条件的诱导所产生的静止状态的一种类型。它常发生于一定的发育阶段，比较稳定，不仅表现为形态发生的停顿和生理活动的降低，而且一经开始必须渡过一定阶段或经某种生理变化后才能结束。

3. 物理机械防治：是指利用物理因子（如温度、光照、湿度等因素）或机械作用对有害生物生长、发育、繁殖等的干扰，以防治植物病虫害的方法。

4. 世代重叠：二化型和多化型昆虫由于发生期及成虫产卵期较长等原因而使前后世代间表现出明显重叠的现象称之为世代重叠。

5. 抗药性：昆虫具有耐受杀死正常种群大部分个体的药量的能力在其种群中发展起来的现象。是指害虫能够降低田间防效的一种反应，这是对毒物选择作出的一种遗传上的改变。

二、填空题

1. 预防为主，综合防治。

2. 营养体、繁殖体、真菌孢子。

3. 变色、局部细胞、组织、坏死、腐烂、萎蔫。

4. 菌系、毒系。

5. 抗病、耐病、感病、免疫。

三、选择题

1—10：C　B　D　C　A　D　D　D　D　D。

四、对错题

1—5：√　×　×　×　×。

技能测试题（三）

一、名词解释

1. 年生活史：

2. 世代：

3. 农业防治：

4. 植物检疫：

5. 农药残留：

二、填空题

1. 昆虫成虫的身体分为______、______、______三部分，其中______着生有三对足、两对翅。

2. 昆虫常见的生殖方式有______、______。

3. 植物病原依据性质不同可分为______、______两大类。

4. 按照取食范围不同，昆虫的食性可分为______、______、

5. 按照食性和取食方法不同，昆虫口器可分为______、______。

6. 寄主植物对病原物侵染的反应免疫有免疫、抗病、______、和______等几种。

7. 蛴象属于______。

8. 植物病原细菌的形状为杆状，田间诊断细菌病害的方法之一是观察植物病组织切口是否有______。

9. 不完全变态昆虫，个体发育过程中只经过______、______和成虫三个阶段。

10. 植物病害病症的类型包括______、______、______、______和______。

三、单项选择题

1. 下列有害生物属于昆虫的是（　　）。

A. 鼠类　　B. 螨类　　C. 蛾类　　D. 线虫类

2. 某种昆虫的幼虫蜕皮三次应为（　　）。

A. 二龄　　B. 三龄　　C. 四龄　　D. 五龄

3. 介壳虫雄虫有翅，雌虫无翅的现象叫（　　）。

A. 多型现象　　B. 性二型现象　　C. 羽化　　D. 拟态

4. 引起昆虫滞育的主要环境因素是（　　）。

A. 温度　　B. 食料　　C. 光周期　　D. 湿度

5. 昆虫世代的起始虫态是（　　）。

A. 卵　　B. 幼虫　　C. 成虫　　D. 蛹

6. 以下不是描述真菌的是（　　）。

A. 营养体为丝状体　　B. 具有细胞结构

C. 以产生孢子的方式繁殖　　D. 形态有球形、杆形、螺旋状

7. 非传染性病害与侵染性病害诊断程序的不同在于（　　）。

A. 田间观察　　B. 症状鉴别　　C. 环境调查　　D. 病原鉴定

8. 下列关于非传染性病害表述正确的是（　　）。

A. 非传染性病害只有病状，没有病征

B. 非转染性病害有发病中心

C. 非传染性病害是由生物因素引起的

D. 非传染性病害发病与环境条件关系不十分密切

9. 下列属于病毒侵染所致的病害为（　　）。

A. 大豆花叶病　B. 黄瓜霜霉病

C. 柑橘溃疡病　D. 大白菜软腐病

10. 烟碱属于（　　）。

A. 矿物源农药　B. 植物源农药

C. 微生物源农药　D. 有机合成农药

11. 农药正式登记证（　　）年到期。

A. 2　B. 3　C. 4　D. 5

12. 农药有很多分类方法，下列不属于农药分类方式的有（　　）。

A. 按毒力分类　B. 按来源分类

C. 按防治对象分类　D. 按作用方式分类

13. 杀虫、杀螨剂类农药颜色标志为（　　）。

A. 黑色　B. 红色　C. 绿色　D. 黄色

14. 农药急性中毒一般指的是（　　）之内。

A. 12 h　B. 24 h　C. 36 h　D. 48 h

15. 剧毒性农药 LD_{50}（大白鼠，单位：mg/kg）经口毒性区间是（　　）。

A. ≤5　B. 5～20　C. 20～50　D. 50～500

16. 炔螨特属于（　　）杀螨剂。

A. 有机氯类　B. 有机氮类　C. 有机硫类　D. 有机锡类

17. 下列不属于杀虫剂作用方式的有（　　）。

A. 胃毒剂　B. 驱避剂　C. 拒食剂　D. 铲除剂

18. 下列哪项为灭生性除草剂？（　　）

A. 百草枯（已禁用）　B. 精奎禾灵　C. 敌稗　D. 乙草胺

19. 悬浮剂所用助剂不包括（　　）。

A. 润湿剂　B. 分散剂　C. 增稠剂　D. 乳化剂

20. 含量＋有效成分＋剂型三部分构成了农药的（　　）。

A. 商品名　B. 登记名　C. 制剂名　D. 化学名

四、多选题

1. 下列农药哪项被列为假农药?( )

A. 以非农药冒充农药

B. 所含有效成分的种类与产品标签或说明书上注明的有效成分的种类不符的农药

C. 所含有效成分的名称与产品标签或说明书上注明的名称不符的农药

D. 以此种农药冒充他种农药的

2. 下列选项哪些符合劣质农药?( )

A. 过期农药

B. 不符合农药产品质量标准的农药

C. 失去使用效能的农药

D. 混有导致药害等有害成分的农药

3. 病虫害在不同的生长发育阶段对药剂的抗药力是不同的,下列哪项是害虫抗性较强的时期?( )

A. 害虫的高龄期　　B. 害虫的卵期

C. 害虫的蛹期　　D. 害虫的幼虫期

4. 不同农作物或同一作物的不同品种抗药力差异也很大,下列哪项抗药性相对很强?( )

A. 禾本科作物　　B. 果树中柑橘

C. 蔬菜中的十字花科(花椰菜、甘蓝)　　D. 茄科(番茄)

5. 下列杀虫剂中具有光解特性的是( )。

A. 辛硫磷　　B. 鱼藤酮

C. 马拉硫磷　　D. 茄科(番茄)

五、判断题

1.《农药登记管理办法》经农业部2017年第6次常务会议审议通过,自2017年8月1日起施行。( )

2. 新农药登记试验批准证书有效期五年。五年之内未开展试验的应当办理延续申请。( )

3. 对保存期满的试验计划、原始数据、标本、留样被试物和对照物、试验报告及与试验有关的文字材料,农药登记试验单位可移交申请人保存。申请人应当保存至农药退市后至少五年。( )

4. 登记试验单位出具虚假登记试验报告的,由省、自治区、直辖市人民政府农业主管部门没收违法所得,并处5万元以下罚款。( )

5. 农药生产企业应当建立农药出厂销售记录制度,如实记录农药的名称、规格、数量、生产日期和批号、产品质量检验信息、购货人名称及其联系方式、销售日期等

内容。农药出厂销售记录应当保存2年以上。（　　）

6. 植保员要做到勤奋好学，精益求精，做到热情服务，遵纪守法。（　　）

7. 植保员在遇到特殊情况时，可以特事特办，不守规定。（　　）

8. 职业道德是指从业人员在职业活动中应遵循的，与其职业活动紧密联系的道德原则和规范之总和。（　　）

9. 要求植保员操作技术要规范，结果要准确可靠，在操作过程中严格操作规程注意人、畜、作物及天敌的安全，做到经济、安全、有效，把病、虫等有害生物控制在一定的危害允许水平下，从而提高农作物的产量和质量。（　　）

10. 农药经营许可证编号规则为：农药经许＋省份简称＋发证机关代码＋经营范围代码＋顺序号（四位数）。（　　）

技能测试题（三）答案

一、名词解释

1. 昆虫生活史：昆虫从越冬虫态开始活动到第二年越冬终止的发生活动史，包括昆虫一年中各代的发生期、有关习性和越冬虫态、场所等叫昆虫的生活史。

2. 世代：昆虫自卵或幼体产下到成虫性成熟为止的个体发育周期。

3. 农业防治：是指在有利于农业生产的前提下，通过耕作栽培技术，选用抗（耐）性品种，加强保健栽培管理以及改造自然环境等抑制或减轻病虫害的方法。

4. 植物检疫：是由国家颁布法规，并建立专门的机构，对植物及其产品的运输、贸易进行管理和控制，防治危险性病、虫、杂草传播蔓延的植保措施。

5. 农药残留：是农药使用后一个时期内没有被分解而残留于生物体、收获物、土壤、水体、大气中的微量农药原体、有毒 代谢物、降解物和杂质的总称。

二、填空题

1. 头、胸、腹，胸。

2. 两性生殖、孤雌生殖。

3. 非侵染性病害，侵染性病害。

4. 植食性、肉食性、腐食性。

5. 咀嚼式口器、吸吮式口器。

6. 耐病、感病。

7. 半翅目。

8. 菌脓溢出。

9. 卵、若虫。

10. 霉状物、粉状物、锈状物、粒状物、脓状物。

三、单项选择题

1—5：C　B　B　A　A；6—10：D　C　A　A　B；

11—15：D　A　B　B　A；16—20：C　D　A　D　C。

四、多选题

1—5；ABCD　ABCD　ABC　ABCD　AB 。

五、判断题

1—5；√　×　√　×　√；

6—10：√　×　√　√　√。